FUNDAÇÕES DE TORRES

aerogeradores, linhas de transmissão e telecomunicações

Jarbas Milititsky

© Copyright 2019 Oficina de Textos
1ª reimpressão 2022

Grafia atualizada conforme o Acordo Ortográfico da Língua Portuguesa de 1990, em vigor no Brasil desde 2009.

Conselho editorial   Arthur Pinto Chaves; Cylon Gonçalves da Silva; Doris C. C. K. Kowaltowski; José Galizia Tundisi; Luis Enrique Sánchez; Paulo Helene; Rozely Ferreira dos Santos; Teresa Gallotti Florenzano

Capa e projeto gráfico Malu Vallim
Diagramação Luciana Di Iorio
Preparação de figuras Beatriz Zupo
Preparação de textos Hélio Hideki Iraha
Revisão de textos Renata Sangeon
Impressão e acabamento Meta

Dados Internacionais de Catalogação na Publicação (CIP)
(Câmara Brasileira do Livro, SP, Brasil)

Milititsky, Jarbas
Fundações de torres : aerogeradores, linhas de transmissão e telecomunicações / Jarbas Milititsky. -- São Paulo : Oficina de Textos, 2019.

Bibliografia.
ISBN 978-85-7975-323-7

1. Energia eólica 2. Fundações (Engenharia) 3. Linhas elétricas 4. Telecomunicações I. Título.

19-25870   CDD-624.15

Índices para catálogo sistemático:
1. Fundações : Engenharia 624.15

Cibele Maria Dias - Bibliotecária - CRB-8/9427

Todos os direitos reservados à **Oficina de Textos**
Rua Cubatão, 798
CEP 04013-003 – São Paulo – Brasil
Fone (11) 3085 7933
www.ofitexto.com.br e-mail: atend@ofitexto.com.br

Nossos agradecimentos àqueles que contribuíram para a elaboração desta publicação, entre os quais o desenhista/projetista Fernando Wildner, que elaborou toda a graficação dos projetos apresentados; a engenheira Débora Fonseca Alves, pela contribuição para o Cap. 11; o engenheiro Matheus Miotto Rizzon, pela significativa colaboração na organização de figuras, referências e material; o engenheiro Fernando Mantaras, colaborador nos Caps. 7 e 9, parceiro em vários projetos em que soluções numéricas foram utilizadas e colaborador na geração de ferramentas de análise; e, em especial, o meu sócio e amigo engenheiro Wilson Borges, parceiro na solução da maioria dos projetos desta área em nosso escritório.

Dedico este livro à minha família. Para minha esposa e companheira de toda a vida, Neila, para meus filhos, Leandro e Marcio, com justo merecimento pelas longas horas retiradas do convívio familiar ao longo de minha trajetória profissional. Para Thomas, Valentina, Carolina e Simão, desejando que cresçam bem, realizem seus sonhos e se lembrem sempre do avô.

Apresentação

Com a vontade de um iniciante, de senso crítico apurado e, ao mesmo tempo, com muito brilho e muito humor, o Autor traduz sentimento em todas as suas palavras. Seu desejo por uma melhor Engenharia Geotécnica, mais apurada no sentido técnico e muito mais profissional, é conhecido e respeitado por vários colegas. É admirado e espelho para muitos jovens engenheiros geotécnicos. Jarbas Milititsky é um amigo com quem compartilho ideias, anseios e conhecimento.

De sólida formação acadêmica, é engenheiro civil pela Universidade Federal do Rio Grande do Sul (UFRGS, 1968), com Mestrado em Geotecnia pela Coppe/UFRJ e PhD em Foundation Engineering pela University of Surrey (1983), no Reino Unido, além de professor titular de Engenharia Geotécnica da UFRGS, conselheiro vitalício da Associação Brasileira de Mecânica dos Solos e Engenharia Geotécnica (ABMS), ex-vice-presidente da Sociedade Internacional de Mecânica dos Solos e Engenharia Geotécnica (ISSMGE) e orientador de dissertações de mestrado e teses de doutorado na UFRGS, entre outros títulos acadêmicos e vários artigos técnicos publicados e palestras proferidas. O Jarbas é dos poucos, ou melhor, dos muito poucos, que conseguiram fazer a solidez de sua formação se fundir com a prática profissional diária do engenheiro geotécnico. Em projeto ou na obra, é um praticante diário de Engenharia Geotécnica que alia um profundo conhecimento teórico a uma solução prática e simples de problemas de fundações.

Depois de *Patologia das fundações*, *Grandes escavações em perímetro urbano* e *Earth pressure and Earth-retaining structures*, Jarbas se dedicou a escrever *Fundações de torres*.

A crescente utilização de energia do vento e a consequente construção de parques eólicos em vários locais do Brasil, com torres de grandes alturas, especificações e exigências estrangeiras e ainda sem a enorme experiência brasileira de fundações em outros campos, obrigaram a um reexame minucioso de tudo que se produziu dentro do país e principalmente no exterior, como referência para os projetos no Brasil. Ao lado disso e por conta disso, o livro também trata de torres de linhas de transmissão e torres de telecomunicações.

"Com a finalidade de transmitir a experiência na solução de projetos, [...] é uma contribuição de natureza prática para que haja melhor entendimento das características especiais [...] na engenharia de fundações de torres em geral", diz o autor. É essa experiência que é passada no livro. Todos os temas relevantes para um bom projeto de engenharia são tratados: a investigação do subsolo, a definição de parâmetros de resistência e de compressibilidade, as soluções típicas em fundação rasa ou profunda, os ensaios de campo, chegando ao cálculo e ao dimensionamento e finalizando com o controle de execução e desempenho, contando, ainda, com a inclusão de ilustrações e exemplos de aplicação prática.

O livro é relevante e importante, e será útil para o estudante de Engenharia que pretende atuar na área de Fundações e Geotecnia, assim como para o experiente projetista e consultor de fundações, tornando-se ótima referência para o tema no Brasil.

Ao lado dos demais livros lançados, Jarbas Milititsky conseguiu, com este *Fundações de torres*, produzir novamente uma obra de fôlego calcada em sua larga experiência profissional, com o cuidado e o esmero de um grande professor. Sem dúvida, mais uma grande contribuição sua para a Engenharia Geotécnica.

Frederico F. Falconi
ZF & Engenheiros Associados

Prefácio

O crescente uso de energia eólica no Brasil fez com que os profissionais de Engenharia de Fundações tivessem que enfrentar um problema com características de natureza diversa daquele em que já tinham atingido maturidade e excelência. Especificações de fornecedores de equipamento estrangeiros, com práticas e exigências diversas, causaram e ainda causam contenciosos que podem ser evitados pelo conhecimento das características, exigências e reais necessidades desses projetos, bem como das publicações e do conhecimento atualizados nas referências disponíveis.

Com a finalidade de transmitir nossa experiência na solução de projetos nessa área, a presente publicação é uma contribuição de natureza prática para que haja melhor entendimento das características especiais e das necessidades técnicas e operacionais na engenharia de fundações de torres em geral. Entendemos válida a inclusão de torres de linhas de transmissão e torres de telecomunicações pelas características de carregamento e natureza de projeto associadas à sua solução.

As semelhanças dessas estruturas incluem o fato de que, em geral, são construídas em locais onde não existem experiências quanto à natureza dos solos; têm como carregamento preponderante cargas horizontais e momentos significativos; exibem fundações profundas geralmente submetidas a cargas de tração; e muitas vezes possuem requisitos estabelecidos pelos proprietários não necessariamente referentes à Geotecnia. No caso de aerogeradores e linhas de transmissão de energia, são sempre incluídos na mesma obra. Linhas de transmissão e torres de telecomunicações são normalmente construídas em locais de difícil acesso.

As diferenças são caracterizadas por aspectos específicos dos aerogeradores, com práticas de investigação, desempenho rigoroso com comprovação teórica de projeto, justificativas técnicas sempre presentes, níveis elevados de carregamento, rastreabilidade das soluções e revisão de projetos na maioria dos casos. Esses aspectos são ausentes na prática das linhas de transmissão e das torres de telecomunicações.

Não pretendemos apresentar os conteúdos técnicos já presentes nas publicações clássicas e/ou disponíveis na bibliografia brasileira, apenas aspectos em geral não presentes relacionados com mecanismos e características de comportamento. Chamamos a atenção para as eventuais limitações das formulações nas aplicações do mundo prático de engenharia ou variabilidade e incertezas associadas. É apresentada a variabilidade das condições tanto da natureza dos materiais naturais quanto dos resultados obtidos quando são utilizados diferentes métodos de cálculo em comparação com ensaios. Quando a determinação de valores de resistência usando diversos procedimentos é comparada com valores obtidos em ensaios reais, fica caracterizada a limitação de nossas ferramentas e a realidade a ser enfrentada pelos profissionais da área de fundações, não somente nos projetos das fundações de aerogeradores e torres, mas das fundações em geral.

Referências nacionais e internacionais são apresentadas para o aprofundamento dos diversos aspectos apresentados, algumas vezes desconhecidos dos profissionais da prática de fundações. Alguns tópicos ausentes da prática usual da Engenharia de Fundações são referidos, com ampla bibliografia indicada e, sempre que possível, com comentários sobre aplicações e limitações.

A abordagem escolhida para apresentar o tópico das fundações de torres, linhas de transmissão e aerogeradores foi agregar todos os aspectos do problema para cada uma das diferentes estruturas.

Sempre que existentes, apresentam-se casos de projetos reais de nossa autoria para diferentes condições de subsolo. São mostradas também as especificações de fornecedores e clientes, a natureza das cargas e os requisitos de comportamento usuais.

A questão de investigação do subsolo para cada tipo de torre é indicada, com as práticas internacionais servindo de balizamento no caso dos aerogeradores. A obtenção de propriedades e características dos solos para a elaboração de projetos básicos é exibida com detalhe, apresentando o estado atual da melhor prática disponível quanto a ensaios e correlações.

Os ensaios comprobatórios da efetividade das soluções utilizadas na etapa de construção são apontados, com avaliação crítica de sua representatividade, bem como a questão de procedimentos para a obtenção de dados para a caracterização da certificação das fundações construídas.

Finalmente, são indicadas as repercussões de eventuais "não conformidades" de fundações construídas, bem como a forma de solução dos problemas.

Esperamos, assim, contribuir para a evolução da prática da Engenharia de Fundações, fazendo com que os novos profissionais se beneficiem da experiência de quem enfrentou caminhos pouco trilhados e práticas de projeto não usuais no dia a dia das fundações de nossa realidade, bem como as limitações e as incertezas dessa área do conhecimento.

Sumário

1 **FATORES QUE AFETAM A ESCOLHA DO TIPO DE FUNDAÇÃO** 13
   1.1 Localização e tipo de torre 13
   1.2 Magnitude das cargas 13
   1.3 Condições do subsolo 14
   1.4 Acesso para equipamento 14
   1.5 Custos relativos 14
   1.6 Práticas construtivas locais e disponibilidade de materiais 14
   1.7 Requisitos de desempenho das torres 14
   1.8 Especificações de órgãos e/ou fornecedores de equipamentos/proprietários dos serviços, uso de soluções certificadas 15
   1.9 Durabilidade dos materiais 15
   1.10 Sustentabilidade 15

2 **CARGAS TÍPICAS** 17
   2.1 Aerogeradores 17
   2.2 Linhas de transmissão 18
   2.3 Torres de telecomunicações 18

3 **SOLUÇÕES TÍPICAS PARA AEROGERADORES** 20
   3.1 Fundações diretas 20
   3.2 Fundações profundas (estacas) 26

4 **SOLUÇÕES TÍPICAS PARA LINHAS DE TRANSMISSÃO** 50
   4.1 Fundações diretas 53
   4.2 Fundações profundas (estacas) 55

5 **SOLUÇÕES TÍPICAS PARA OUTRAS TORRES (TELECOMUNICAÇÕES, TV, RÁDIO)** 61
   5.1 Casos de obras 61

6 **INVESTIGAÇÃO DO SUBSOLO** 75
   6.1 Investigação para elementos isolados 77
   6.2 Investigação para torres de aerogeradores 78
   6.3 Investigação para linhas de transmissão 80

7 OBTENÇÃO DE PROPRIEDADES DOS SOLOS PARA PROJETOS PRELIMINAR E EXECUTIVO DE AEROGERADORES – ALTERNATIVAS DISPONÍVEIS PARA PROSPECÇÃO DO SUBSOLO 85
    7.1   Ensaios *in situ* 85
    7.2   Ensaios de laboratório sobre amostras indeformadas 89
    7.3   Determinação ou estimativa de propriedades dos solos 89

8 SOLOS PROBLEMÁTICOS 103
    8.1   Solos colapsíveis 103
    8.2   Solos expansivos 108
    8.3   Zonas cársticas 109
    8.4   Ocorrência de matacões 110
    8.5   Sismicidade 110

9 PROJETO DE FUNDAÇÕES DE AEROGERADORES 116
    9.1   Requisitos de projeto 116
    9.2   Etapas de projeto 116
    9.3   Fundações diretas 118
    9.4   Radier com ancoragens 132
    9.5   Rigidez rotacional 132
    9.6   Rigidez da fundação 133
    9.7   Comentários 133
    9.8   Base sobre solo melhorado 136
    9.9   Fundações profundas 136

10 PROJETO DE FUNDAÇÕES DE LINHAS DE TRANSMISSÃO 181
    10.1   Requisitos de desempenho – escolha do tipo de solução 181
    10.2   Cálculo 182

11 CONFIABILIDADE DA PREVISÃO DA CAPACIDADE DE CARGA DE ESTACAS – VALORES PREVISTOS X MEDIDOS 195
    11.1   Comparações de valores previstos com valores medidos de capacidade de carga 195
    11.2   Evento de previsões internacional – Araquari (SC) 200
    11.3   Variabilidade de respostas de estacas supostamente idênticas 203
    11.4   Considerações sobre a necessidade de cobrir incertezas 205
    11.5   Variabilidade do subsolo 206
    11.6   Comentários 208

12 CONSTRUÇÃO – ENSAIOS PARA CERTIFICAÇÃO 209
    12.1   Soluções em fundações diretas 209
    12.2   Ensaios em estacas 211

12.3	Ensaios de integridade	218
12.4	Controle executivo de estacas	221

13 CAUSAS E CONSEQUÊNCIAS DE PROBLEMAS EM ESTACAS ... 222

13.1	Bases estaqueadas	222
13.2	Causas de problemas em estacas	222
13.3	Consequências – reforços	224
13.4	Bases em fundações diretas	225
13.5	Acidentes e mau comportamento após a conclusão da obra	227

REFERÊNCIAS BIBLIOGRÁFICAS ... 228

[As figuras com o símbolo ◩ são apresentadas em versão colorida entre as páginas 224 e 225.]

Fatores que afetam a escolha do tipo de fundação

Os fatores que afetam a escolha do tipo de fundação a ser utilizado para uma torre são, em geral, os seguintes:
- localização e tipo de torre;
- magnitude das cargas;
- condições do subsolo;
- acesso para equipamento;
- custos relativos;
- práticas construtivas locais e disponibilidade de materiais;
- requisitos específicos de órgãos e/ou fornecedores de equipamentos/proprietários dos serviços;
- durabilidade dos materiais;
- sustentabilidade.

A seguir, cada um desses aspectos será brevemente comentado para em seguida serem apresentadas as soluções disponíveis e/ou usadas na prática brasileira.

1.1 Localização e tipo de torre

A estrutura das torres varia desde aquelas constituídas por elemento único, do tipo poste ou elemento cilíndrico, até aquelas constituídas por vários elementos, como é característico das torres de linhas de transmissão. Cada tipo pode ter sua transferência de cargas ao solo de forma diferenciada, como mostrado nas figuras do Cap. 3.

A questão da localização é importante, especialmente quando a solução adequada é do tipo fundações profundas, em que é necessária a disponibilidade de equipamento e insumos para a confecção das estacas e seu acesso ao local da obra.

1.2 Magnitude das cargas

Sob a designação de torres, existem elementos metálicos treliçados, elementos metálicos esbeltos estaiados, elementos de concreto armado ou protendido cilíndricos e elementos metálicos, com alturas entre 20 m e 250 m ou até maiores, com ou sem equipamentos fixos em sua estrutura, resultando em enorme variedade de cargas atuantes.

1.3 Condições do subsolo

Como em qualquer fundação, as condições do subsolo são preponderantes na escolha das soluções de fundações, cabendo sempre verificar a possibilidade de execução de fundações diretas, pela facilidade e pelos custos em geral reduzidos. A ocorrência das camadas resistentes em determinada profundidade vai direcionar a opção de fundação mais adequada. A presença de solos problemáticos superficiais (expansivos ou colapsíveis) ou profundos (cársticos) certamente condiciona as soluções a serem consideradas e adotadas.

Serão apresentados comentários sobre as características dos subsolos nos Caps. 3 a 5.

1.4 Acesso para equipamento

Torres de telecomunicações, muitas vezes projetadas em locais de difícil acesso, têm a condição de acesso como critério fundamental na escolha da solução a ser empregada. Torres de linhas de transmissão elétricas, com frequência localizadas em terrenos e regiões sem acesso de veículos e equipamentos, têm esse aspecto como condicionante importante.

1.5 Custos relativos

Muitas vezes, existem soluções alternativas tecnicamente cabíveis de fundações. A comparação entre as opções deve considerar não somente o custo direto das soluções, mas também prazos construtivos e custos associados.

1.6 Práticas construtivas locais e disponibilidade de materiais

As práticas construtivas locais são importantes pela experiência dos executantes em solos regionais e pela disponibilidade de equipamentos no mercado. Outra questão fundamental é a disponibilidade de materiais, não somente nos casos de elementos únicos em regiões distantes, mas também nos casos de elementos industrializados (estacas pré-moldadas, perfis metálicos) que necessitem de transporte por longa distância, influindo no custo.

1.7 Requisitos de desempenho das torres

Algumas torres têm como condicionante única de projeto a segurança à ruptura, sem nenhuma imposição de máximo deslocamento admissível (tipicamente torres de linhas de transmissão). Outras, entretanto, têm seu desempenho sob carga quanto à rigidez como limitador de soluções ou condicionador de soluções mais rígidas (torres de telecomunicação especiais e aerogeradores).

1.8 Especificações de órgãos e/ou fornecedores de equipamentos/proprietários dos serviços, uso de soluções certificadas

A variabilidade de situações nas quais se fazem projetos de fundações de torres, considerando os contratantes das mais diversas naturezas, resulta muitas vezes na necessidade de utilizar requisitos e/ou sistemas preestabelecidos, por ser preciso adotar soluções certificadas ou aprovadas por entidades reguladoras ou seguradoras. No caso de concessionárias estaduais ou federais, existem padrões de soluções a serem dimensionadas. Para turbinas de aerogeradores, há desde situações com soluções padronizadas e/ou certificadas a serem detalhadas e verificadas/dimensionadas, passando pela obrigatoriedade de uso de estacas inclinadas para fundações profundas, até o veto à utilização de certos sistemas construtivos de fundações. É sempre importante consultar as especificações e recomendações existentes em cada caso, antes da elaboração da análise e do detalhamento das soluções.

1.9 Durabilidade dos materiais

A questão da vida útil das fundações leva em conta a agressividade do meio e o tempo de utilização da estrutura sendo projetada, considerando as condições de projeto e as especificações dos materiais. Características de consumo mínimo de cimento, valores de f_{ck}, recobrimento de armaduras e proteção de soldas e elementos metálicos são aspectos recorrentes quanto à questão da durabilidade das soluções e devem ser adequadamente especificados em cada projeto.

1.10 Sustentabilidade

A consideração da sustentabilidade é nova na área de fundações, mas tende a ser cada vez mais presente em especificações, requisitos ambientais e normalização (Lasne; Bruce, 2014; Poulos, 2017). A geração de pegadas de carbono (*carbon footprint*) a ser considerada, com a produção de toneladas de CO_2, inclui a construção do equipamento executor da fundação e sua vida útil, o transporte deste para o local da obra, a execução das fundações e a geração de carbono na produção dos materiais das fundações. Uma publicação do DFI (Lasne; Bruce, 2014) refere-se a um grupo de trabalho estudando a elaboração de uma planilha para calcular a geração de pegadas de carbono na implantação de uma fundação profunda, considerando desde os equipamentos até a produção dos materiais das estacas.

Segundo Poulos (2017), as condições para contribuir para a sustentabilidade seriam as seguintes:
- reduzir ao máximo o uso de concreto;
- minimizar prazos construtivos;
- explorar o potencial de geração de energia.

São listadas a seguir as sugestões de Saravanan (2011) para prover melhorias na sustentabilidade na prática de projeto e execução de fundações profundas:
- investigação geotécnica qualificada;
- projeto eficiente de estacas considerando os materiais construtivos;
- seleção do tipo adequado de estacas;
- gestão eficiente de energia e materiais;
- uso de materiais sustentáveis;
- ensaios nas estacas para aumentar a eficiência da solução.

Cargas típicas 2

2.1 Aerogeradores

As cargas atuantes na base das torres que suportam as turbinas de aerogeradores são resultantes de solicitações de origem diferenciada (vento, ações de rotor e pás, excentricidades, peso próprio, ações sísmicas e considerações de fadiga) e extremamente elevadas, com momentos instabilizadores muitas vezes acima de 15.000 t · m. Nos casos em que as torres projetadas são metálicas, as cargas verticais significativas são as decorrentes do peso do bloco. Merece atenção especial o fato de o bloco poder estar submerso, alterando completamente a distribuição e a natureza das cargas nas fundações, bem como sua estabilidade nos casos de fundações diretas.

A Tab. 2.1 mostra, para diferentes combinações de hipóteses de atuação dos esforços, os carregamentos a considerar na base de uma torre com 120 m de altura.

Tab. 2.1 Carregamentos a considerar na base de uma torre com 120 m de altura

Carga		Caso	Mx (kN · m)	My (kN · m)	Mxy (kN · m)	Mz (kN · m)	Fx (kN)	Fy (kN)	Fxy (kN)	Fz (kN)
Mx	Máx.	6.1j	141.954	46.698	149.437	4.836,5	745	−1.509,3	1.683,1	−17.154
Mx	Mín.	6.1a	−142.582	49.810	151.031	−3.335,8	826,3	1.510,3	1.721,6	−17.270
My	Máx.	1.5v3	1.866,6	133.464	133.477	−2.211,6	1.377,1	33,1	1.377,5	−17.378
My	Mín.	1.5v2	−25.141	−137.200	139.485	−6.406,5	−1.135,5	300,1	1.174,5	−17.251
Mxy	Máx.	6.1a	−142011	51.415	151.031	−3.396,5	852,2	1.514,7	1.738	−17.282
Mxy	Mín.	8.1ea1	−3,9	−7,95	8,86	401,8	74	6,98	74,3	−19.324
Mz	Máx.	1.5x2	−8.994,3	179,2	8.996,1	8.186,1	195,3	129,2	234,2	−17.307
Mz	Mín.	2.2e	−15.284	−51.541	53.760	−10.211	−421,7	158,3	450,5	−14.081
Fx	Máx.	6.1j	81.880	108.441	135.882	3.086,2	1.427,1	−878,4	1.675,7	−17.231
Fx	Mín.	1.5v2	−26.106	−136.469	138.943	−6.286,6	−1.139,2	326,1	1.184,9	−17.249
Fy	Máx.	6.1f	−141.637	30.134	144.808	−3.998,7	596,7	1.588,4	1.696,7	−17.317
Fy	Mín.	6.1j	141.943	48.929	150.140	4.875,6	776	−1.513,6	1.700,9	−17.143
Fxy	Máx.	6.1g	−130.988	66.743	147.011	−3.114,9	1.032,6	1.411,3	1.748,8	−17.135
Fxy	Mín.	1.5e1	−219,7	−9.111	9.113,7	245,9	−0,92	0,34	0,98	−17.378
Fz	Máx.	7.1s31	22.385	32.298	39.297	−602,5	465,4	−306,2	557,1	−13.878
Fz	Mín.	8.1ua7	−397,8	−33.989	33.992	−37,9	−368,3	3,76	368,3	−19.394

Para uma torre com 130 m de altura, a configuração simplificada do carregamento, para dar uma ordem de grandeza dos carregamentos, é a indicada na Tab. 2.2.

Tab. 2.2 Configuração simplificada do carregamento para uma torre com 130 m de altura

Axial (Fz)	1.440,00 tf
Momento (Mxy)	17.200,00 tf·m
Torção (Mz)	94,50 tf·m
Cortante (Fxy)	129,00 tf
Cortante equivalente (Fxy')	129,00 tf
Mom. base do bloco	17.561,20 tf·m

As cargas atuantes nas fundações devem ser avaliadas nas condições de estado-limite de serviço (ELS) com o cálculo de deslocamentos, levando em conta que os fornecedores de turbinas não admitem tração nas estacas nem regiões não comprimidas no caso de solução em fundações diretas. Já nas condições de estado-limite último (ELU), deve-se assegurar a segurança à ruptura, havendo recomendações sobre área mínima comprimida por parte de fornecedores e cargas-limites de fadiga.

Cada fornecedor de equipamento tem indicações específicas referentes à determinação de combinações de carregamento para a obtenção das solicitações ao nível da base do aerogerador, incluindo questões referentes à fadiga e cargas extremas. Nessas considerações ficam incluídas, por exemplo, área mínima de contato de fundações diretas quando da atuação de solicitações do ELS, ELU e fadiga.

2.2 Linhas de transmissão

Segundo Paladino (1985), a ordem de grandeza das cargas atuantes é a indicada a seguir, em toneladas:

- *Torres autoportantes de suspensão* – compressão de 15 t a 80 t; tração de 10 t a 60 t; e cargas horizontais de 1 t a 10 t.
- *Torres autoportantes de ancoragem* – compressão de 30 t a 180 t; tração de 20 t a 160 t; e cargas horizontais de 5 t a 30 t.
- *Torres estaiadas* – mastro: compressão de 30 t a 70 t e cargas horizontais de 2 t a 5 t; estai: arrancamento de 15 t a 30 t.

2.3 Torres de telecomunicações

A Tab. 2.3 apresenta cargas típicas para torres de telecomunicações cilíndricas de concreto, para um poste de telecomunicações e para uma torre metálica com três pernas.

Tab. 2.3 Cargas típicas para torre de telecomunicações cilíndrica de concreto, poste de telecomunicações e torre metálica com três pernas

	Altura (m)	Compressão (tf)	Momento na base (tf · m)	Horizontal (tf)
Torres de telecomunicações cilíndricas de concreto	40	140	500	20
	66	420	1.350	40
	90	880	4.500	80
	106	1.200	6.000	100
Poste para telecomunicações	35	30	220	10
Torre metálica com três pernas (valores de carga em cada apoio)	60	265	Tração (tf) 240	220

3 Soluções típicas para aerogeradores

Neste capítulo, serão apresentadas as soluções típicas de fundações utilizadas para aerogeradores, abordando inicialmente os fatores que condicionam a escolha da solução mais apropriada ou conveniente, descrevendo as características de cada uma delas e, quando disponíveis, apresentando projetos e sondagens características de casos onde elas foram usadas em projetos reais.

As fundações diretas podem ser:
- simples;
- com tirantes ou chumbadores;
- sobre material tratado com cimento;
- sobre solo natural tratado.

Já as fundações profundas podem ser:
- em estacas escavadas (*drilled shafts*);
- em estacas hélice contínua monitorada (CFA);
- em estacas pré-moldadas verticais e/ou inclinadas;
- em estacas metálicas verticais e/ou inclinadas;
- em estacas raiz.

3.1 Fundações diretas

As soluções em fundações diretas, como mostrado na Fig. 3.1, são sempre as primeiras a serem cogitadas.

Fig. 3.1 *(A) Projeto de base em fundação direta*

3 Soluções típicas para aerogeradores | 21

Fig. 3.1 (cont.) (B) Sondagem correspondente

3.1.1 Fundações diretas simples

Seu custo reduzido, a possibilidade de ser executado sem equipamentos especializados, sua velocidade e facilidade construtiva e a possibilidade de inspeção e teste do geomaterial que suporta as cargas são aspectos relevantes desse tipo de fundação e indicam seu estudo como prioritário em todos os casos.

Quando os materiais do subsolo apresentam condições adequadas de resistência e compressibilidade (rigidez), sem características problemáticas (colapsíveis, expansivos, cársticos), são projetadas soluções em fundações diretas apoiadas diretamente sobre o terreno natural.

Em inúmeros casos, a implantação de parques de aerogeradores ocorre em uma região com horizontes rochosos, favorável a esse tipo de solução, especialmente quando esses horizontes são de pequena profundidade ou superficiais.

Em condições normais, os blocos de fundação de soluções diretas possuem maior diâmetro e volume de concreto que as soluções estaqueadas para o mesmo problema, mas exibem sempre menor custo e maior velocidade construtiva, motivos de sua preferência como solução ideal.

3.1.2 Fundações diretas com tirantes ou chumbadores

Como já mencionado, em inúmeros casos a implantação de parques de aerogeradores acontece em uma região com horizontes rochosos ou materiais competentes em pequena profundidade (Fig. 3.2). Nesses casos, muitas vezes são utilizados tirantes ou chumbadores para a otimização do projeto, conforme mostrado na Fig. 3.3. Essas condições em geral reduzem significativamente o volume dos blocos em comparação com soluções sem ancoragens.

Em algumas situações, o uso dessas ancoragens é uma condição preestabelecida pelo contratante do projeto.

Fig. 3.2 *Foto da escavação*

3.1.3 Fundações diretas sobre material tratado com cimento

Em algumas situações, o topo do material adequado para fornecer o suporte para fundações diretas encontra-se em profundidade maior que aquela projetada para que a turbina fique situada na cota de projeto. Nessas condições, muitas vezes é feito um projeto de base direta assente sobre um aterro de material tratado convenientemente dimensionado, como indicado na Fig. 3.4.

3 Soluções típicas para aerogeradores | 23

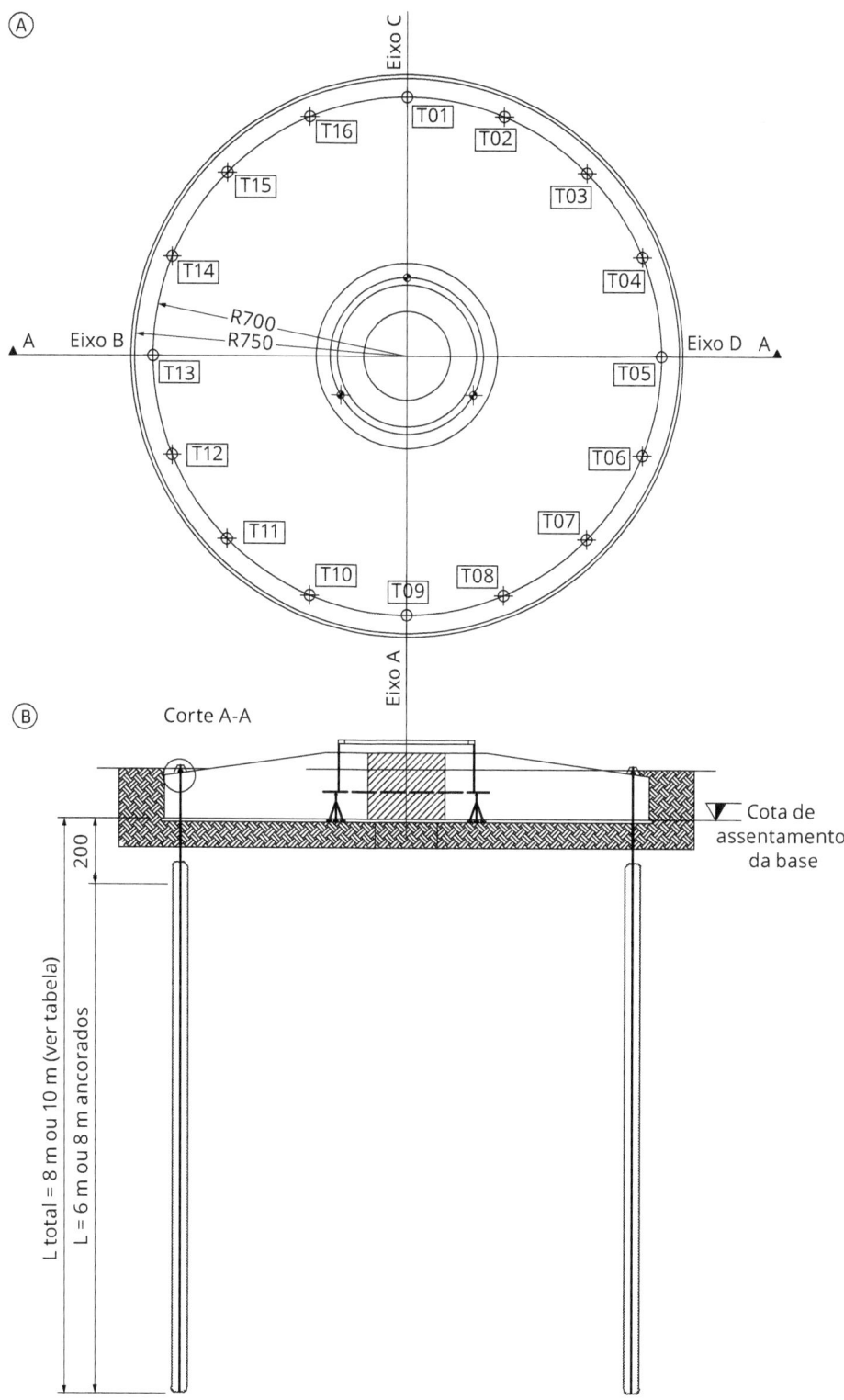

Fig. 3.3 *Projeto de base em fundação direta com tirante: (A) planta baixa e (B) corte*

PERFIL DE SONDAGEM ROTATIVA - BJ-02

NÍVEL D'ÁGUA (m)	PERFIL	GOLPES / 30 cm INICIAL	GOLPES / 30 cm FINAL	RECUPERAÇÃO (%) / ÍNDICE DE RESISTÊNCIA À PENETRAÇÃO (N)	CLASSIFICAÇÃO DOS MATERIAIS	Alteração	Coerência	Fraturamento	N° de fragmentos por manobra	R.Q.D.(%)	CLASSIFICAÇÃO GEOTÉCNICA
N.F.E.	1			0,5%	0,00-0,40 m: Camada vegetal. Argila preta.						SOLO
					0,40-1,55 m: Alteração de rocha.	A3	C4	F3	05	-	ALTERAÇÃO DE ROCHA
	2			19%		A3	C3	F2	03	-	
	3				1,55-7,60 m: Rocha de coloração cinza-escuro, composta por feldspato plagioclásio, piroxênio, anfibólio e biotita. Rocha pouco fraturada a extremamente fraturada, ocorrência de fraturas verticais, horizontais e diagonais. Estrutura maciça. Textura afanítica. Classificada macroscopicamente como BASALTO.						
	4			58,5%		A3	C3	F5	19	-	
	5										
	6			90%		A2	C3	F2	05	83	ROCHA BASALTO
	7			95%		A2	C3	F3	09	79	
	8			100%		A2	C3	F2	04	100	
	9			94%	7,60-11,44 m: Idem, pouco fraturada a ocasionalmente fraturada.	A1	C3	F1	01	100	
	10										
	11			100%		A1	C3	F2	03	100	
	12				Diâmetro da perfuração: 0,00-11,44 m = NW Limite da sondagem: 11,44 m						
	13										
	14										
	15										
	16										
	17										
	18										
	19										
	20				COORDENADAS UTM (SAD69): 6.855.621,72N e 639.738,28E						

Fig. 3.3 *(cont.) (C) Sondagem*

Tipicamente são usados como material tratado camadas de solo-cimento, concreto magro ou brita graduada tratada com cimento (BGTC); essas soluções devem ter projeto específico e controle executivo rigoroso.

3 Soluções típicas para aerogeradores | 25

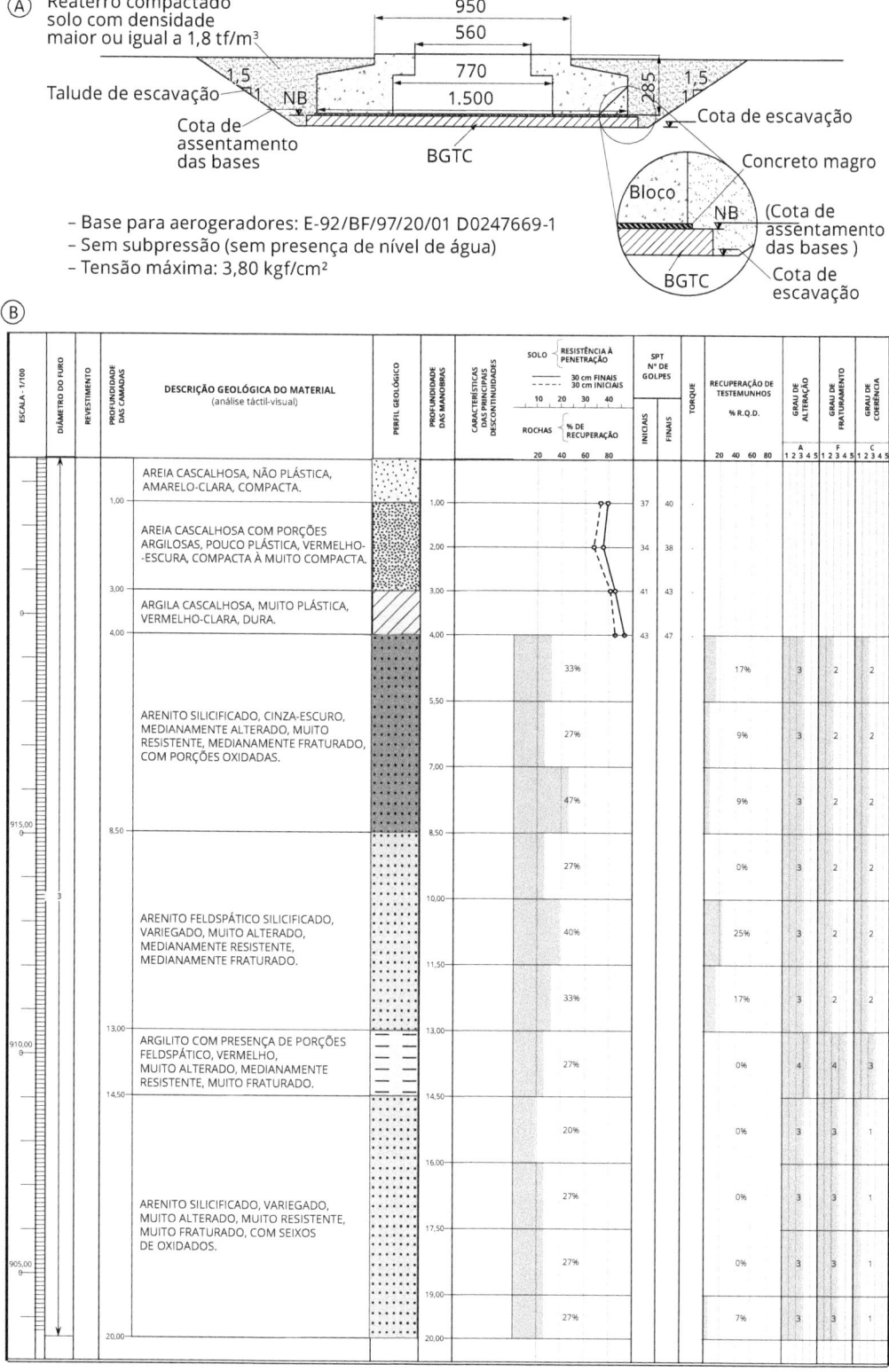

Fig. 3.4 *(A) Projeto de base em fundação direta sobre material tratado e (B) Sondagem correspondente*

3.1.4 Fundações diretas sobre solo natural tratado

Em condições especiais, são projetadas bases em fundações diretas apoiadas sobre solo natural tratado, como colunas de brita e colunas de *jet-grouting*. No Brasil, existe pouca experiência nessas soluções, especialmente pela dificuldade de previsão da rigidez do conjunto solo × brita para atender às necessidades de desempenho das torres. Na Europa, essa solução é bastante utilizada, como indicado pelas recomendações francesas (CFMS, 2011).

3.1.5 Fundações diretas pré-moldadas

Recentemente foi patenteada, pela Esteyco Energia, uma solução em fundações diretas pré-moldadas que pode ser adaptada para bloco de fundação profunda, como mostra a Fig. 3.5. Essa solução tem a vantagem de evitar o trabalho de concretagem *in situ* e usa um volume menor de concreto que os blocos maciços tradicionais.

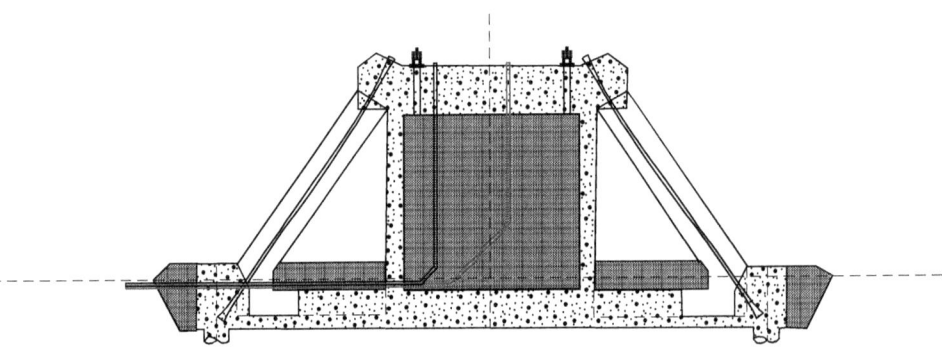

Fig. 3.5 *Fundações diretas pré-moldadas*

3.2 Fundações profundas (estacas)

Em um número significativo de projetos, não ocorrem condições técnicas adequadas para o uso de fundações diretas como solução de fundações para as torres. Nessas situações, são utilizadas fundações profundas, tipo estacas, com procedimentos construtivos diversos na prática brasileira: estacas escavadas, estacas hélice contínua monitorada (CFA), estacas pré-moldadas de concreto, estacas metálicas e estacas raiz. A escolha do sistema construtivo adequado para cada condição depende de uma série de fatores, entre os quais podem ser citados a disponibilidade de equipamento, a experiência regional, os prazos e os custos (ver seção 9.2.1).

Cada procedimento construtivo de fundações profundas tem suas vantagens e limitações, como apresentado a seguir, com exemplos de casos reais de projetos executados em parques de aerogeradores, além das sondagens representativas.

3.2.1 Fundações em estacas escavadas

A opção de fundações em estacas escavadas (*drilled shafts*) (Fig. 3.6) tem sua viabilidade condicionada muitas vezes à possibilidade executiva sem o uso de fluido estabilizador (lama bentonítica ou polímero), frequentemente não permitido pelos órgãos ambientais de licenciamento dos parques.

Quando exequíveis pelas condições geotécnicas, são uma excelente opção pela possibilidade executiva de elementos de grande diâmetro, convenientemente armados, com adequada capacidade de carga e rigidez elevada.

A utilização de elementos com revestimento recuperável, adotada apenas no período construtivo, esbarra na limitada oferta de equipamentos executivos de grande porte no Brasil.

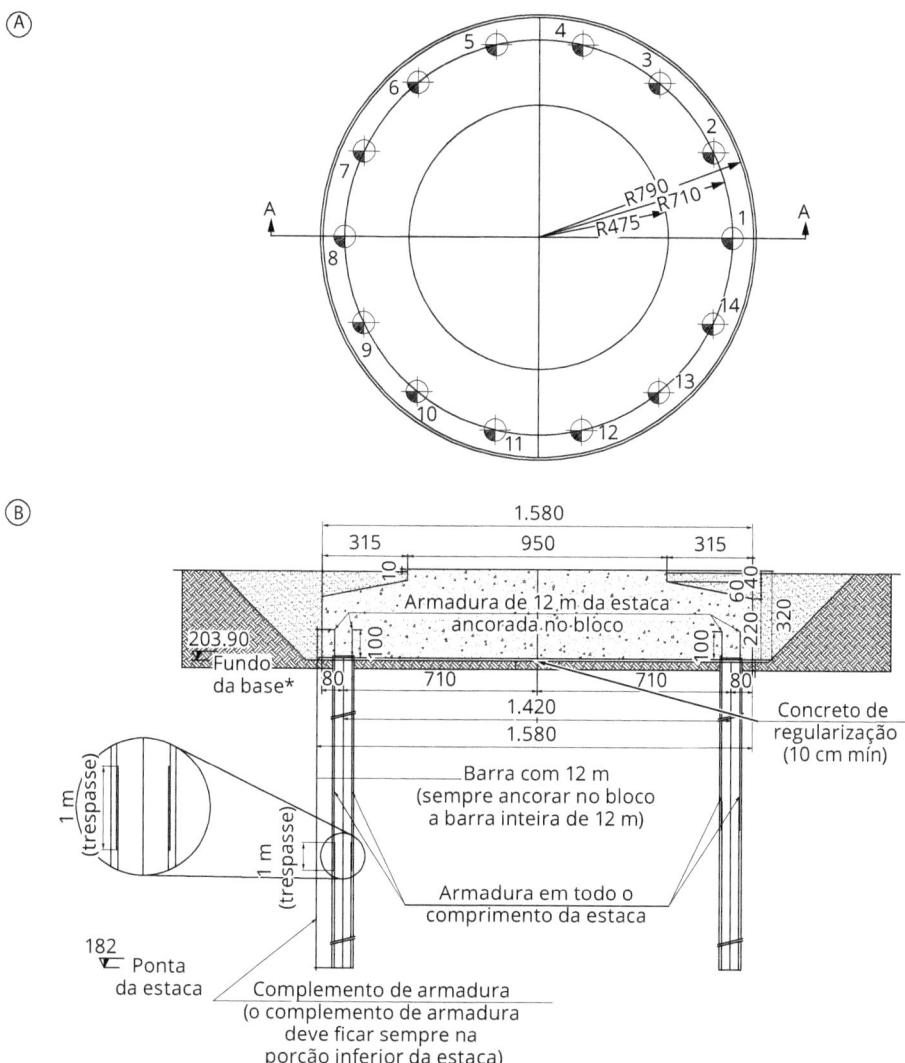

Fig. 3.6 *Solução em estacas escavadas: (A) planta baixa e (B) corte*

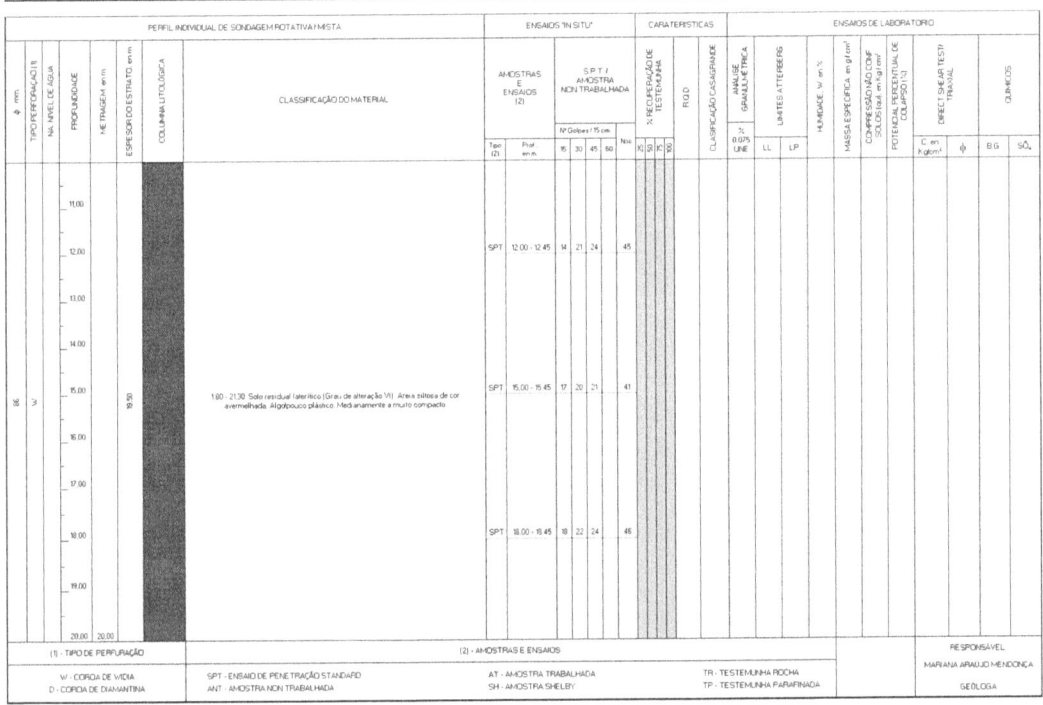

Com o uso de equipamentos adequados, é possível atingir horizontes de alta capacidade de carga, incluindo ocorrências rochosas, o que resulta em um menor número de estacas por base.

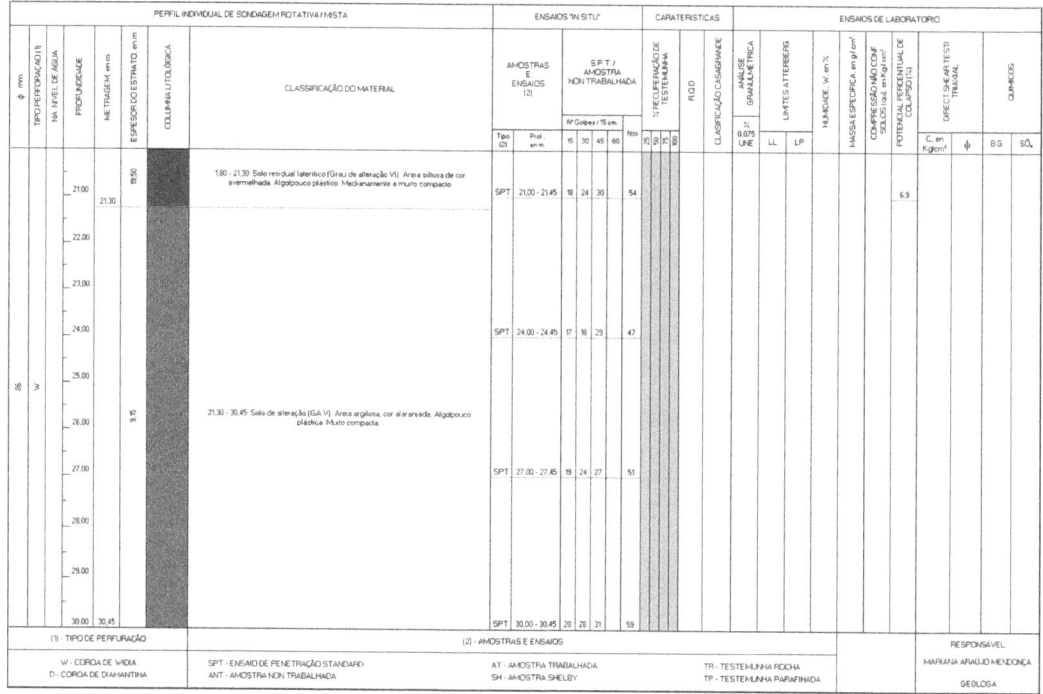

Fig. 3.6 *(cont.) (C) Sondagem*

3.2.2 Fundações em estacas hélice contínua monitorada (CFA)

O emprego de fundações em estacas hélice contínua monitorada (*continuous flight auger* – CFA) é extremamente apreciado pelos construtores quando soluções de fundações profundas são necessárias em virtude de sua velocidade construtiva, item importante nas soluções em parques de aerogeradores. Esse sistema construtivo de fundações profundas pode ser utilizado nas mais diversas ocorrências de subsolo, diâmetro e capacidade de carga à compressão e à tração. O monitoramento executivo é um aspecto relevante no que se refere à rastreabilidade do processo construtivo, assim como por sua contribuição na detecção de eventuais problemas durante esse processo. A Fig. 3.7 mostra uma solução dessa natureza, quando o perfil de subsolo é constituído por materiais de média e alta resistência em profundidade.

Entre suas limitações, pode-se citar a necessidade de fornecimento de concreto adequado em volumes consideráveis, limitações de comprimento de ferramentas para a execução de estacas muito longas, e equipamentos disponíveis sem potência suficiente para atingir as profundidades necessárias de projeto. Uma de suas limitações mais importantes decorre da exigência de colocação de armadura após a concretagem, dificultando o processo. Alguns fabricantes de turbina exigem que toda a estaca seja armada, o que impede o uso de armadura convencional, resultando na necessidade de armadura

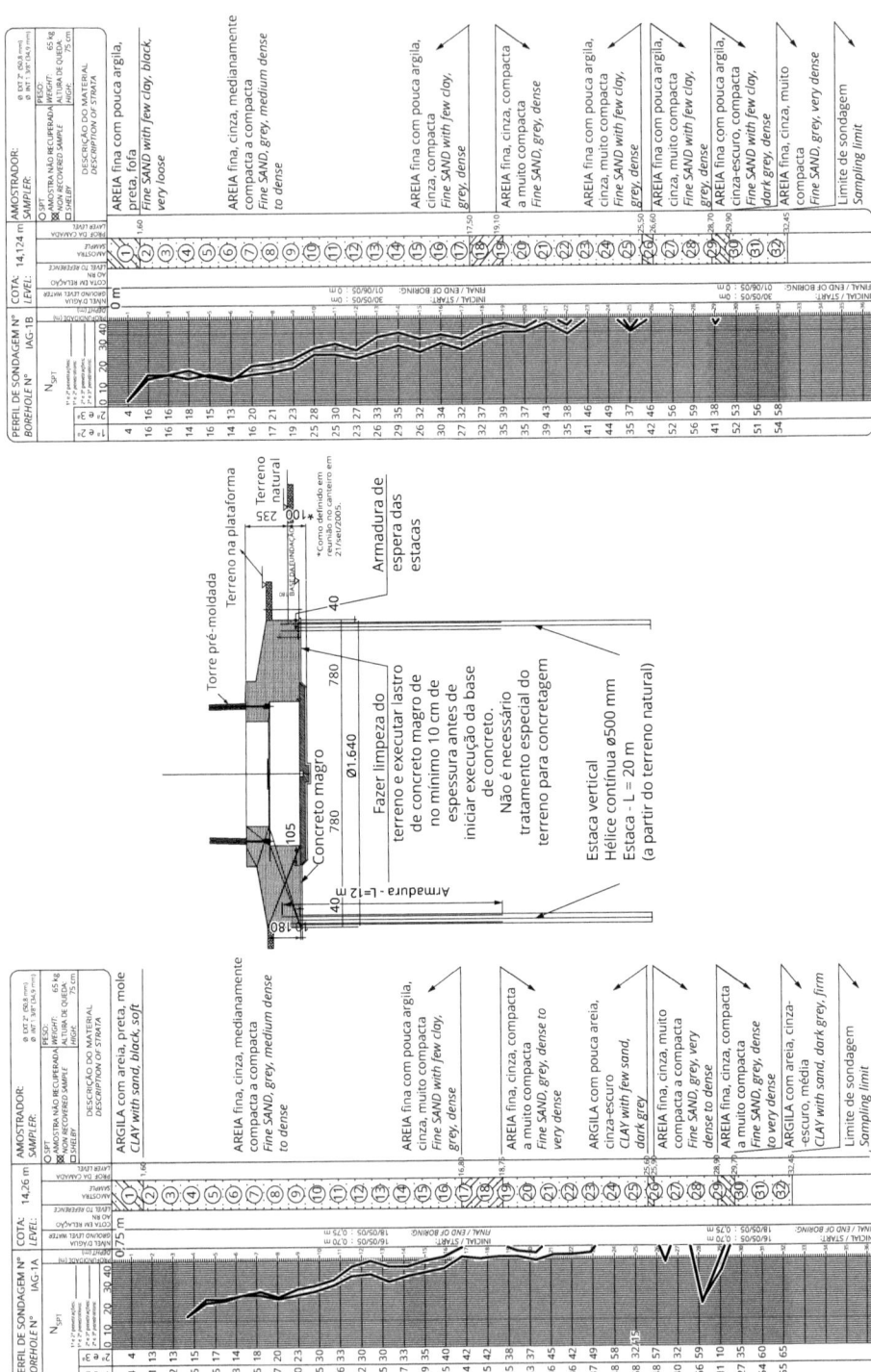

Fig. 3.7 Projeto de fundações em estacas hélice contínua monitorada e perfil de sondagem correspondente

especial. Existem fabricantes que não admitem o uso desse tipo de fundação como solução. Outra exigência relativamente comum de fabricantes de turbinas é a utilização exclusiva de estacas inclinadas como solução estaqueada, o que impede o emprego dessa solução no Brasil, onde não há experiência nessa forma executiva.

Existem no mercado equipamentos com adequada potência que, quando utilizados com ferramentas especiais, são capazes de penetrar em horizontes altamente resistentes e mesmo em rochas brandas, como mostrado na Fig. 3.8.

Usualmente as estacas são executadas em cota superior à base dos aerogeradores, devendo sofrer arrasamento (corte e remoção do material de seu topo de modo a ficar na cota adequada para vinculação com o bloco de coroamento), como mostrado na Fig. 3.9.

A Fig. 3.10 mostra a armadura especial com barra central, em comprimento de 18 m, necessária para resistir aos esforços de tração aos quais a estaca está submetida.

As Figs. 3.11 a 3.13 apresentam soluções em estacas hélice contínua monitorada e raiz em que o bloco manteve a mesma geometria, mas as soluções variaram entre 16 estacas hélice contínua para as estacas mais longas, 32 estacas hélice contínua para as estacas mais curtas e 32 estacas raiz onde não era possível executar comprimentos adequados de estacas hélice contínua monitorada.

3.2.3 Fundações em estacas pré-moldadas de concreto

Em muitas situações, ocorrem perfis de subsolo pouco adequados para o uso das opções de solução apresentadas anteriormente, como a presença de solos muito moles em espessuras importantes ou a necessidade de utilizar estacas inclinadas; os fornecedores de turbinas podem também impor a não utilização de determinadas soluções. Nesses casos, são empregadas fundações em estacas pré-moldadas de concreto, emendadas por solda. Essa solução tem a grande vantagem de garantir a integridade dos elementos durante o processo construtivo, além de poder ser fornecida nas dimensões adequadas de forma industrial – o que representa garantia de qualidade – e conseguir atingir qualquer profundidade, desde que executada adequadamente (energia de cravação, uso eventual de jato de água para ultrapassagem de horizontes intermediários resistentes) e com a adoção de processos eficientes de cravação.

A necessidade de solda entre elementos resulta em demora no processo construtivo, além de eventuais exigências especiais de fornecedores de turbinas quanto à sua adequada resistência à fadiga e/ou quanto ao seu afastamento até a base do bloco.

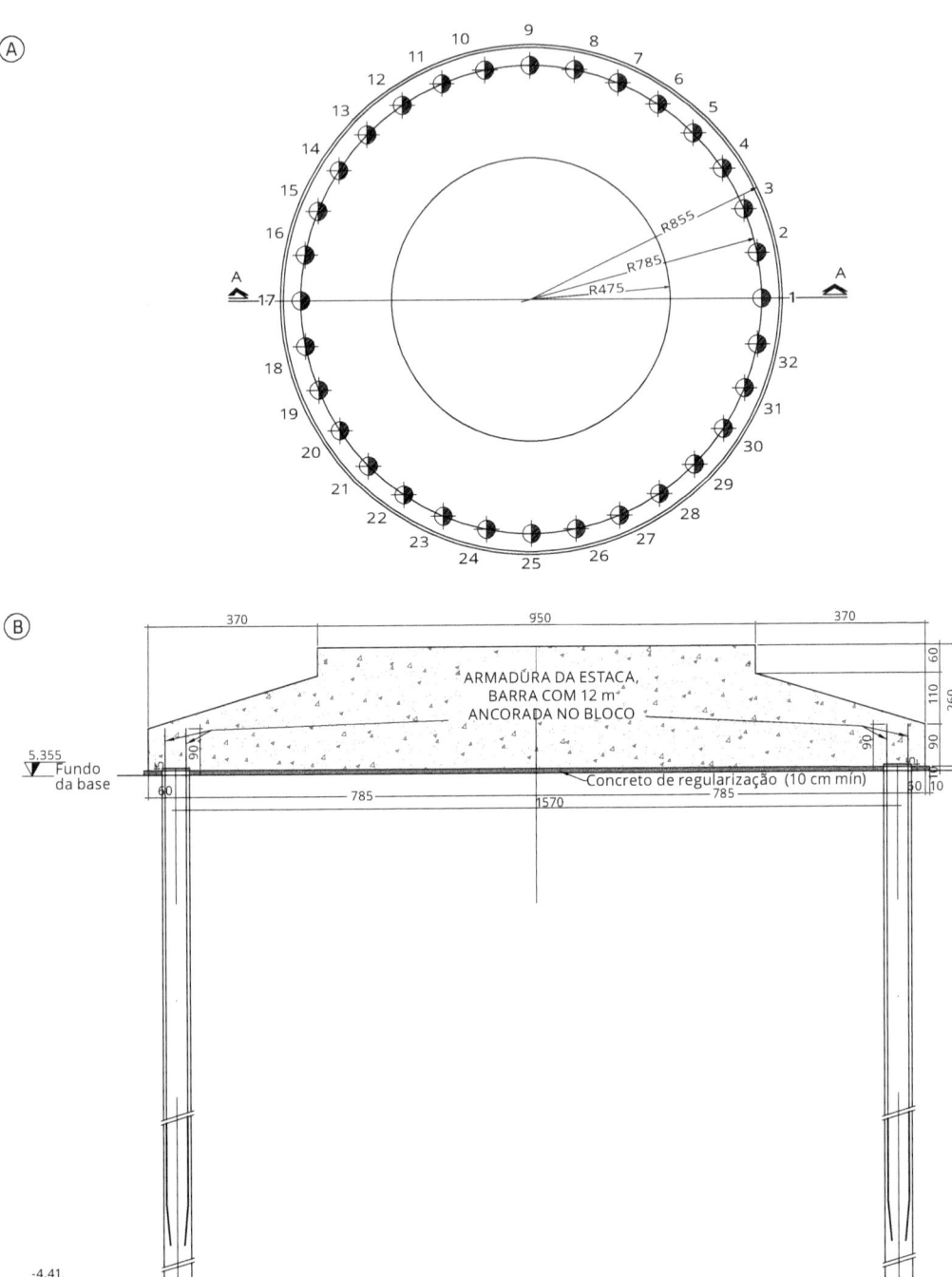

Fig. 3.8 *Perfil de rocha branda com solução de fundações em estaca hélice contínua monitorada especial: (A) planta baixa e (B) corte*

3 Soluções típicas para aerogeradores | 33

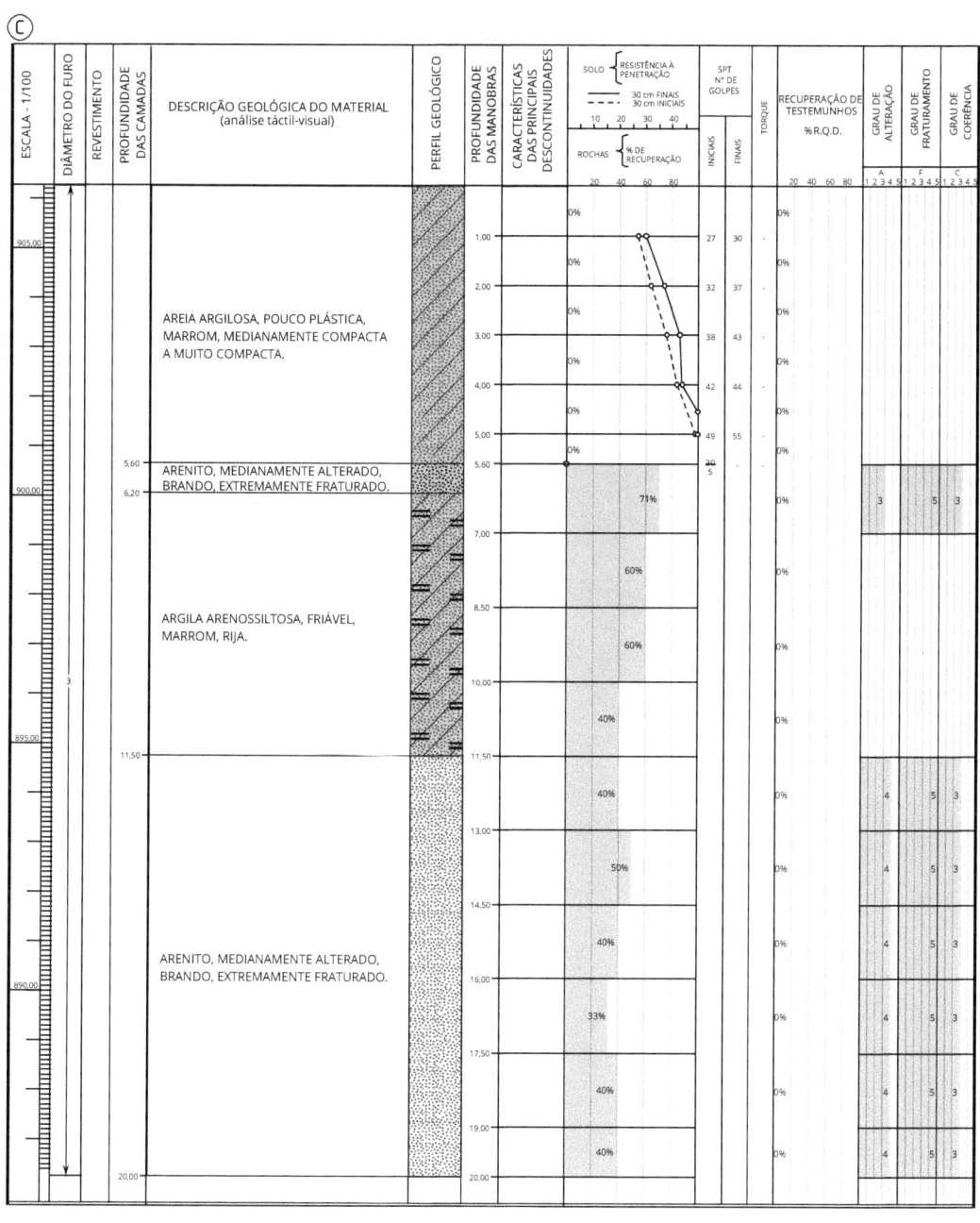

Fig. 3.8 *(cont.) (C) Sondagem*

Fig. 3.9 Arrasamento de estacas hélice contínua monitorada

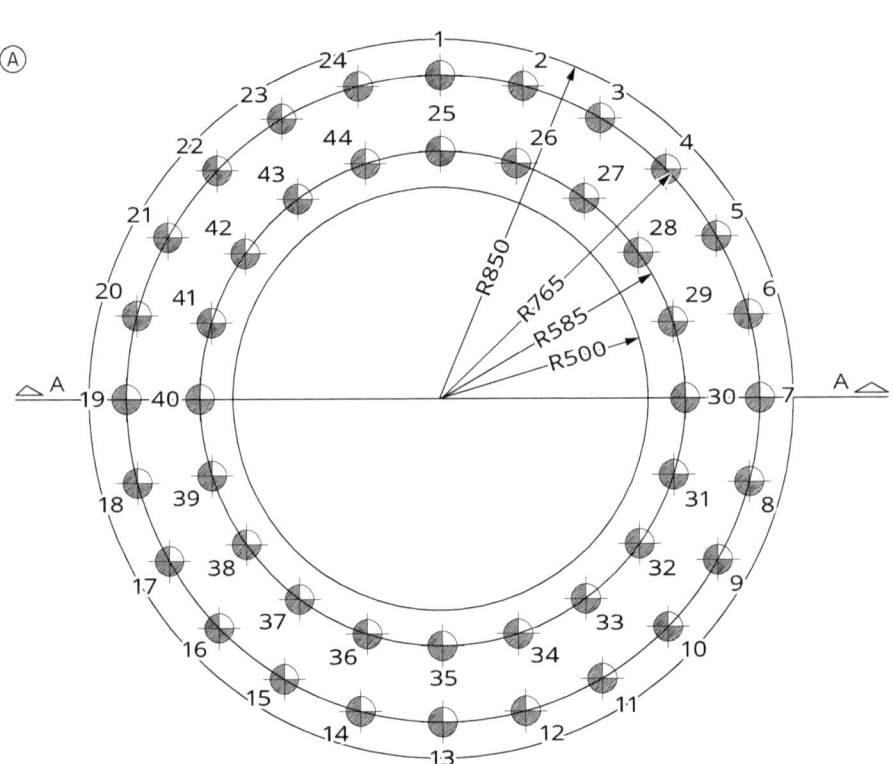

Fig. 3.10 Armadura especial para tração, em comprimento de 18 m, em estacas hélice contínua monitorada: (A) planta baixa

3 Soluções típicas para aerogeradores | 35

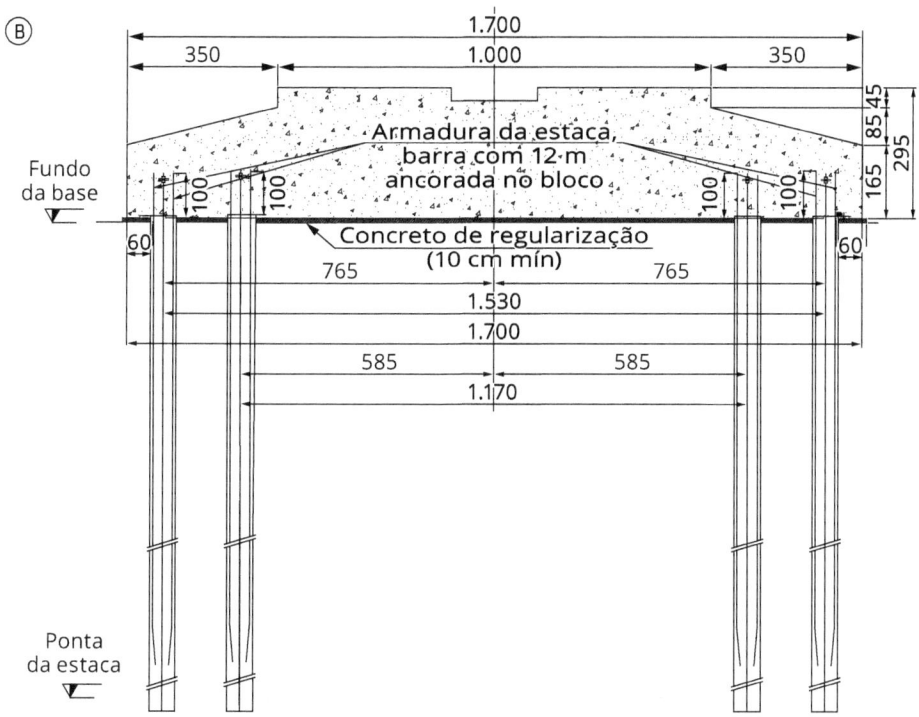

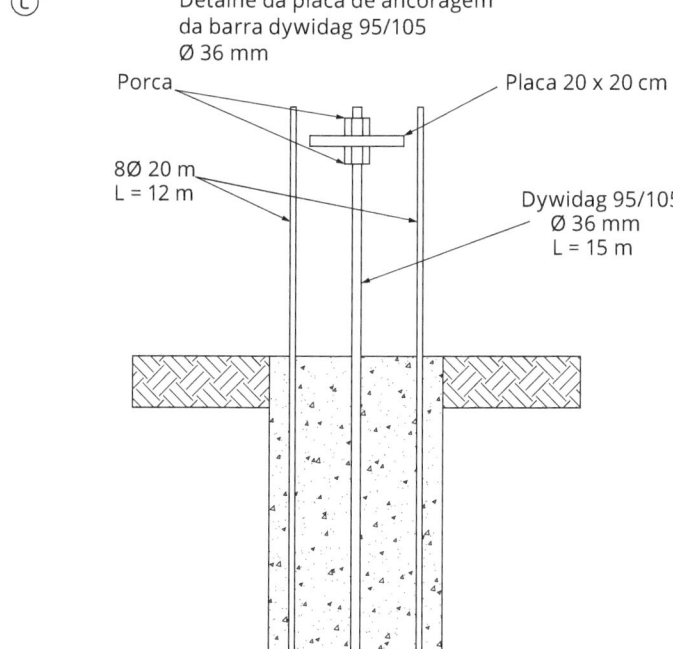

Fig. 3.10 *(cont.)* *(B) Corte e (C) detalhe*

36 | Fundações de torres

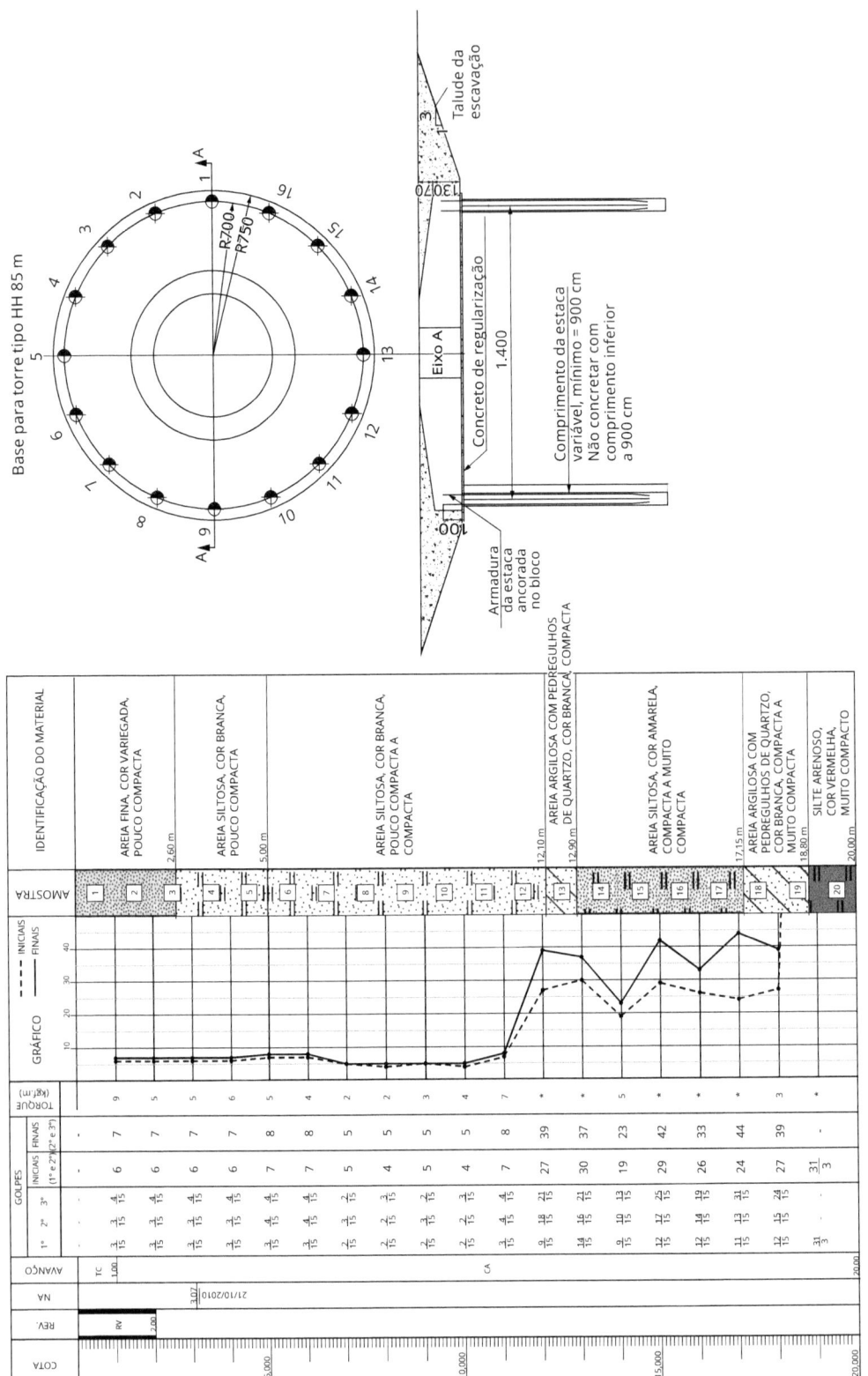

Fig. 3.11 Solução em 16 estacas hélice contínua monitorada longas

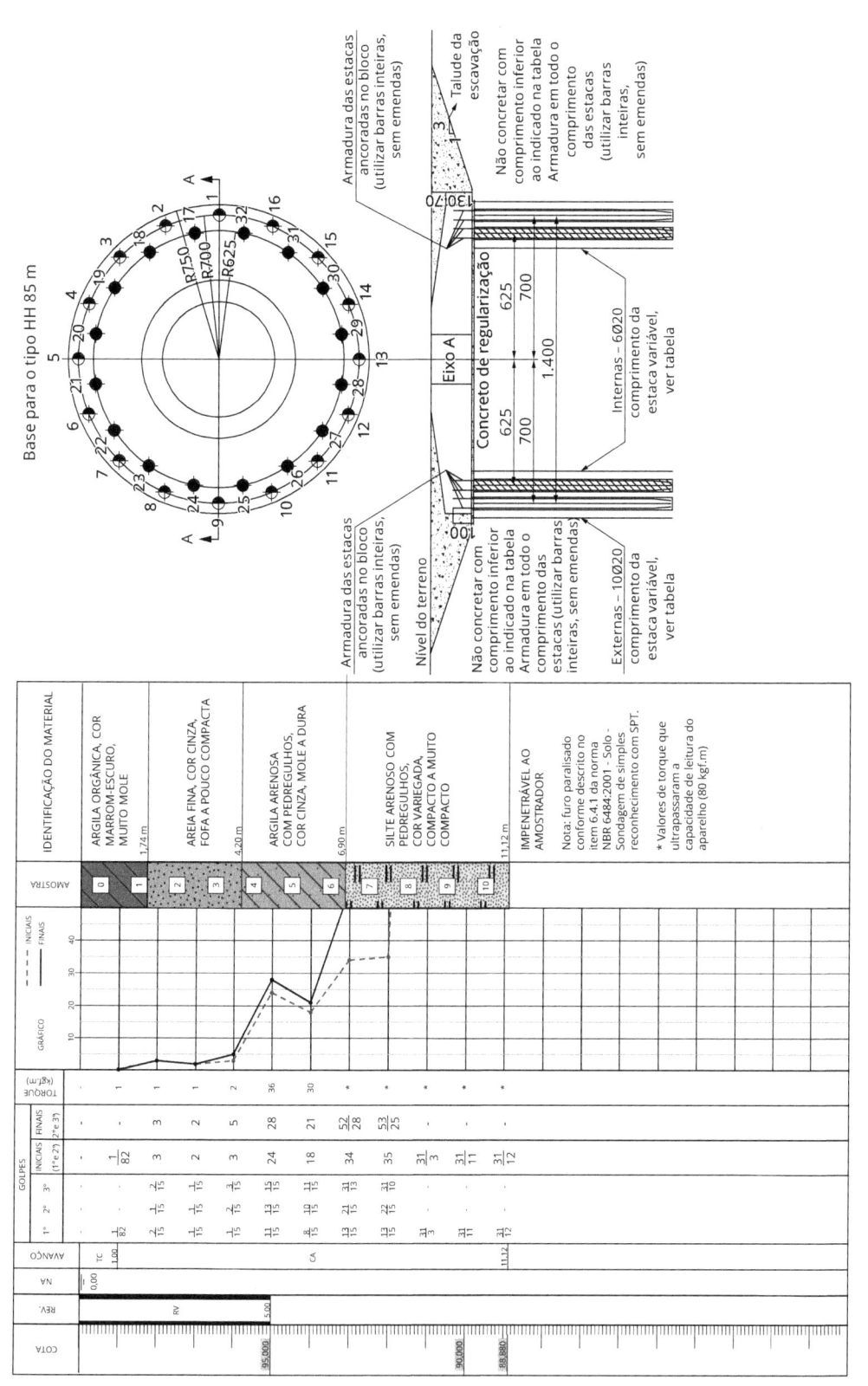

Fig. 3.12 Solução em 32 estacas hélice contínua monitorada curtas

38 | Fundações de torres

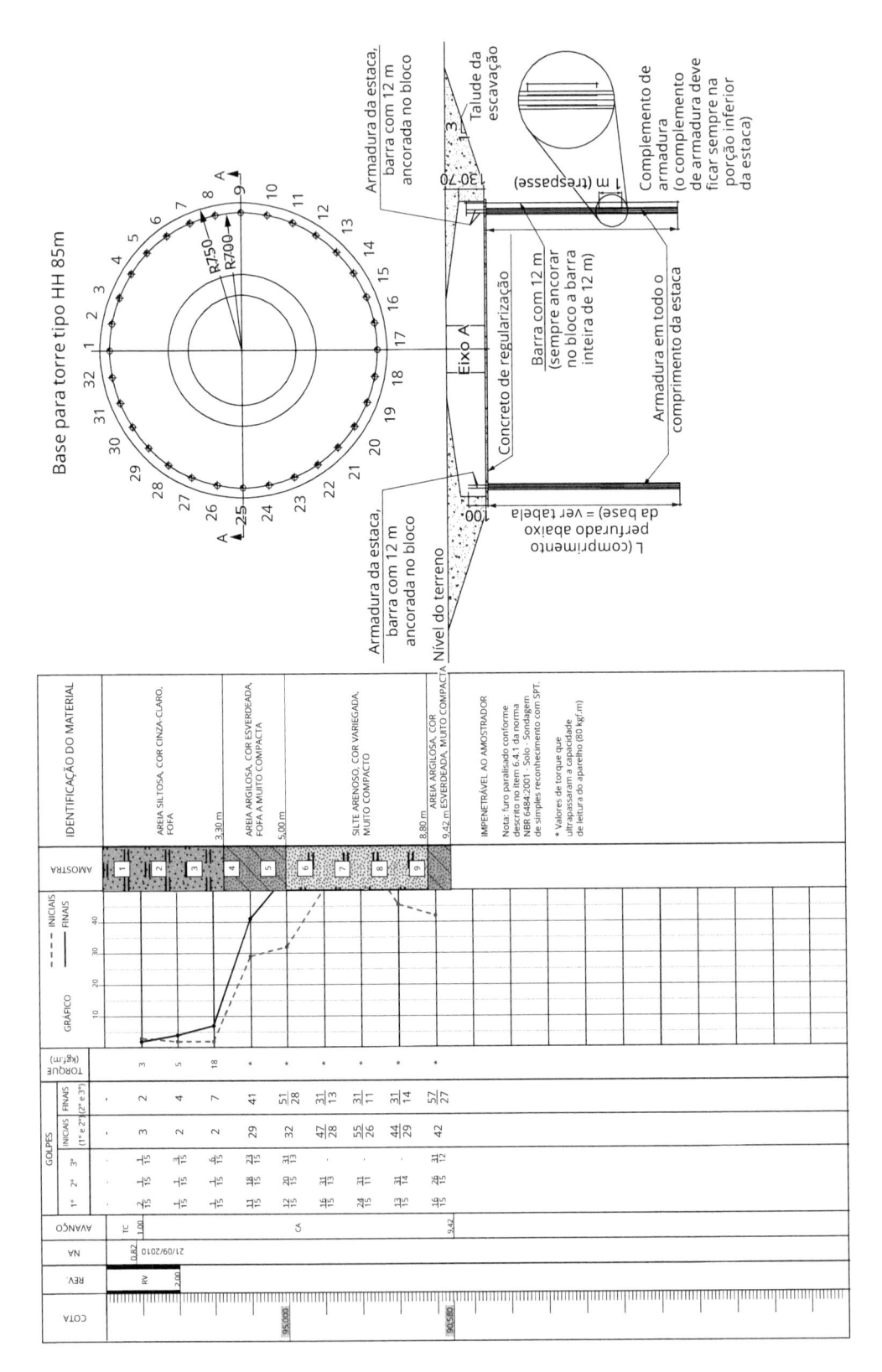

Fig. 3.13 Solução em 32 estacas raiz

Quando há a exigência do fabricante das turbinas e/ou a presença de camadas superficiais ou subsuperficiais muito moles que resultariam em grande deslocamento das estacas sob carga horizontal, estas podem ser executadas de forma inclinada, como mostram as Figs. 3.14 e 3.15.

Muitas vezes, pela necessidade de ultrapassagem de camadas intermediárias resistentes e/ou de embutimento da base em materiais de alta resistência, utiliza-se ponteira de perfis metálicos nas estacas, como apresentado na Fig. 3.16.

3.2.4 Fundações em estacas metálicas

Em determinadas situações, são utilizadas estacas metálicas como solução de fundações profundas (Fig. 3.17). Perfis I ou H são cravados até as profundidades necessárias para a transferência de cargas ao subsolo. Podem ser justificativas de seu uso a necessidade de cravação muito enérgica para ultrapassar horizontes intermediários de elevada resistência, a dificuldade de fornecimento de elementos pré-moldados adequados ou a imposição de embutimento em horizontes muito resistentes. Normalmente, seu custo é elevado, e seu prazo construtivo, devido à necessidade de solda (Fig. 3.18), não é reduzido. Cabem aqui os mesmos comentários feitos para a solda entre elementos de estacas pré-moldadas de concreto.

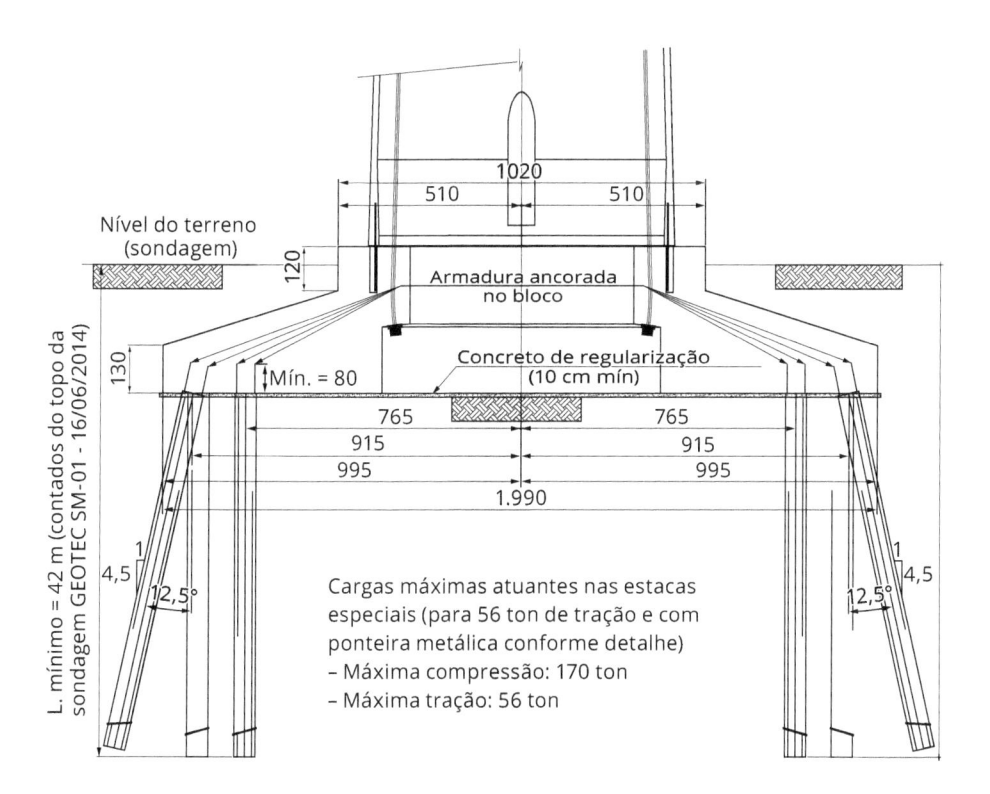

Fig. 3.14 *Projeto de fundações em estacas pré-moldadas de concreto*

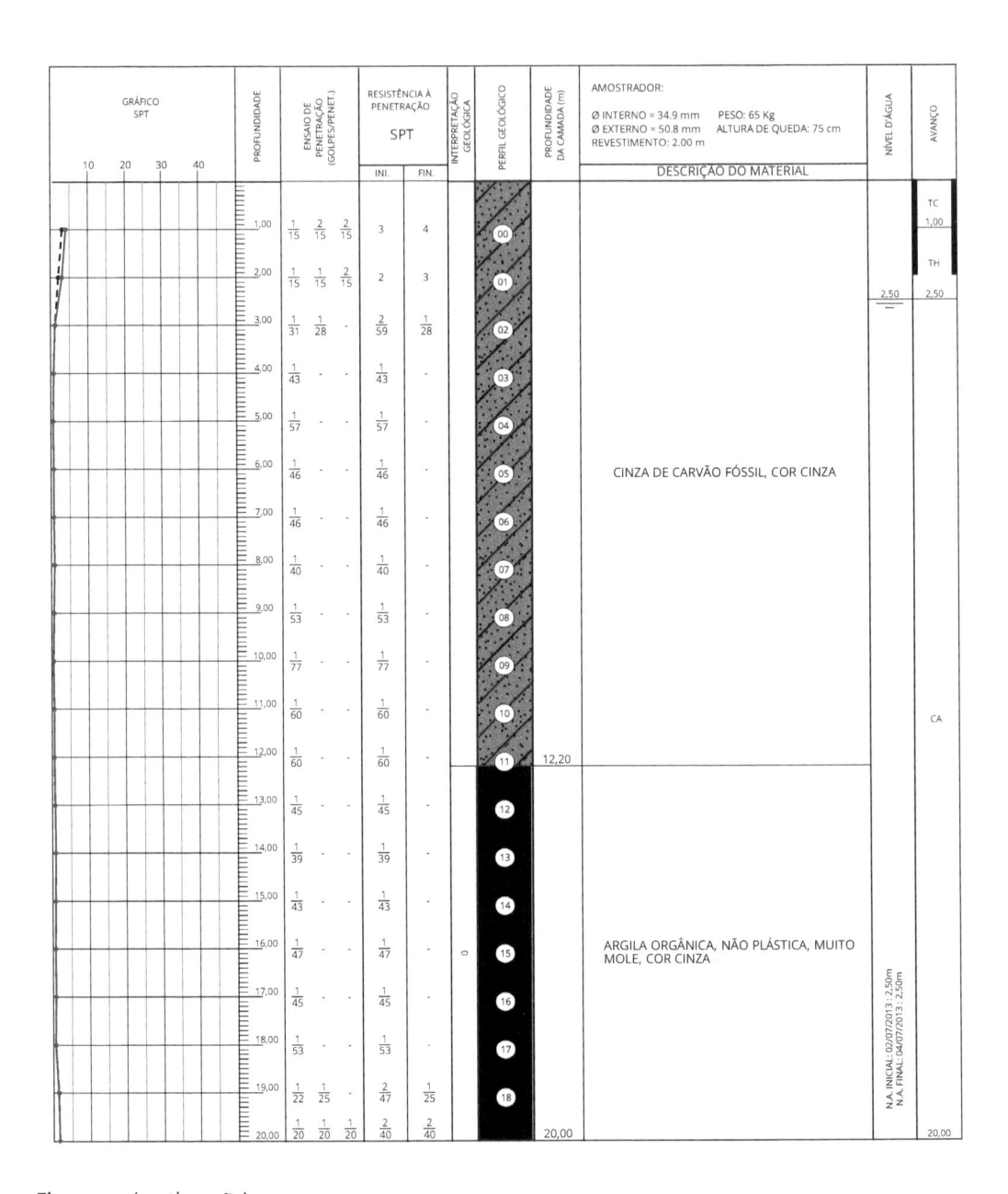

GRÁFICO SPT	PROFUNDIDADE	ENSAIO DE PENETRAÇÃO (GOLPES/PENET.)	RESISTÊNCIA À PENETRAÇÃO SPT		INTERPRETAÇÃO GEOLÓGICA	PERFIL GEOLÓGICO	PROFUNDIDADE DA CAMADA (m)	AMOSTRADOR: Ø INTERNO = 34.9 mm PESO: 65 Kg Ø EXTERNO = 50.8 mm ALTURA DE QUEDA: 75 cm REVESTIMENTO: 2.00 m	NÍVEL D'ÁGUA	AVANÇO
10 20 30 40			INI.	FIN.				DESCRIÇÃO DO MATERIAL		
	1,00	$\frac{1}{15}$ $\frac{2}{15}$ $\frac{2}{15}$	3	4		00				TC 1,00
	2,00	$\frac{1}{15}$ $\frac{1}{15}$ $\frac{2}{15}$	2	3		01			2,50	TH 2,50
	3,00	$\frac{1}{31}$ $\frac{1}{28}$	$\frac{2}{59}$	$\frac{1}{28}$		02				
	4,00	$\frac{1}{43}$ -	$\frac{1}{43}$	-		03				
	5,00	$\frac{1}{57}$ -	$\frac{1}{57}$	-		04				
	6,00	$\frac{1}{46}$ -	$\frac{1}{46}$	-		05		CINZA DE CARVÃO FÓSSIL, COR CINZA		
	7,00	$\frac{1}{46}$ -	$\frac{1}{46}$	-		06				
	8,00	$\frac{1}{40}$ -	$\frac{1}{40}$	-		07				
	9,00	$\frac{1}{53}$ -	$\frac{1}{53}$	-		08				
	10,00	$\frac{1}{77}$ -	$\frac{1}{77}$	-		09				
	11,00	$\frac{1}{60}$ -	$\frac{1}{60}$	-		10				CA
	12,00	$\frac{1}{60}$ -	$\frac{1}{60}$	-		11	12,20			
	13,00	$\frac{1}{45}$ -	$\frac{1}{45}$	-		12				
	14,00	$\frac{1}{39}$ -	$\frac{1}{39}$	-		13				
	15,00	$\frac{1}{43}$ -	$\frac{1}{43}$	-		14				
	16,00	$\frac{1}{47}$ -	$\frac{1}{47}$	-	0	15		ARGILA ORGÂNICA, NÃO PLÁSTICA, MUITO MOLE, COR CINZA		
	17,00	$\frac{1}{45}$ -	$\frac{1}{45}$	-		16			N.A. INICIAL: 02/07/2013 : 2,50m N.A. FINAL: 04/07/2013 : 2,50m	
	18,00	$\frac{1}{53}$ -	$\frac{1}{53}$	-		17				
	19,00	$\frac{1}{22}$ $\frac{1}{25}$ -	$\frac{2}{47}$	$\frac{1}{25}$		18				
	20,00	$\frac{1}{20}$ $\frac{1}{20}$ $\frac{1}{20}$	$\frac{2}{40}$	$\frac{2}{40}$			20,00			20,00

Fig. 3.14 *(continuação)*

3 Soluções típicas para aerogeradores | 41

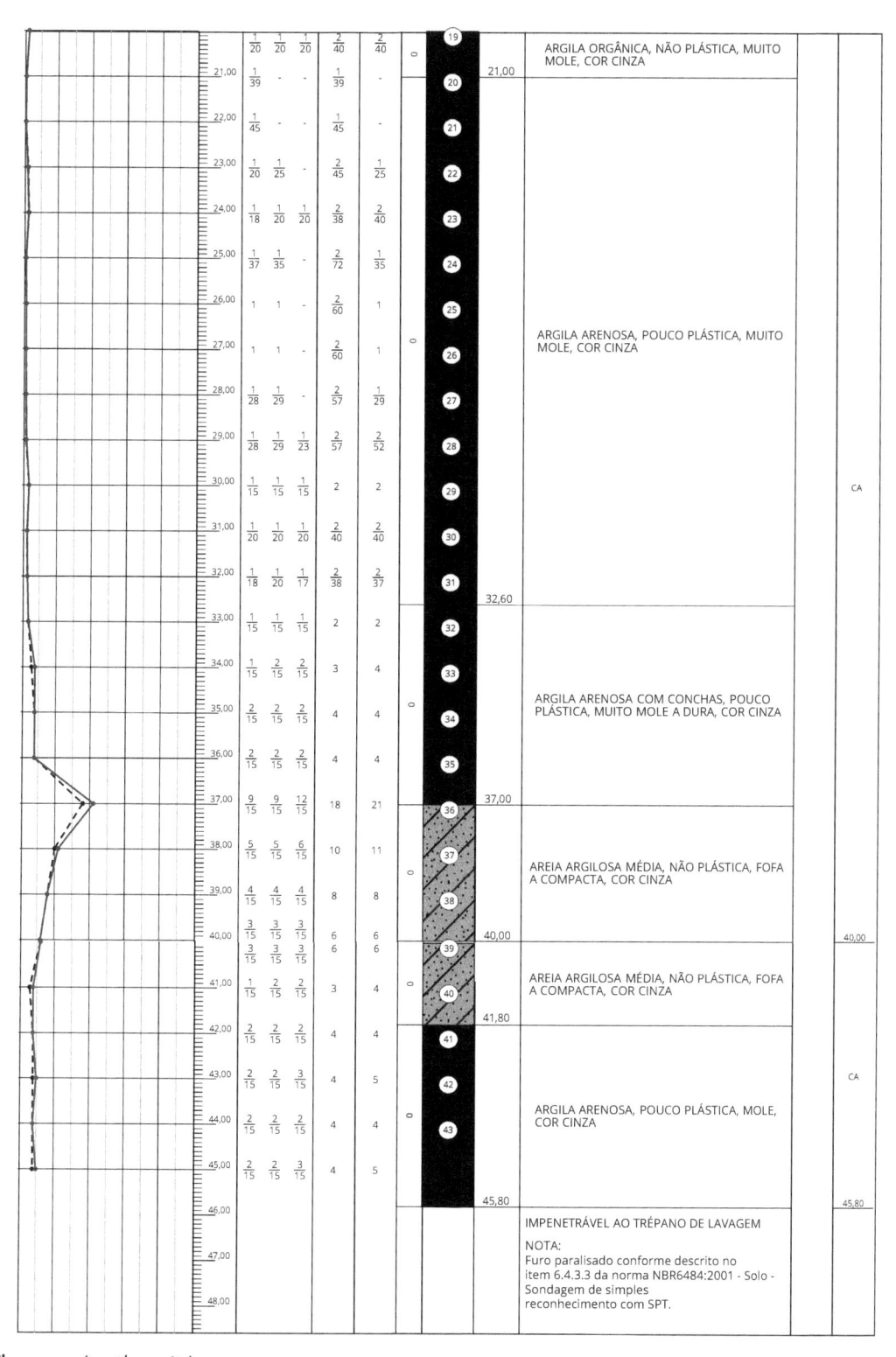

Prof (m)						N	Descrição	
21,00	1/20	1/20	1/20	2/40	2/40	19	ARGILA ORGÂNICA, NÃO PLÁSTICA, MUITO MOLE, COR CINZA	
	1/39	-	-	1/39	-	20	21,00	
22,00	1/45	-	-	1/45	-	21		
23,00	1/20	1/25	-	2/45	1/25	22		
24,00	1/18	1/20	1/20	2/38	2/40	23		
25,00	1/37	1/35	-	2/72	1/35	24		
26,00	1	1	-	2/60	1	25		
27,00	1	1	-	2/60	1	26	ARGILA ARENOSA, POUCO PLÁSTICA, MUITO MOLE, COR CINZA	
28,00	1/28	1/29	-	2/57	1/29	27		
29,00	1/28	1/29	1/23	2/57	2/52	28		
30,00	1/15	1/15	1/15	2	2	29		CA
31,00	1/20	1/20	1/20	2/40	2/40	30		
32,00	1/18	1/20	1/17	2/38	2/37	31	32,60	
33,00	1/15	1/15	1/15	2	2	32		
34,00	1/15	2/15	2/15	3	4	33		
35,00	2/15	2/15	2/15	4	4	34	ARGILA ARENOSA COM CONCHAS, POUCO PLÁSTICA, MUITO MOLE A DURA, COR CINZA	
36,00	2/15	2/15	2/15	4	4	35		
37,00	9/15	9/15	12/15	18	21	36	37,00	
38,00	5/15	5/15	6/15	10	11	37	AREIA ARGILOSA MÉDIA, NÃO PLÁSTICA, FOFA A COMPACTA, COR CINZA	
39,00	4/15	4/15	4/15	8	8	38		
40,00	3/15	3/15	3/15	6	6	39	40,00	40,00
	3/15	3/15	3/15	6	6		AREIA ARGILOSA MÉDIA, NÃO PLÁSTICA, FOFA A COMPACTA, COR CINZA	
41,00	1/15	2/15	2/15	3	4	40	41,80	
42,00	2/15	2/15	2/15	4	4	41		
43,00	2/15	2/15	3/15	4	5	42		CA
44,00	2/15	2/15	2/15	4	4	43	ARGILA ARENOSA, POUCO PLÁSTICA, MOLE, COR CINZA	
45,00	2/15	2/15	3/15	4	5		45,80	45,80
46,00							IMPENETRÁVEL AO TRÉPANO DE LAVAGEM	
47,00							NOTA: Furo paralisado conforme descrito no item 6.4.3.3 da norma NBR6484:2001 - Solo - Sondagem de simples reconhecimento com SPT.	
48,00								

Fig. 3.14 *(continuação)*

Fig. 3.15 Fundações em estacas pré-moldadas tubulares de concreto executadas de forma inclinada

Fig. 3.16 Detalhe da ponteira metálica de fundações em estacas pré-moldadas de concreto

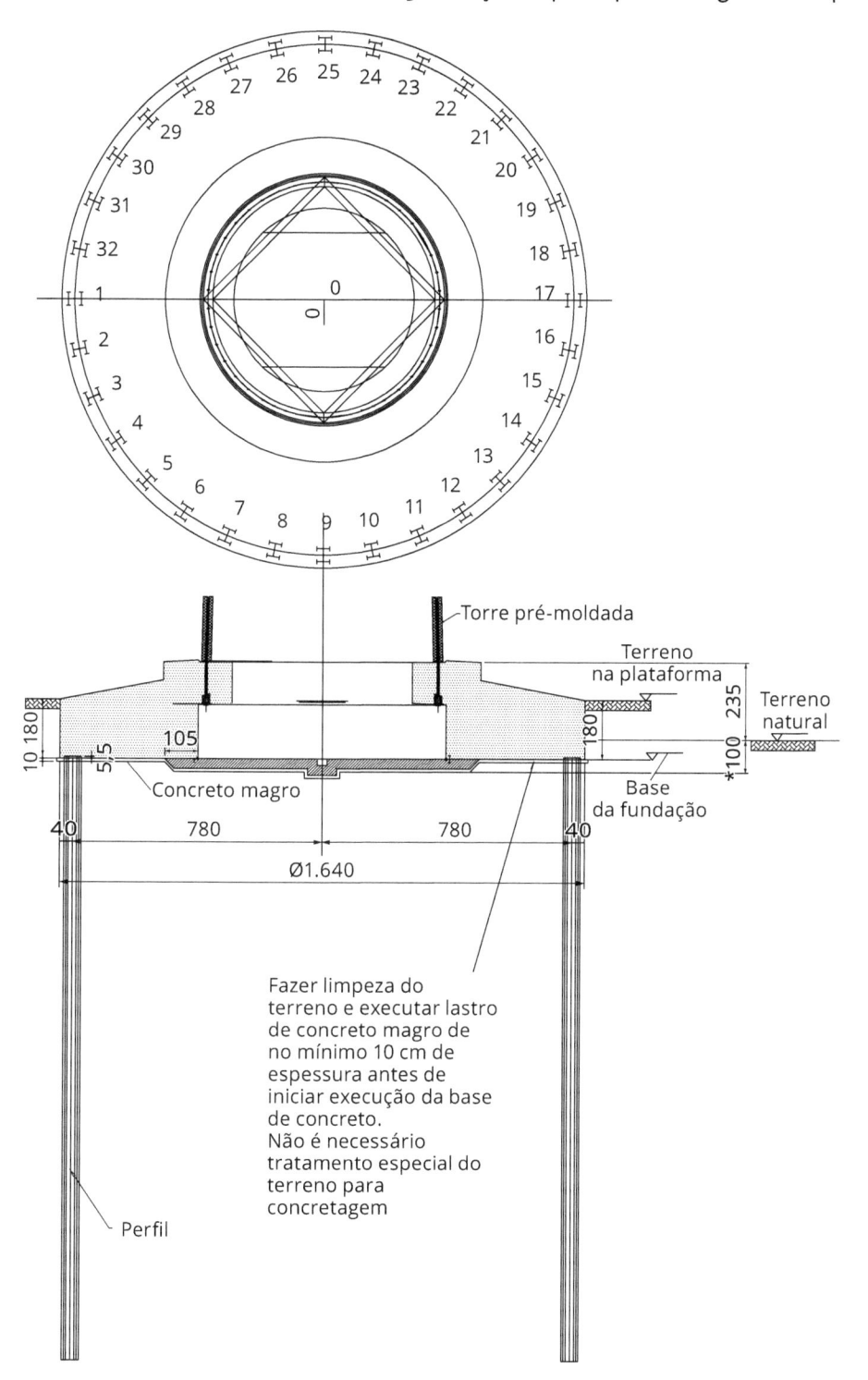

Fig. 3.17 *Projeto de fundações em estacas metálicas verticais*

Assim como no caso anterior, quando há a exigência e/ou a necessidade, pela presença de camadas superficiais ou subsuperficiais muito moles que

Fig. 3.18 *Detalhe da tala para solda entre elementos metálicos*

resultariam em grande deslocamento das estacas sob carga horizontal, estas podem ser executadas de forma inclinada, conforme exibido na Fig. 3.19.

Estacas metálicas necessitam de armadura especial em seu topo para a transmissão de solicitações de tração do bloco para as estacas, como mostra o detalhe da Fig. 3.20. O trecho abaixo do bloco de coroamento deve ser protegido adequadamente para evitar a ocorrência de degradação, em especial em regiões com agressividade. Normalmente, para proteção, recomenda-se o uso de pintura epóxi ou concreto fluido na região envolvendo cada estaca.

3.2.5 Fundações em estacas raiz

A solução em estacas raiz é adotada quando ocorrem horizontes de elevada resistência em profundidades intermediárias (Fig. 3.21), que inviabilizam a execução das soluções estaqueadas referidas anteriormente – quer pela reduzida capacidade de carga à compressão e à tração de estacas curtas, quer pela extrema variabilidade de profundidades de ocorrência, que penaliza o uso de outras soluções, quer pela inviabilidade de penetração nesses materiais de outras opções de fundações.

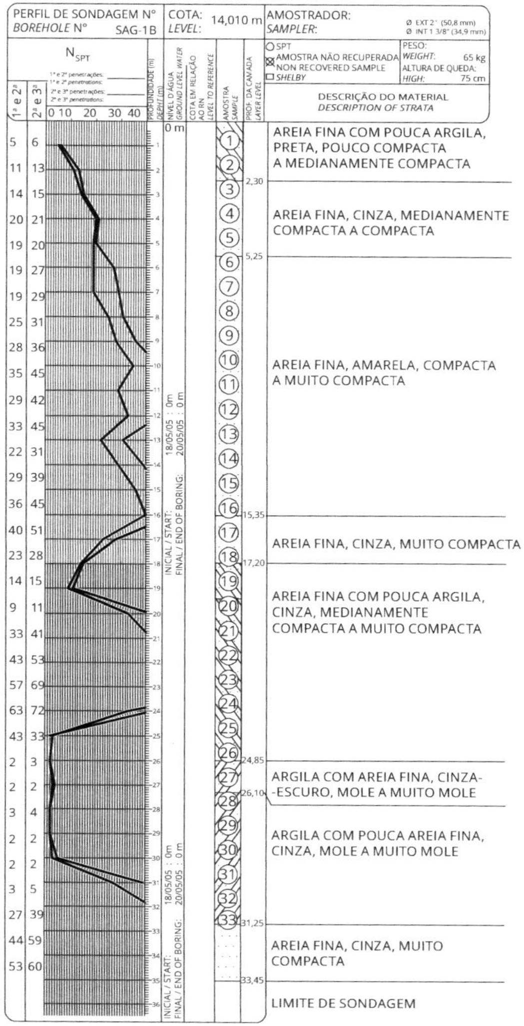

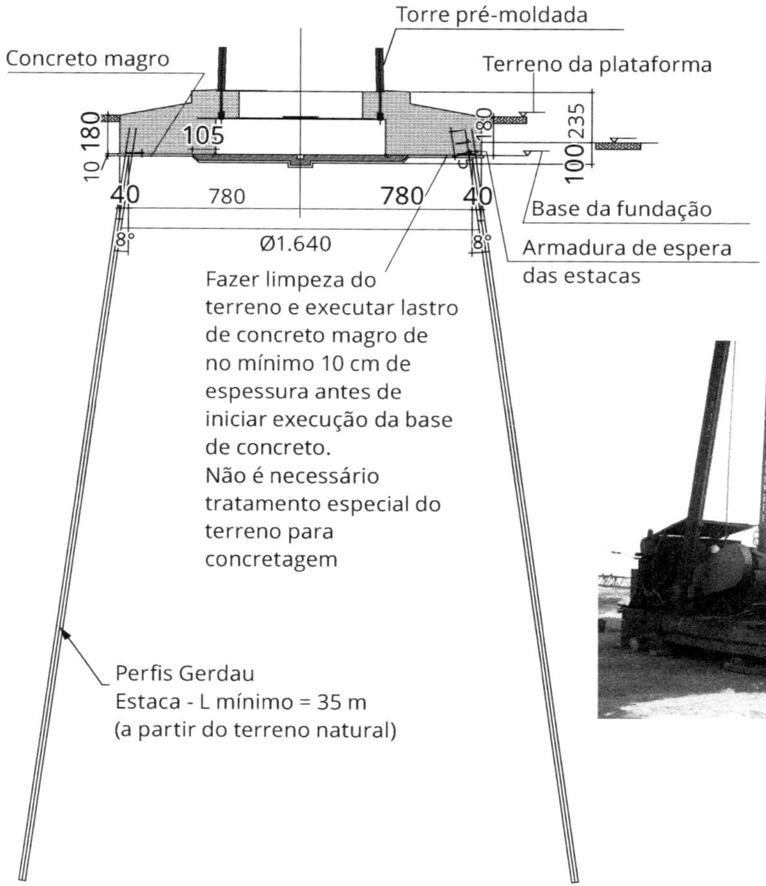

3 Soluções típicas para aerogeradores | 45

Fig. 3.19 *Projeto de fundações em estacas metálicas inclinadas*

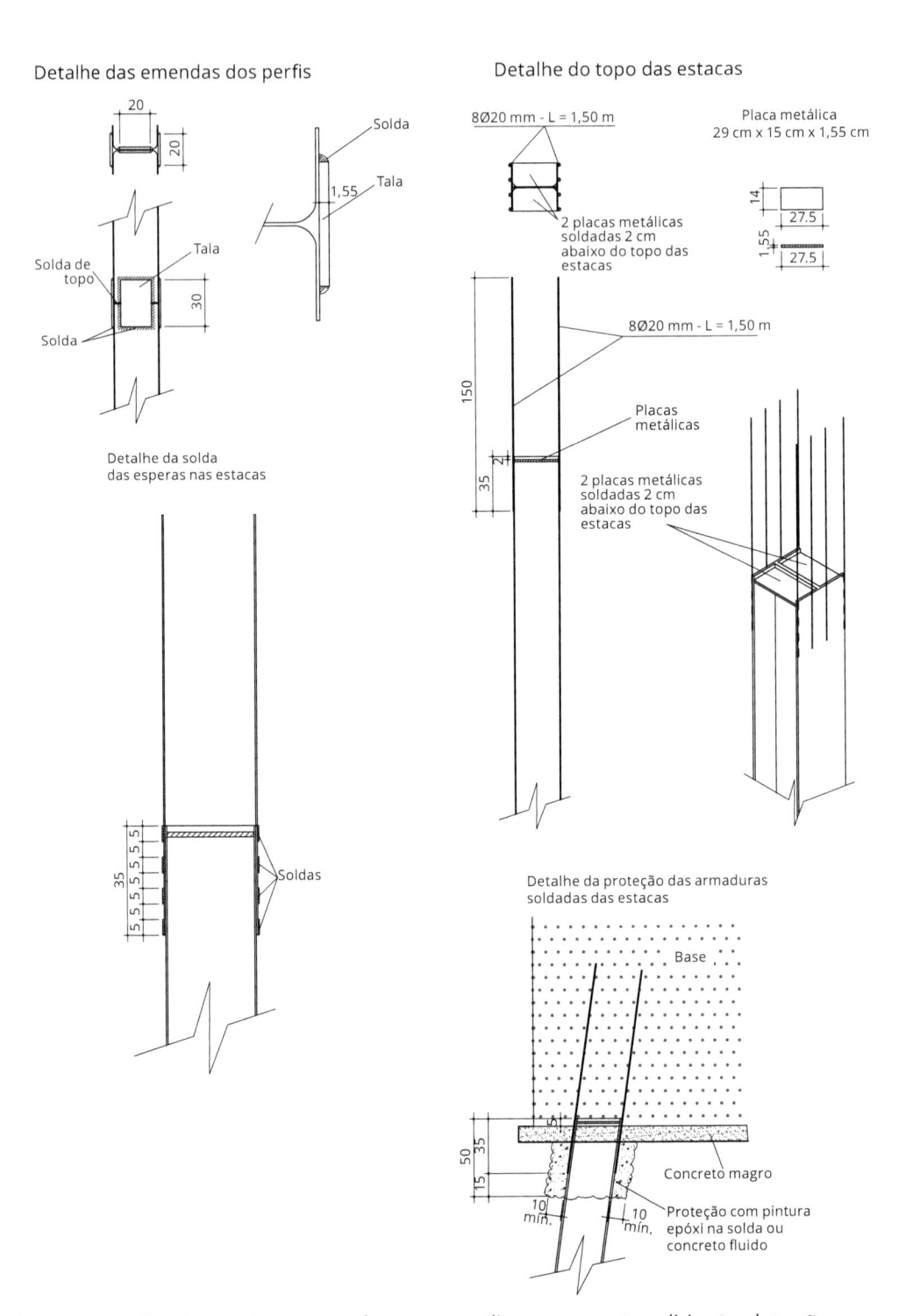

Fig. 3.20 *Detalhes de armadura no topo de estacas metálicas para suportar solicitações de tração, preparo do topo, emendas e proteção das armaduras soldadas abaixo do bloco de concreto*

3 Soluções típicas para aerogeradores | 47

Esse tipo de fundação tem como característica principal a possibilidade de penetração em materiais de qualquer resistência. Existem no mercado equipamentos capazes de executar estacas com até 50 cm de diâmetro em rocha, permitindo atingir elevadas resistências em solicitações tanto de compressão quanto de tração. Seu custo é relativamente elevado, assim como o prazo construtivo. Cuidados construtivos especiais devem ser adotados quando da ocorrência de solos superficiais muito moles, para garantir a integridade das estacas.

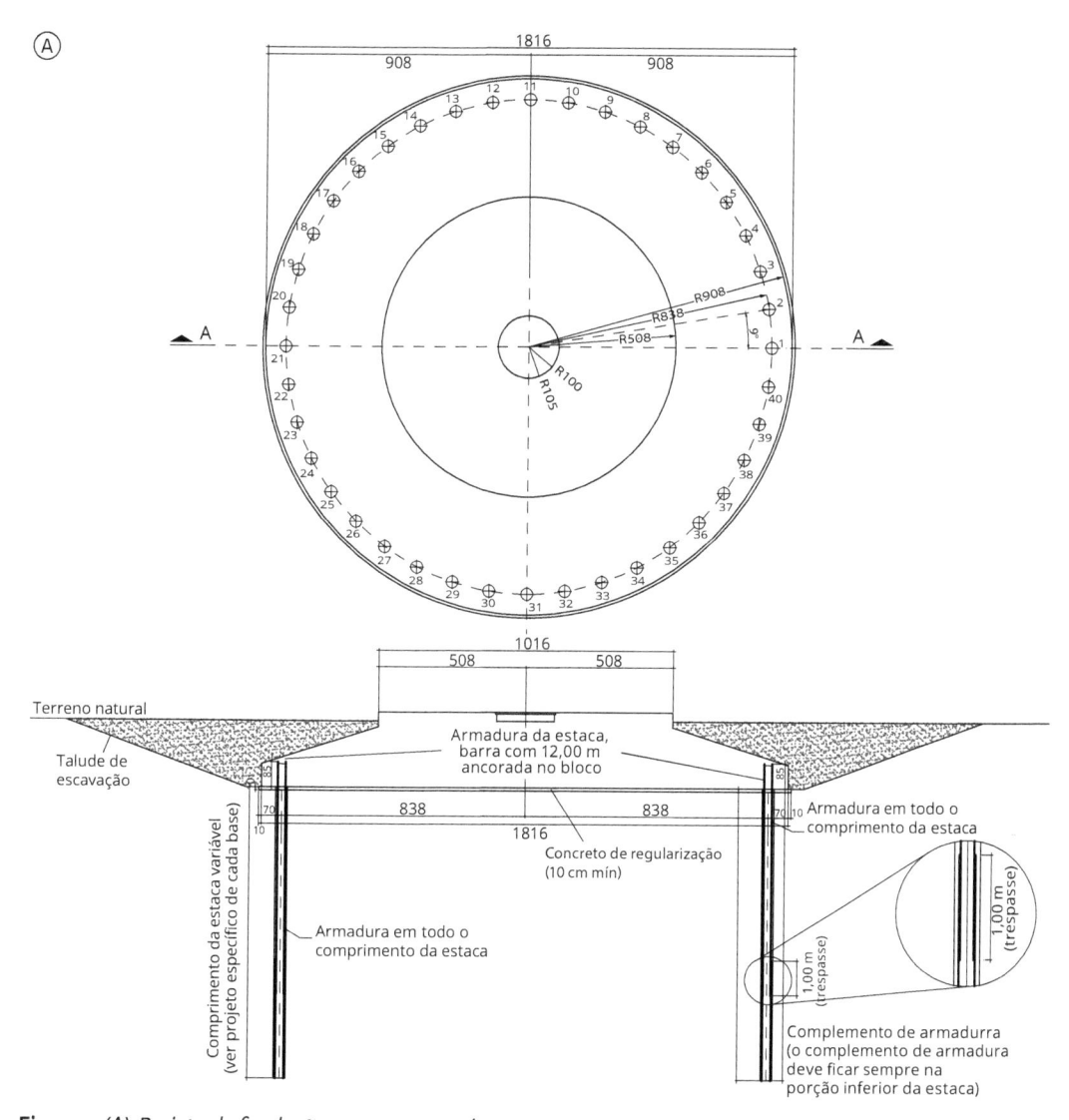

Fig. 3.21 *(A) Projeto de fundações em estacas raiz*

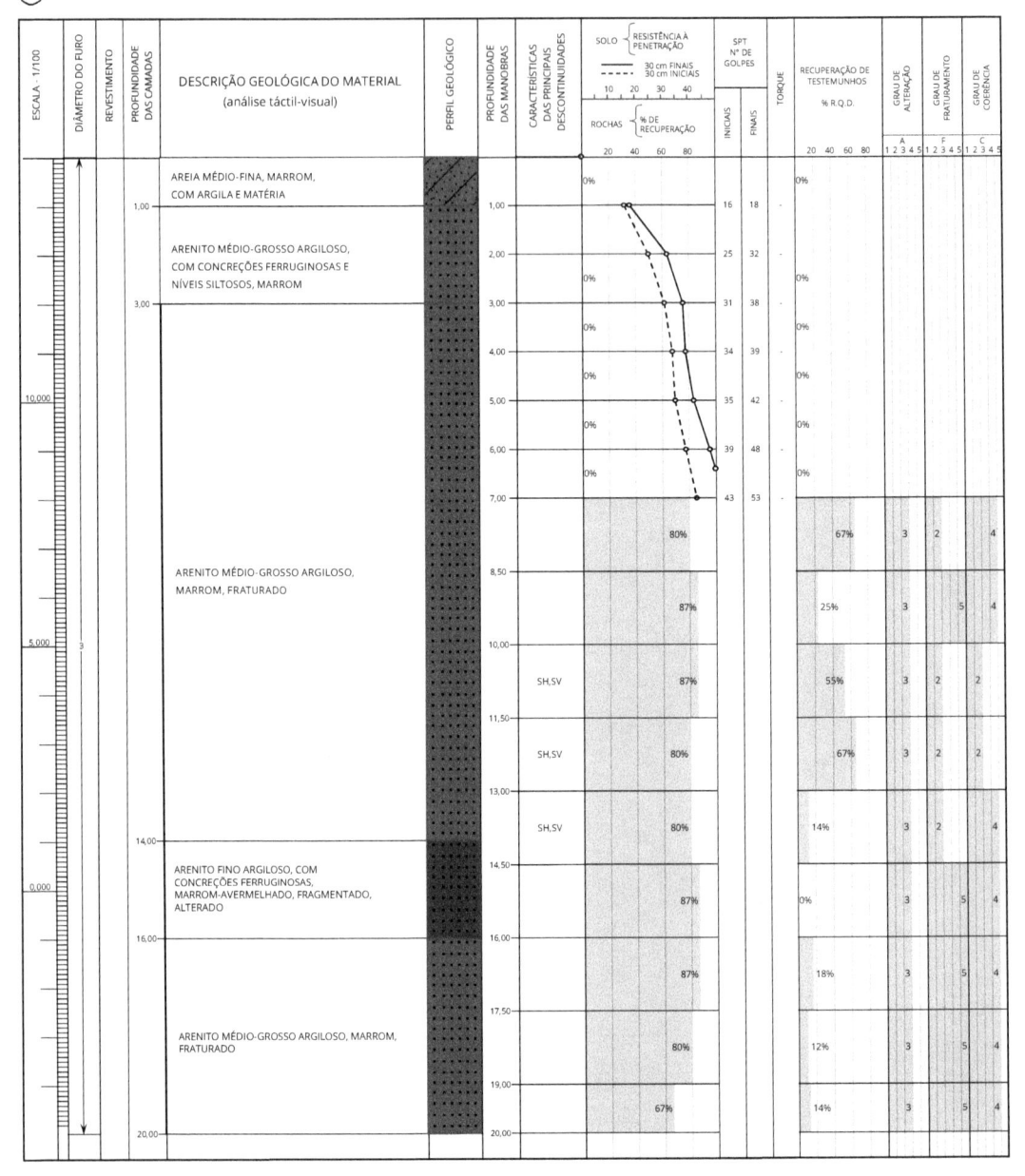

Fig. 3.21 *(cont.) (B) Perfil de sondagem correspondente*

A execução de estacas raiz com embutimento em rocha, como definido pela NBR 6122 (ABNT, 2010) e pelo manual da Associação Brasileira de Empresas de Engenharia (Abef, 2016), caracteriza-se pela utilização de revestimento e ferramenta em rocha com diâmetros menores que o trecho em solo. No manual da Abef (2016), no item 3.4 do capítulo sobre estacas raiz, consta o seguinte:

3 Soluções típicas para aerogeradores | 49

É uma estaca armada e concretada com argamassa de cimento e areia, moldada "in loco", executada através de perfuração rotativa ou roto-percussiva, revestida integralmente no trecho em solo, por meio de tubo metálico (revestimento). No trecho em rocha, no embutimento no topo rochoso, é executada com utilização de martelo pneumático, a partir da perfuração interna ao tubo de revestimento, tendo como consequência a redução do diâmetro neste trecho.

O processo construtivo usa revestimento ao longo de todo o trecho em solo para permitir a escavação. Ao atingir uma camada muito resistente, no presente caso alteração de rocha ou rocha propriamente dita, usa-se ferramenta de percussão ou rotativa para embutimento da estaca, com diâmetro menor que o diâmetro interno do revestimento, colocação de armadura e injeção de argamassa fluida, com a retirada do revestimento.

3.2.6 Uso de blocos de coroamento das estacas em estrutura pré-moldada

Uma inovação na solução de fundações estaqueadas é o uso de blocos de coroamento das estacas em estrutura pré-moldada, como apresentado na Fig. 3.22.

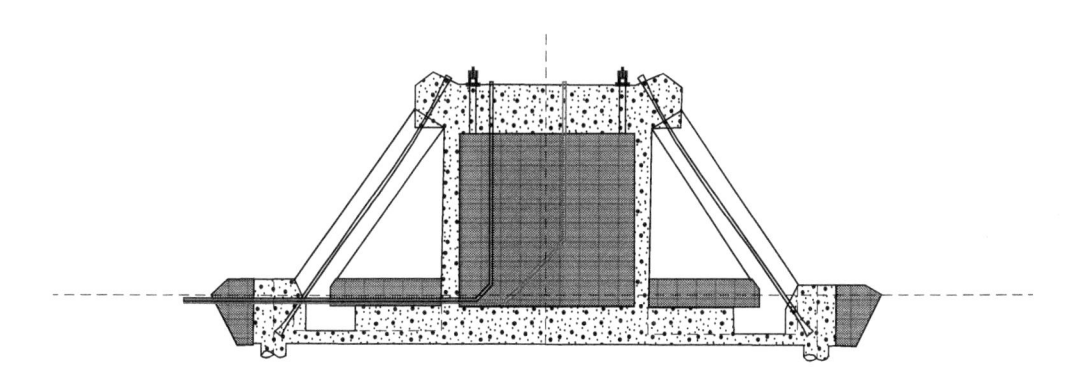

Fig. 3.22 *Bloco pré-moldado para solução estaqueada*
Fonte: Esteyco Energia.

4 Soluções típicas para linhas de transmissão

O Quadro 4.1 apresenta os tipos usuais de torres de transmissão de energia elétrica. As torres autoportantes e as torres estaiadas são detalhadas na sequência.

Quadro 4.1 Tipos usuais de torres de transmissão

Tipo de estrutura	Configurações	Esquema
Flexível/estaiada/circuito simples	Estaiada em V	
	Tipo portal, estaiada	
	Tipo delta, estaiada	
	Monomastro – triangular	
	Chainette/cross rope	

4 Soluções típicas para linhas de transmissão | 51

Quadro 4.1 (continuação)

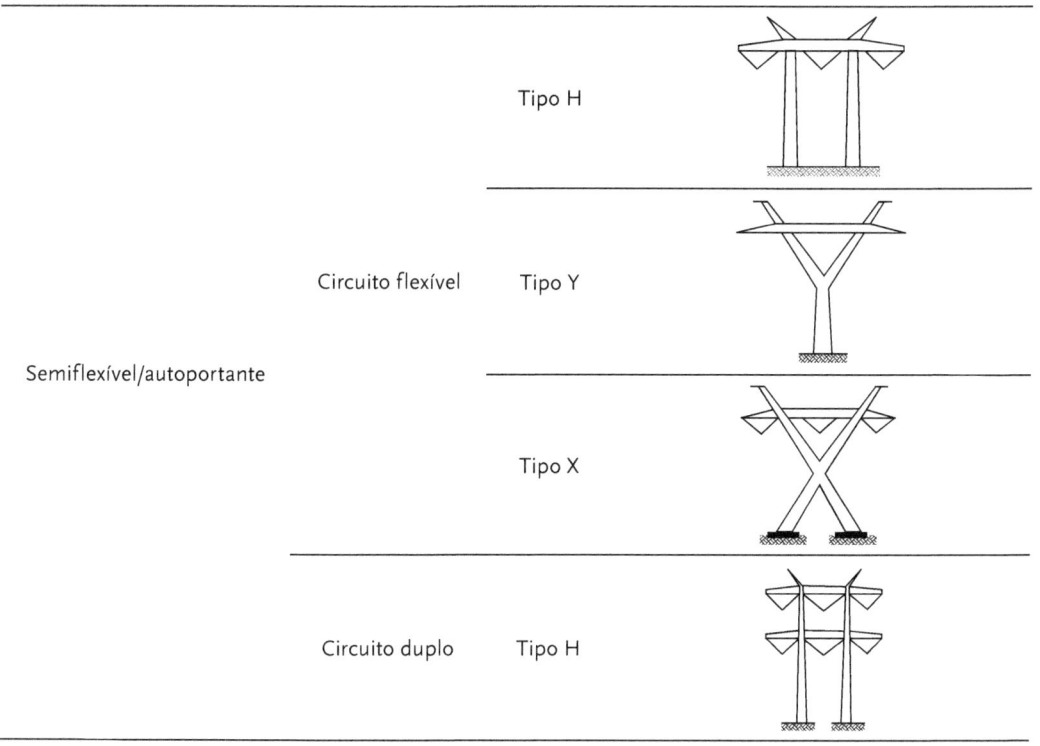

Semiflexível/autoportante	Circuito flexível	Tipo H	
		Tipo Y	
		Tipo X	
	Circuito duplo	Tipo H	

Fonte: Quental (2008).

- *Torres autoportantes* (Figs. 4.1 e 4.2): a estabilidade da estrutura é verificada por quatro elementos portantes ou apoios constituídos por montantes contraventados e interligados às travessas da estrutura. Cada montante possui uma fundação, que tem a função de transmitir os esforços de compressão, tração e horizontais provenientes da estrutura.
- *Torres estaiadas* (Fig. 4.3): a torre consiste em uma estrutura enrijecida por tirantes ou estais, os quais absorvem parte dos esforços horizontais, transmitidos diretamente para o solo através de fundações. Outra parte dos esforços é transmitida axialmente pelo mastro central até

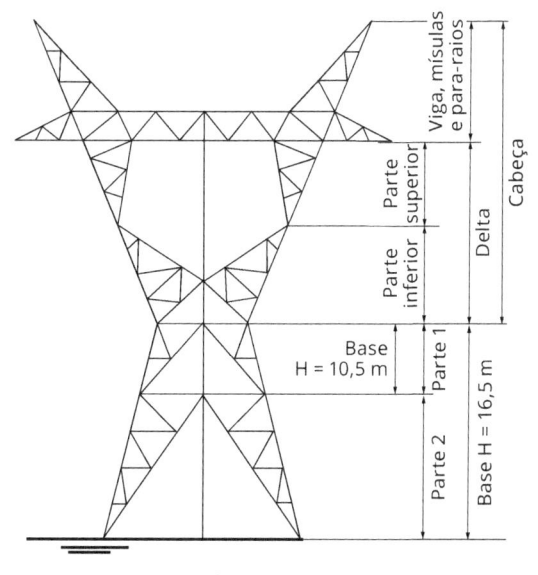

Fig. 4.1 *Torre metálica autoportante típica*

sua fundação, que deve suportar as condições críticas de compressão combinada com esforços horizontais.

Fig. 4.2 *Exemplo de torre metálica autoportante*

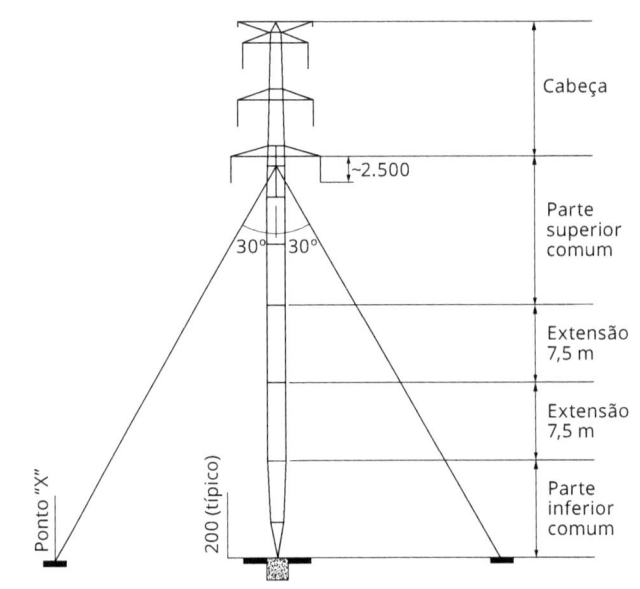

Fig. 4.3 *Torre metálica estaiada típica*

Considerando as condições de implantação das torres convencionais de linhas de transmissão, frequentemente com dificuldades de acesso, em geral são utilizadas soluções de baixa tecnologia construtiva, sem equipamentos especiais, pela facilidade de execução de forma simples. Fundações com execução mecanizada complexa ou pesada são usadas somente em casos especiais de linhas de transmissão, quando, por exemplo, é necessária a travessia de rios ou cânions e/ou há torres de dimensões extremas. Algumas concessionárias têm soluções padrão, fruto da experiência e de eventuais campanhas de ensaios realizadas, como pode ser encontrado nos anais do Conselho Internacional de Grandes Sistemas Elétricos (Cigré).

Soluções típicas consistem de abertura de escavação, colocação de elemento de concreto armado ou grelha metálica e reaterro da escavação. Se forem utilizados tubulões (elementos cilíndricos com base alargada), o reaterro não é necessário, pois a escavação é totalmente preenchida com concreto. Historicamente, a execução de tubulões era feita de modo manual, mas atualmente existem equipamentos mecanizados para a escavação dos fustes e mesmo para o alargamento das bases, usados também para atender a requisitos de segurança mais restritivos a seu uso. Fundações em estacas também são utilizadas, especialmente estacas metálicas helicoidais, pela vantagem de acesso a equipamento e material da estaca sem a necessidade de transportar diversos materiais, caso das moldadas *in situ*, ou equipamentos pesados.

Após a conclusão da investigação do subsolo, são identificadas as regiões que possam ter o mesmo tipo de solução e padronizadas as fundações nesses trechos para facilidade e economia construtiva.

Entre os tipos usuais de solução de fundações para linhas de transmissão, podem-se listar os seguintes:

- *Fundações diretas*
  - sapatas individuais de concreto armado;
  - tubulões;
  - grelhas metálicas;
  - placa única de concreto armado (radier).
- *Fundações profundas (estacas)*
  - estacas metálicas helicoidais;
  - estacas convencionais.

4.1 Fundações diretas

4.1.1 Sapatas individuais de concreto armado

As soluções com o uso de sapatas individuais de concreto armado moldado no local para cada "perna" da torre, como mostrado na Fig. 4.4, são usualmente cogitadas. Elementos pré-moldados também podem ser utilizados, com pouca abrangência na prática brasileira. O custo reduzido, a possibilidade de execução sem equipamentos especializados, a velocidade e a facilidade construtiva, bem como a possibilidade de inspeção e teste do geomaterial que suporta as cargas, são aspectos relevantes e condicionam o estudo dessa opção em todos os casos.

É importante, entretanto, referir que a necessidade de reaterro da cava com compactação é um fator relevante para seu sucesso, devendo-se sempre realizar especificação, fiscalização e controle construtivo rigoroso.

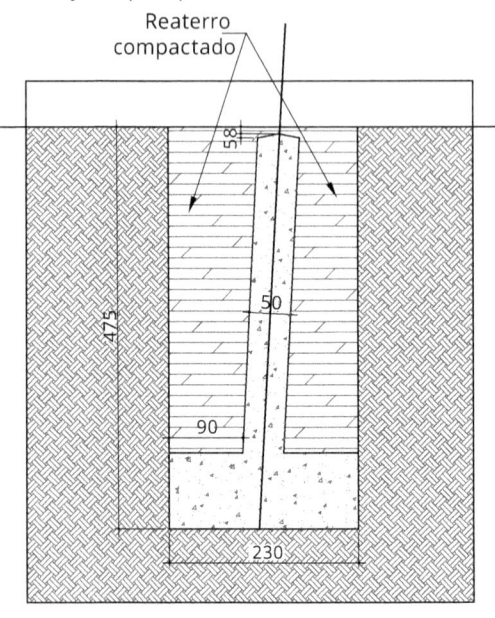

Fig. 4.4 *Solução de fundação com sapatas individuais de concreto armado moldado no local*

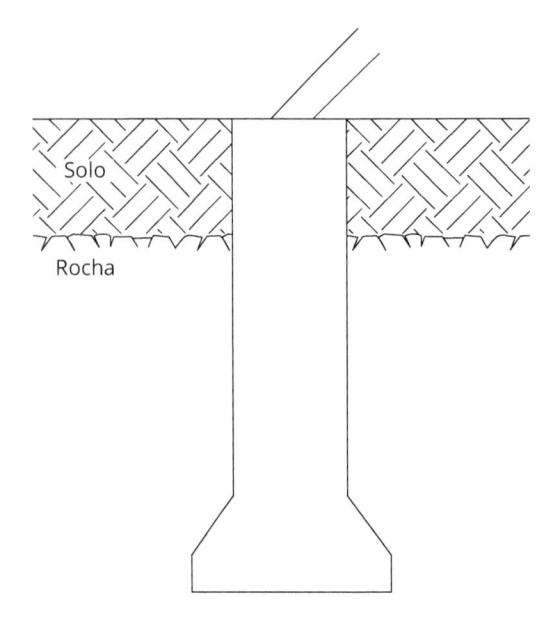

Fig. 4.5 *Solução de fundação em tubulões*

Quando o acesso de materiais para sua execução é difícil, opções alternativas são escolhidas.

4.1.2 Tubulões

As soluções em tubulões constituem uma opção bastante utilizada pelas facilidades construtivas e pela ausência de reaterro com compactação e robustez, representando uma prática corrente em várias concessionárias brasileiras (Fig. 4.5). Atualmente, existem restrições de ordem de segurança para seu uso em diversas regiões do país.

4.1.3 Grelhas metálicas

As grelhas metálicas representam uma opção formada por elementos metálicos (aço galvanizado) com um prolongamento que serve de fixação para o pé da torre. Sua utilização é vantajosa pela simplicidade construtiva, sem a necessidade de uso de materiais e construção da sapata, que tem sua geometria configurada com elementos metálicos. Assim como as sapatas de concreto armado, as grelhas metálicas necessitam de reaterro compactado com controle para garantir o sucesso da solução. Os elementos metálicos precisam de proteção contra a corrosão.

4.1.4 Placa única de concreto armado (radier)

Em algumas ocorrências de perfil de subsolo, como aquela em que materiais muito resistentes se localizam próximos à superfície, pode ser utilizada uma solução em elemento único como fundação da torre (Fig. 4.6).

Fundação direta única para 4 apoios de torre de linha de transmissão

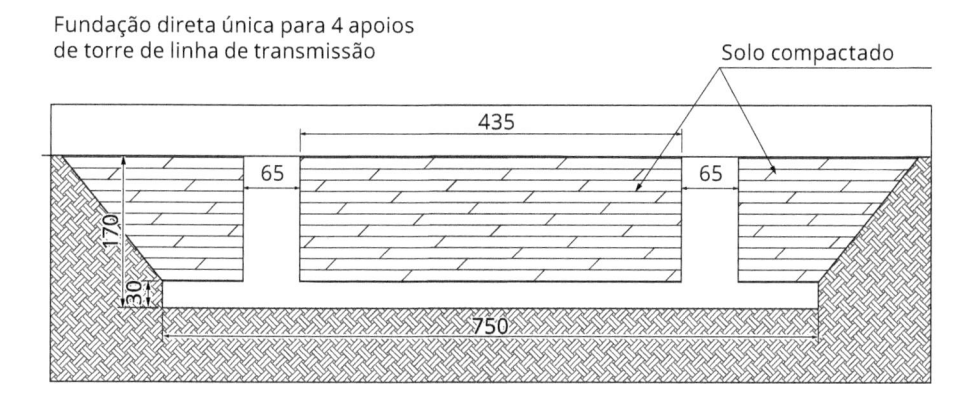

Solo compactado

435
65
65
170
30
750

Fig. 4.6 *Solução de fundação com placa única de concreto armado*

4.2 Fundações profundas (estacas)

Em um número limitado de oportunidades ou condições especiais já referidas, não ocorrem condições técnicas adequadas para o uso de fundações diretas como solução de fundações para as torres. Nessas situações, são utilizadas fundações profundas, tipo estacas, com diferentes procedimentos construtivos. Cada um desses procedimentos tem suas vantagens e limitações, como apresentado na seção 3.2.

4.2.1 Estacas metálicas helicoidais

As estacas metálicas helicoidais têm uso bastante difundido nos Estados Unidos e em outros países, mas limitada aplicação na prática brasileira. Sua grande vantagem é a facilidade construtiva quando comparadas com as estacas convencionais, uma vez que são introduzidas por rotação no subsolo por equipamento mecanizado leve, sem a necessidade de transporte de diferentes materiais (concreto e aço) para sua confecção *in situ*.

Com base na sondagem e no carregamento de projeto, as estacas helicoidais são dimensionadas para serem instaladas sob determinado torque, pressão hidráulica e comprimento mínimo, especificados em projeto. Por sua geometria peculiar, apresentam excelente desempenho à tração e à compressão.

Essas estacas são compostas de seção guia, seções de extensão (ou extensores) e cabeça da estaca, conforme pode ser visto nas Figs. 4.7 a 4.9. A seção guia é formada por uma haste com uma ou mais hélices soldadas e espaçadas para que se comportem individualmente quando a estaca for solicitada. Já as extensões são usadas para aprofundar as hélices da estaca no terreno, quando necessário. Elas possuem seção quadrada cheia ou circular vazada,

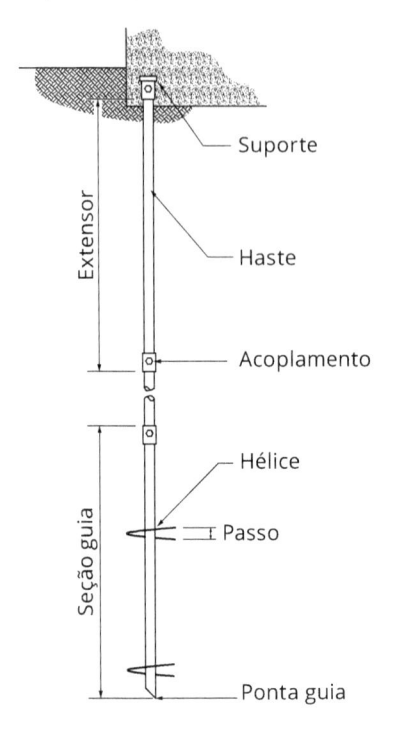

Fig. 4.7 *Estaca metálica helicoidal*
Fonte: modificado de Perko (2009).

assim como a seção guia, e uma extremidade alargada para permitir seu engaste e aparafusamento. Cada modelo tem a capacidade de suportar determinadas cargas e diferentes condições de esforços (tração, compressão e esforços horizontais).

Durante a instalação da estaca no terreno, o avanço – em geral, igual a um passo de hélice por volta – deve ser suave e com rotação contínua. Não há estudos sobre o efeito de elevadas velocidades de rotação no solo de instalação da estaca, porém taxas menores que 30 rpm permitem que o operador reaja rapidamente às mudanças das características do solo (Perko, 2009).

Deve-se atentar para não aplicar um valor de torque superior ao máximo que pode ser resistido pelos componentes e pelos encaixes da estaca. O valor de torque final de instalação muitas vezes é definido no projeto, por ser diretamente proporcional à capacidade de carga da fundação por estaca helicoidal, mediante o uso de correlações empíricas.

As estacas helicoidais têm como principais vantagens:
- rápida instalação e sem risco de desmoronamento do solo;
- podem ser executadas abaixo do nível d'água e em áreas de difícil acesso com equipamentos portáteis;
- não produzem vibrações imediatamente após a instalação;

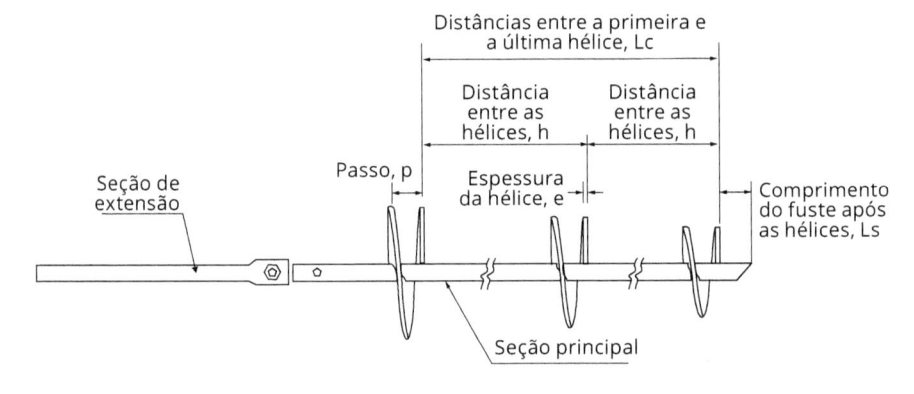

Fig. 4.8 *Composição da estaca helicoidal*
Fonte: Carvalho (2007).

Fig. 4.9 *Estacas helicoidais*

- podem ser carregadas imediatamente após a instalação;
- podem ser removidas e reinstaladas, possibilitando correção de eventuais erros de posicionamento, mudanças de planta de fundação ou aproveitamento em outras obras;
- fácil de serem transportadas para lugares distantes;
- podem ser instaladas com inclinação para aumentar a resistência lateral;
- podem ser galvanizadas para evitar corrosões;
- são ambientalmente sustentáveis.

4.2.2 Estacas convencionais

Naquelas situações em que excepcionalmente as fundações não podem ser resolvidas com soluções de fundações diretas, utilizam-se soluções em fundações profundas convencionais, como mostrado nas Figs. 4.10 e 4.11, em que estacas tipo metálicas foram utilizadas.

4.2.3 Estacas raiz para torres estaiadas

Nos casos de torres estaiadas, muitas vezes são utilizadas estacas raiz ou mesmo tirantes de ancoragem como solução para as solicitações do estai, em decorrência de seu desempenho seguro para esforços de tração e da possibilidade de uso de elementos inclinados com maior eficiência (Fig. 4.12).

4.2.4 Soluções especiais

Existem na literatura relatos de soluções especiais, como o uso de *chemical churning pile* (CCP) (Allan; Mello; Val, 1985) em regiões com ocorrência de solos saturados de baixa resistência como suporte de ancoragens de torres estaiadas.

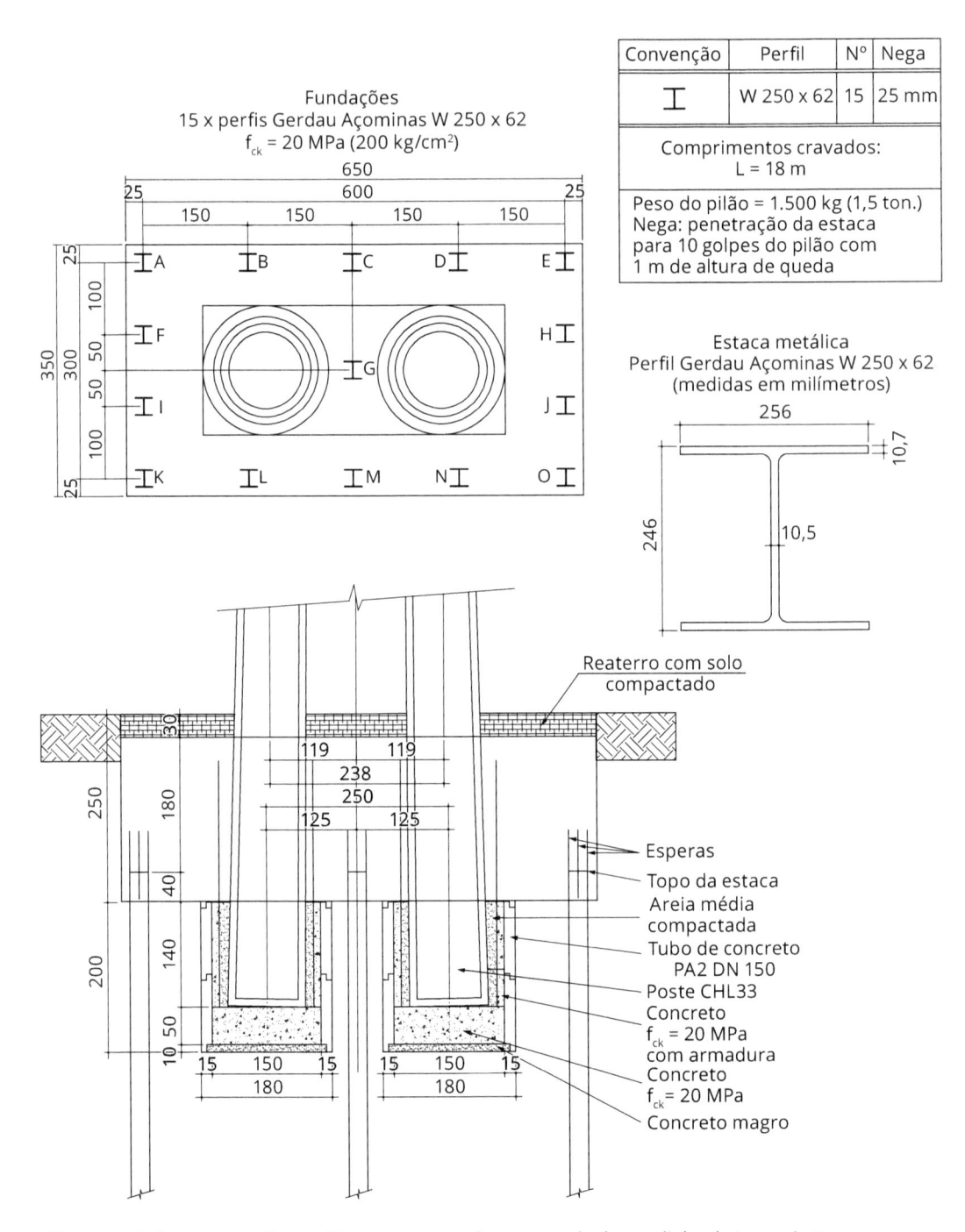

Fundações
15 x perfis Gerdau Açominas W 250 x 62
f_{ck} = 20 MPa (200 kg/cm²)

Convenção	Perfil	N°	Nega
I	W 250 x 62	15	25 mm

Comprimentos cravados:
L = 18 m

Peso do pilão = 1.500 kg (1,5 ton.)
Nega: penetração da estaca
para 10 golpes do pilão com
1 m de altura de queda

Estaca metálica
Perfil Gerdau Açominas W 250 x 62
(medidas em milímetros)

- Esperas
- Topo da estaca
- Areia média compactada
- Tubo de concreto PA2 DN 150
- Poste CHL33
- Concreto f_{ck} = 20 MPa com armadura
- Concreto f_{ck} = 20 MPa
- Concreto magro

Fig. 4.10 *Solução em perfis metálicos para postes de concreto duplos em linha de transmissão*

4 Soluções típicas para linhas de transmissão | 59

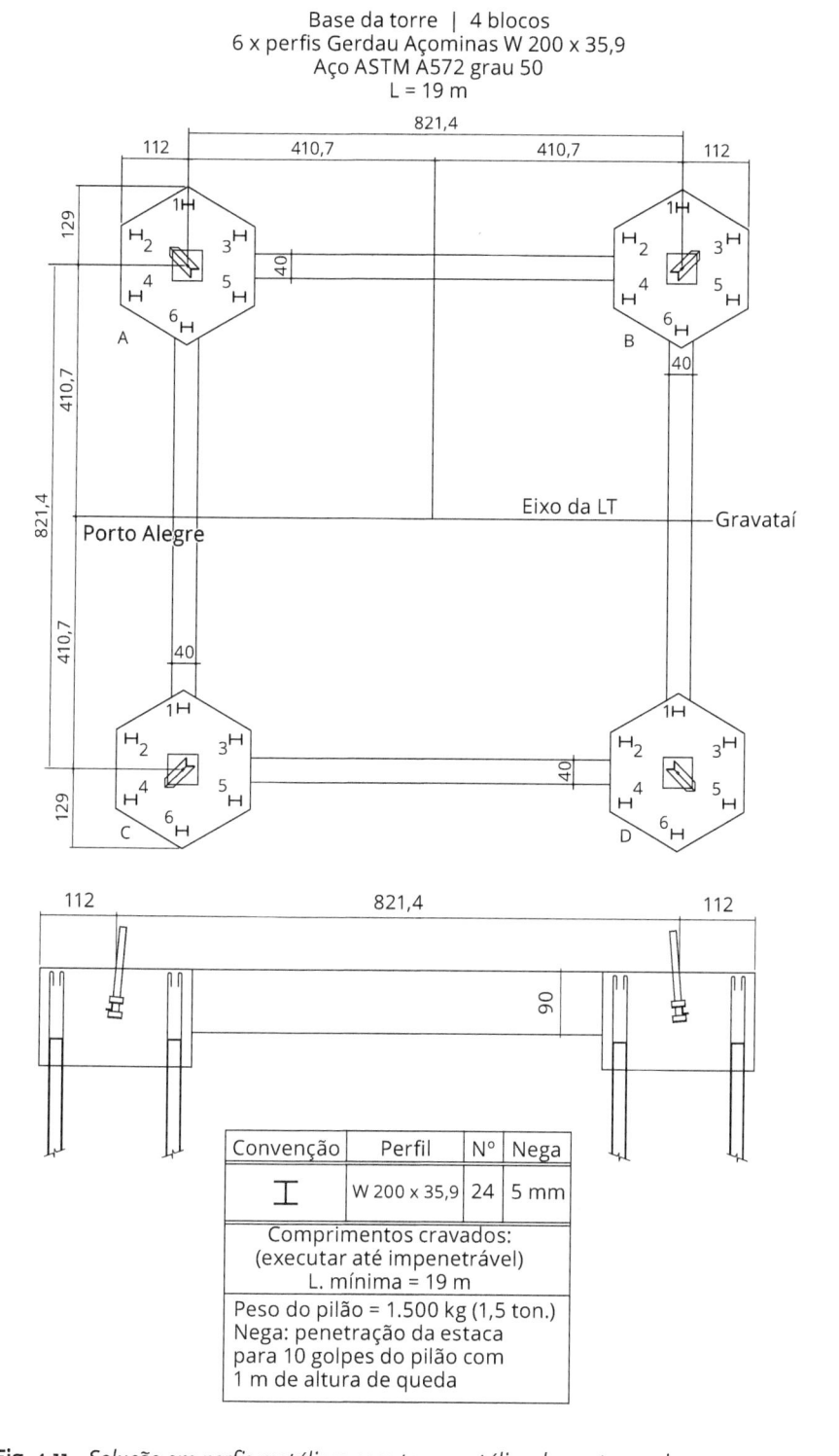

Base da torre | 4 blocos
6 x perfis Gerdau Açominas W 200 x 35,9
Aço ASTM A572 grau 50
L = 19 m

Convenção	Perfil	N°	Nega
I	W 200 x 35,9	24	5 mm
Comprimentos cravados: (executar até impenetrável) L. mínima = 19 m			
Peso do pilão = 1.500 kg (1,5 ton.) Nega: penetração da estaca para 10 golpes do pilão com 1 m de altura de queda			

Fig. 4.11 *Solução em perfis metálicos para torre metálica de quatro apoios*

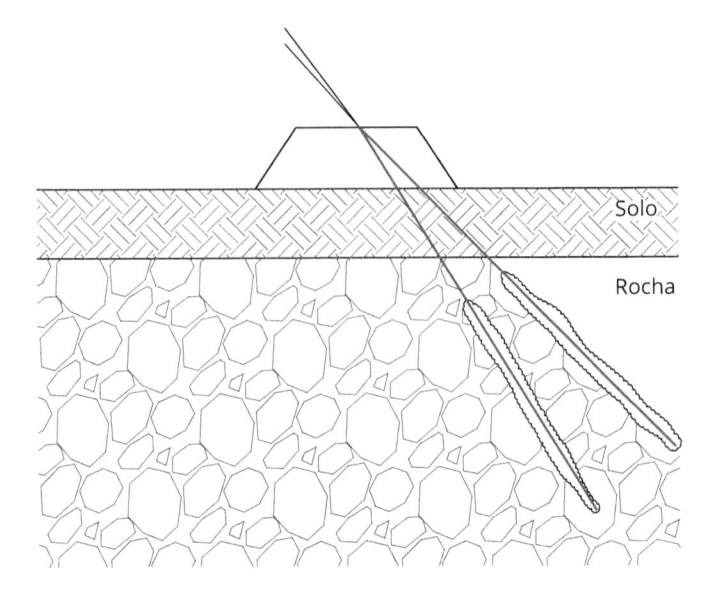

Fig. 4.12 *Estacas raiz ou tirantes inclinados como solução de ancoragem de estais*

Soluções típicas para outras torres (telecomunicações, TV, rádio) 5

Neste capítulo, serão abordadas as torres de telecomunicações, que diferem das anteriormente descritas apenas pelos requisitos de rigidez (menores que os dos aerogeradores), carregamentos, muitas vezes dificuldade de acesso ao local de implantação e por se tratar de casos isolados de estrutura única, com suas implicações quanto ao custo.

Serão apresentadas soluções para elementos isolados de torres e/ou postes de telecomunicações, mostrando padrões de soluções.

As soluções típicas de fundações para torres e/ou postes de telecomunicações são as seguintes:
- diretas;
- tubulões;
- profundas (estacas):
  o escavadas;
  o hélice contínua monitorada;
  o pré-moldadas;
  o metálicas;
  o raiz.

Essas soluções são as mesmas utilizadas para os aerogeradores, com requisitos de desempenho menos estritos, especialmente os referentes à rigidez, e detalhes especiais no caso de postes.

5.1 Casos de obras

Apresentam-se casos reais de obras com as diversas soluções projetadas e executadas, descrevendo a motivação do uso das opções de fundações.

Na Fig. 5.1 é mostrada uma solução em fundação direta para um poste (elemento pré-moldado) com 35 m de altura, com o cálice semiembutido na placa. Essa solução é apropriada quando o solo superficial tem adequada capacidade de carga e não ocorre nível de água que dificulte a implantação do cálice na região inferior da placa.

A Fig. 5.2 exibe uma solução de fundações para uma torre de telecomunicações com 66 m de altura constituída por bloco circular apoiado em 12 estacas escavadas com 120 cm de diâmetro, armadas em todo o comprimento, transferindo cargas em profundidade.

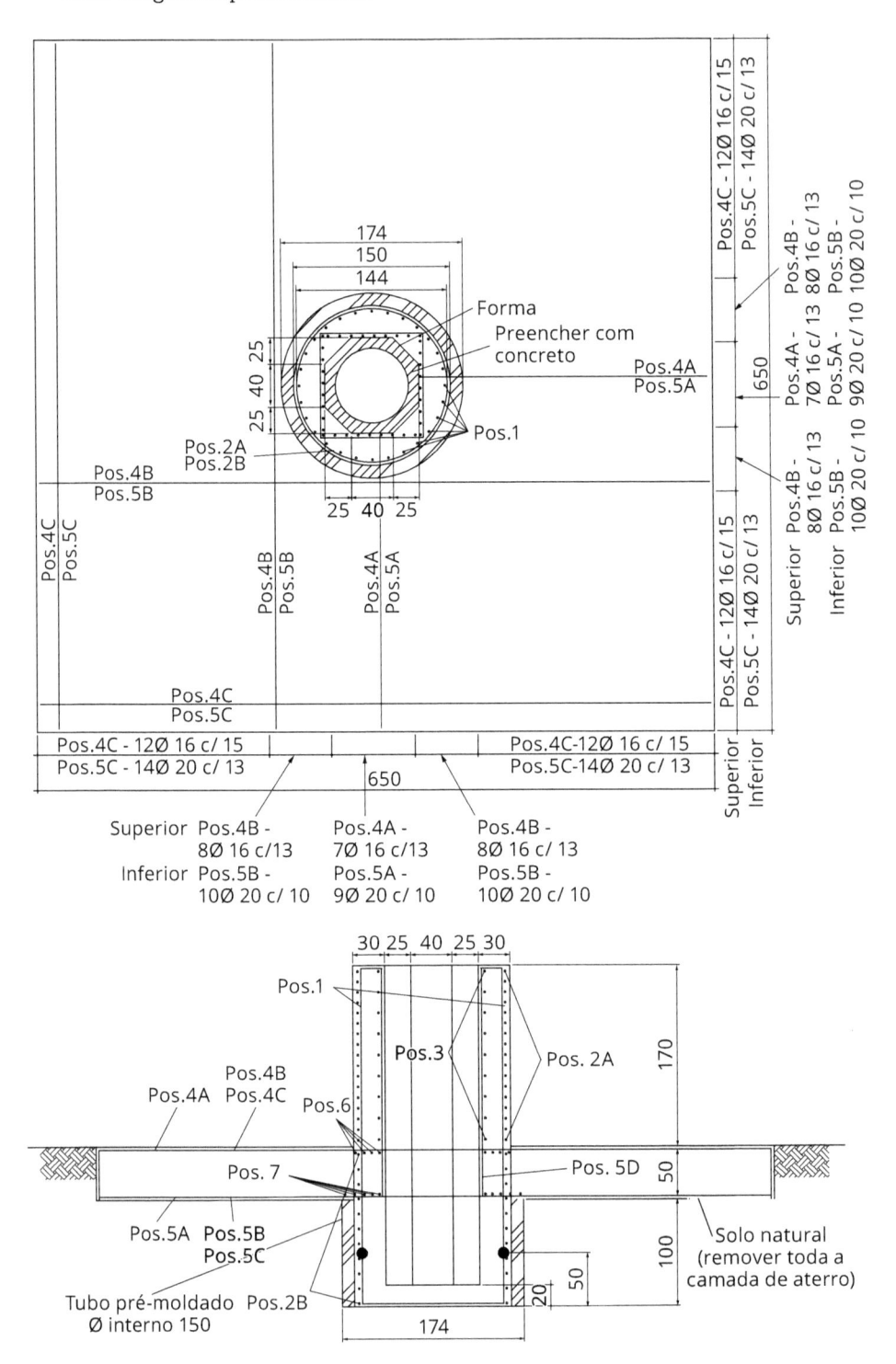

Fig. 5.1 *Fundação para poste com 35 m de altura (placa + tubo)*

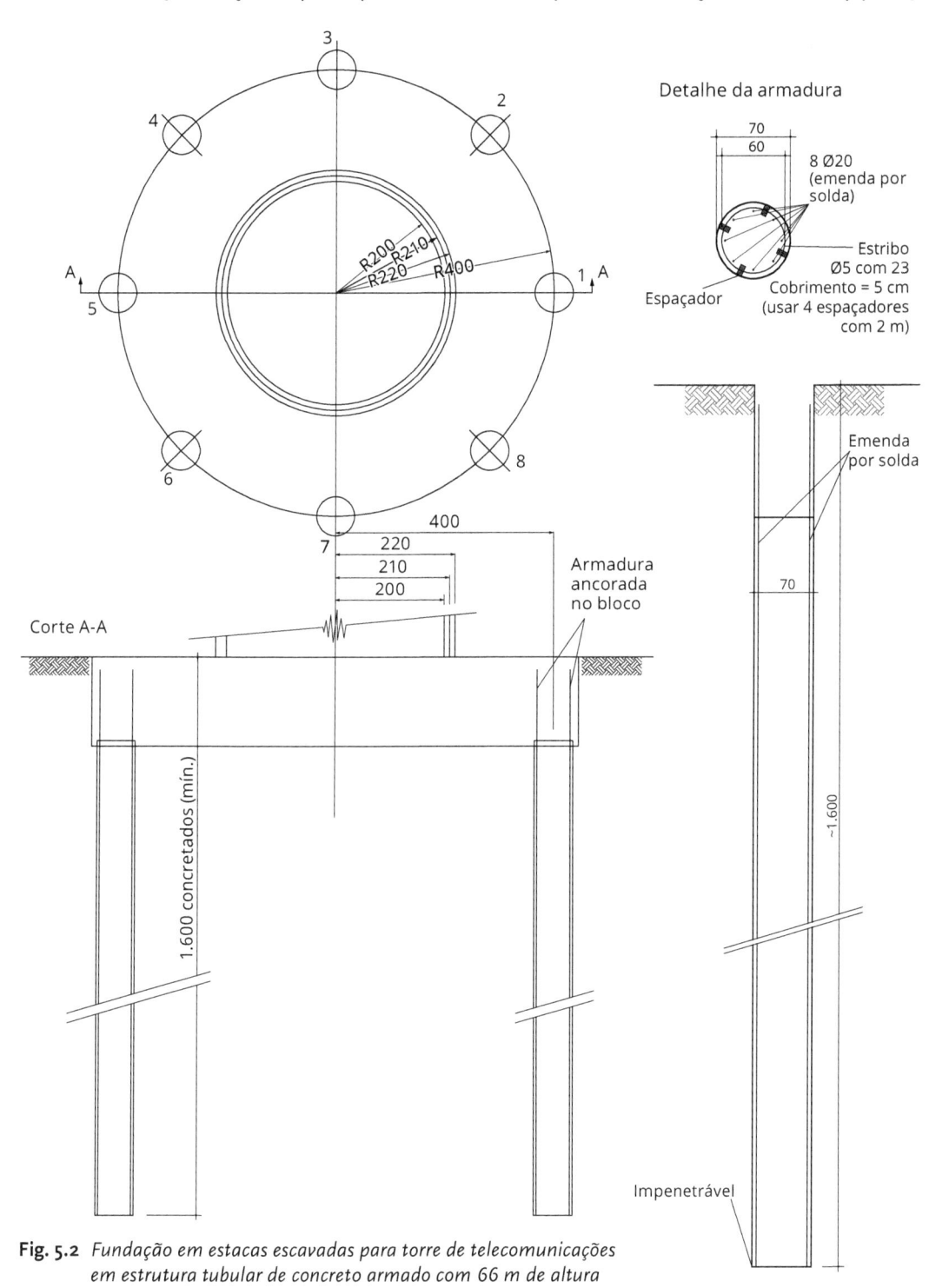

5 Soluções típicas para outras torres (telecomunicações, TV, rádio) | 63

Fig. 5.2 *Fundação em estacas escavadas para torre de telecomunicações em estrutura tubular de concreto armado com 66 m de altura*

Na Fig. 5.3 é apresentada uma solução em estacas raiz com 12 m de comprimento para uma torre em estrutura tubular de concreto armado com 86 m de altura, transferindo cargas para horizontes mais profundos. A solução de transferência de carga da torre para as estacas foi projetada pelo estrutural em vigas, em vez da solução usual de bloco maciço.

Cargas
M = 2.006 tm
H = 55 t
N. máx. = 419 t
N. mín. = 386 t

Torre com 66 m de altura
16-20 cm armadas
Argamassa: f_{ck} > 25 MPa
Slump: Fluido

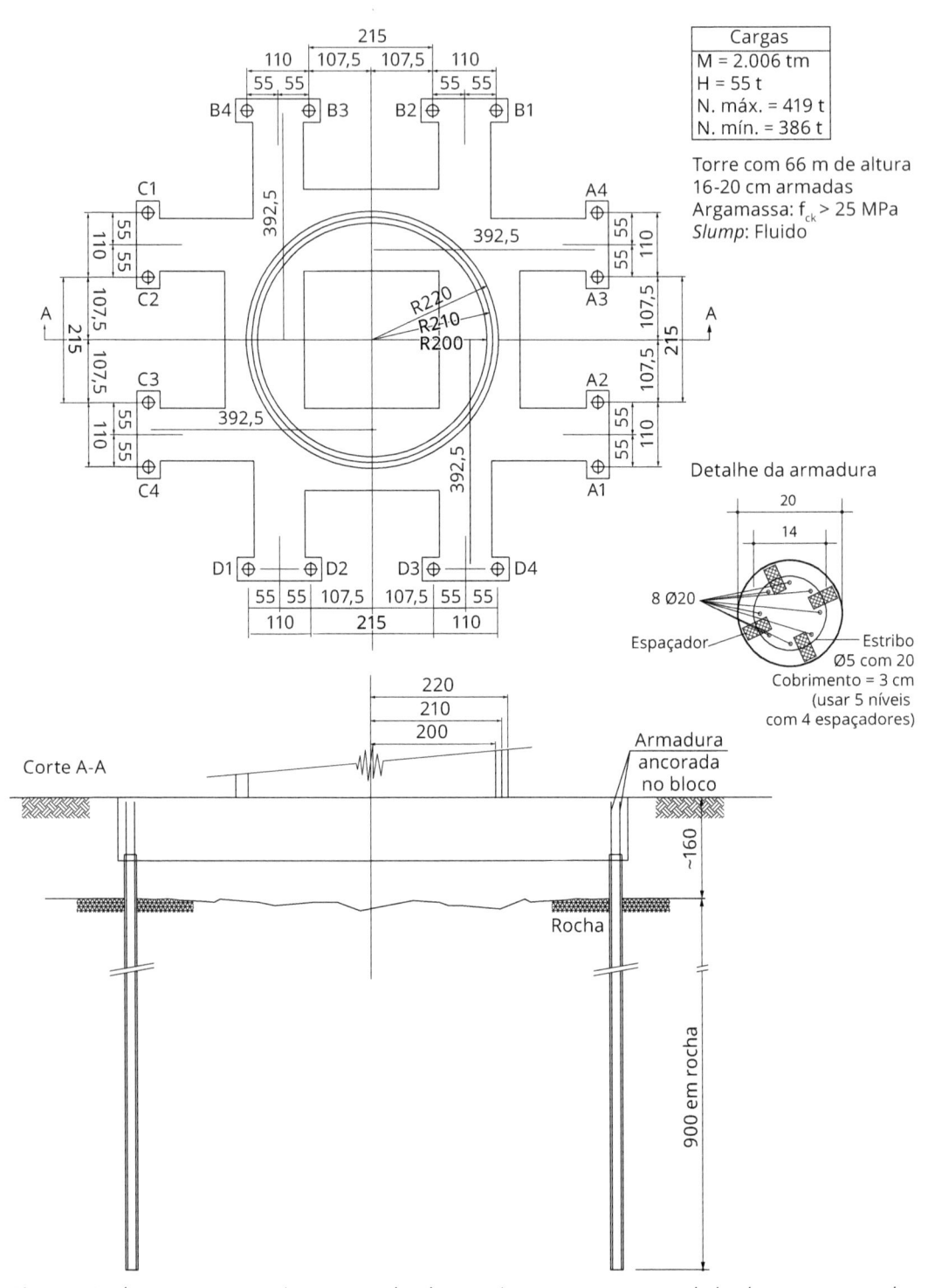

Detalhe da armadura

8 Ø20
Espaçador
Estribo Ø5 com 20
Cobrimento = 3 cm
(usar 5 níveis com 4 espaçadores)

Corte A-A

Armadura ancorada no bloco

Rocha

900 em rocha

Fig. 5.3 *Fundação em estacas raiz para torre de telecomunicações em estrutura tubular de concreto armado com 86 m de altura*

5 Soluções típicas para outras torres (telecomunicações, TV, rádio) | 65

Na Fig. 5.4 é mostrada uma solução de fundações em tubulões para uma torre com 66 m de altura.

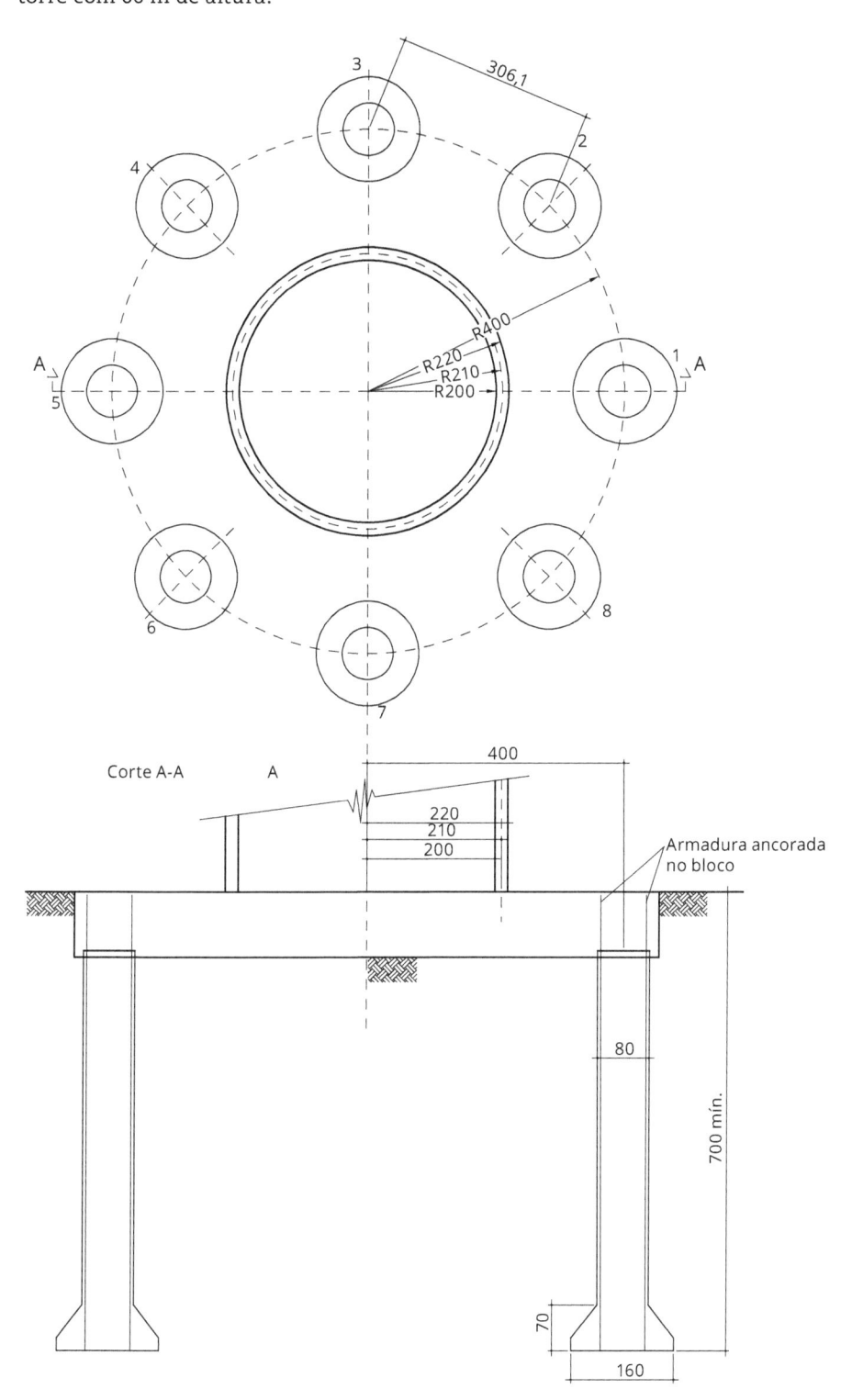

Fig. 5.4 *Fundação em tubulões para torre com 66 m de altura*

66 | Fundações de torres

Na Fig. 5.5, observa-se uma solução de fundações para um poste com 35 m de altura em tubulão único, devido à ausência de capacidade de carga adequada nos horizontes superficiais e subsuperficiais para uma solução em fundações diretas.

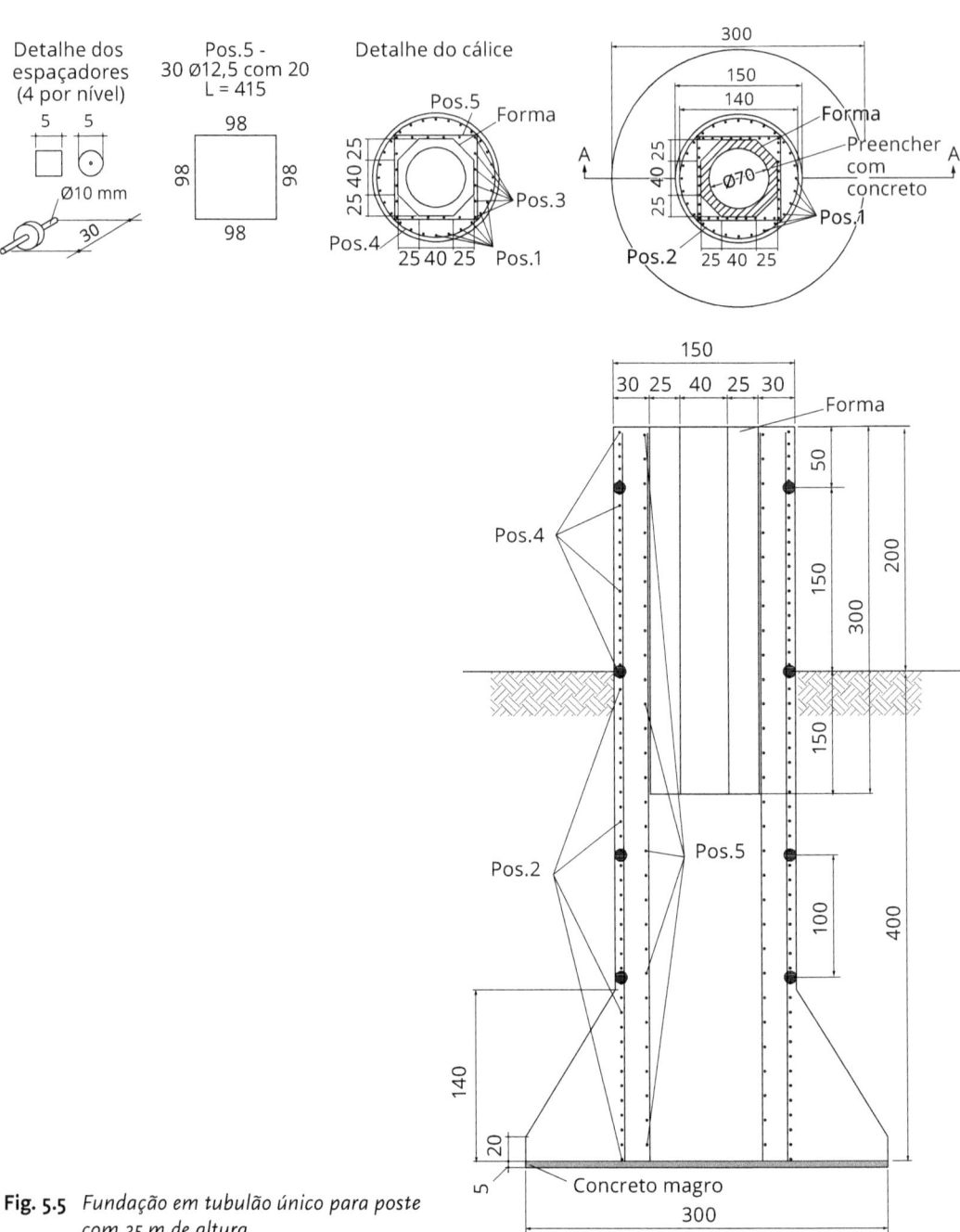

Fig. 5.5 *Fundação em tubulão único para poste com 35 m de altura*

5 Soluções típicas para outras torres (telecomunicações, TV, rádio) | 67

A Fig. 5.6 exibe uma solução em fundação direta para um poste com 35 m de altura, com cálice implantado acima da placa, facilitando a execução da solução.

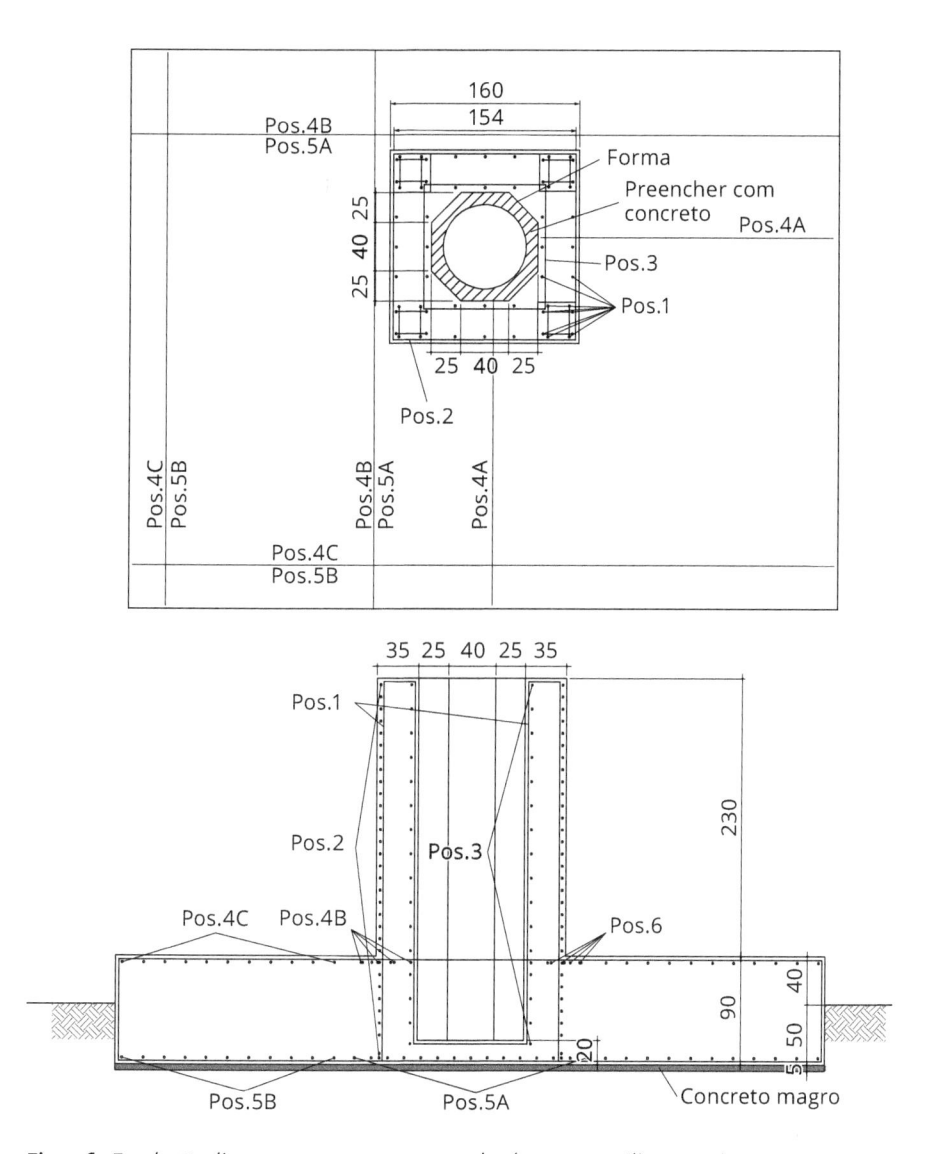

Fig. 5.6 *Fundação direta para poste com 35 m de altura com cálice superior*

Na Fig. 5.7 é apresentada uma solução em perfis metálicos para um poste com 35 m de altura. A solução em perfis metálicos foi escolhida devido à presença de solos moles em grande profundidade, à presença de água e ao horizonte profundo de alta resistência, além dos aspectos de facilidade de acesso de equipamento leve ao local e custos.

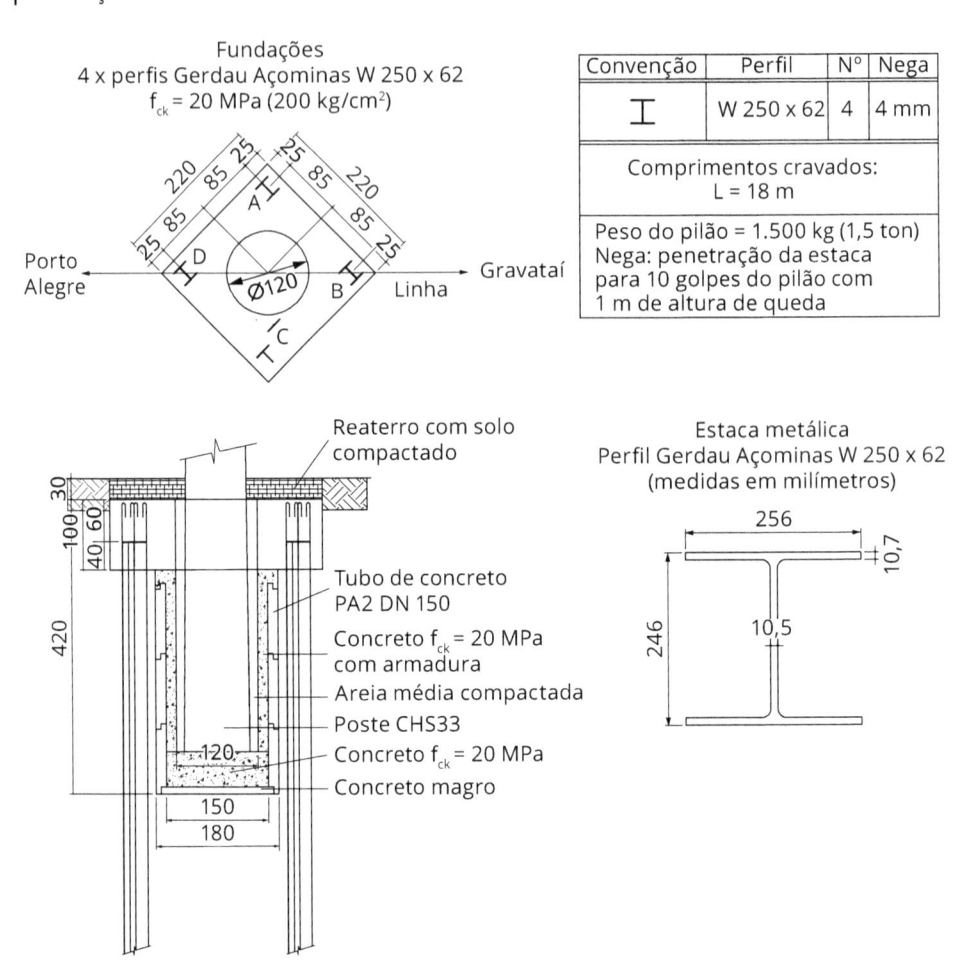

Fig. 5.7 *Fundações em perfis metálicos para poste com 35 m de altura*

A Fig. 5.8 mostra uma solução de fundações para uma torre estaiada com 60 m de altura em tubulões para a torre e estais. A escolha dessa solução foi fruto do nível de cargas atuantes, da presença de solos muito resistentes superficiais, do baixo custo, da simplicidade construtiva e do acesso ao local.

Na Fig. 5.9, vê-se um caso especial pelo porte da obra e pela localização da estrutura: uma solução de fundações em estacas pré-moldadas na base da torre e tirantes de ancoragem inclinados nos estais para uma torre estaiada com 230 m de altura. O projeto enfrentou desafios consideráveis pelas condições de inundação frequente do local (necessitando de execução de acesso em aterro sobre solos de baixa capacidade), pela presença de cargas inclinadas consideráveis e por dificuldades de acesso de equipamentos. A opção de utilizar blocos de estacas para os estais foi cogitada, mas as dimensões resultantes de blocos, o acesso de equipamento mais pesado e os custos resultaram na escolha dos tirantes inclinados como solução do estaiamento. Foram ensaiados tirantes em posição vertical para comprovar sua eficiência e segurança.

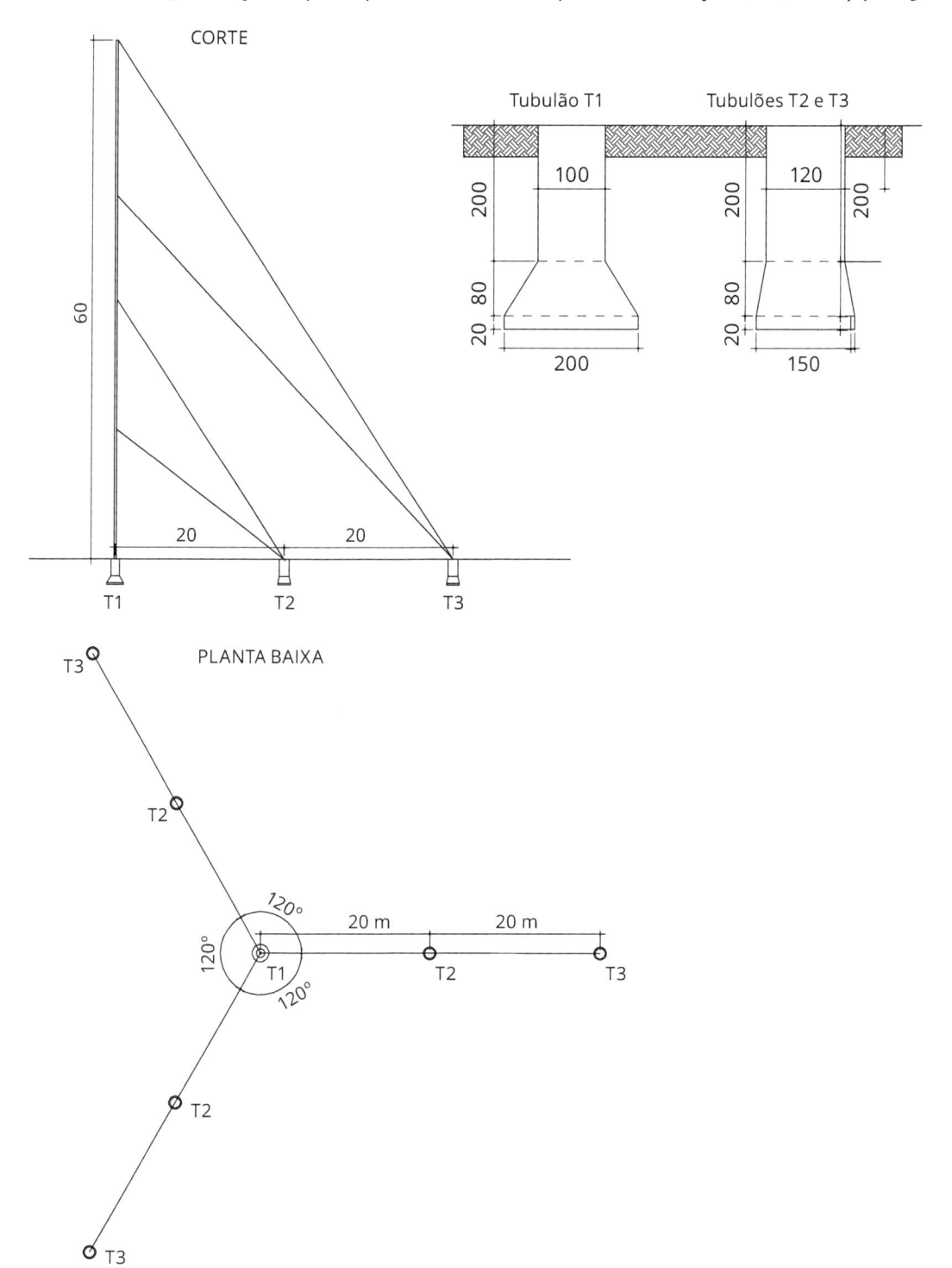

5 Soluções típicas para outras torres (telecomunicações, TV, rádio) | 69

Fig. 5.8 *Fundações para torre estaiada com 60 m de altura em tubulões para a torre e estais*

Fig. 5.9 Fundações para torre metálica estaiada com 230 m de altura, com quatro estacas pré-moldadas de 50 cm de diâmetro, comprimento de 15 m na base da torre e tirantes de ancoragem com comprimento de 22 m, inclinados, nos estais

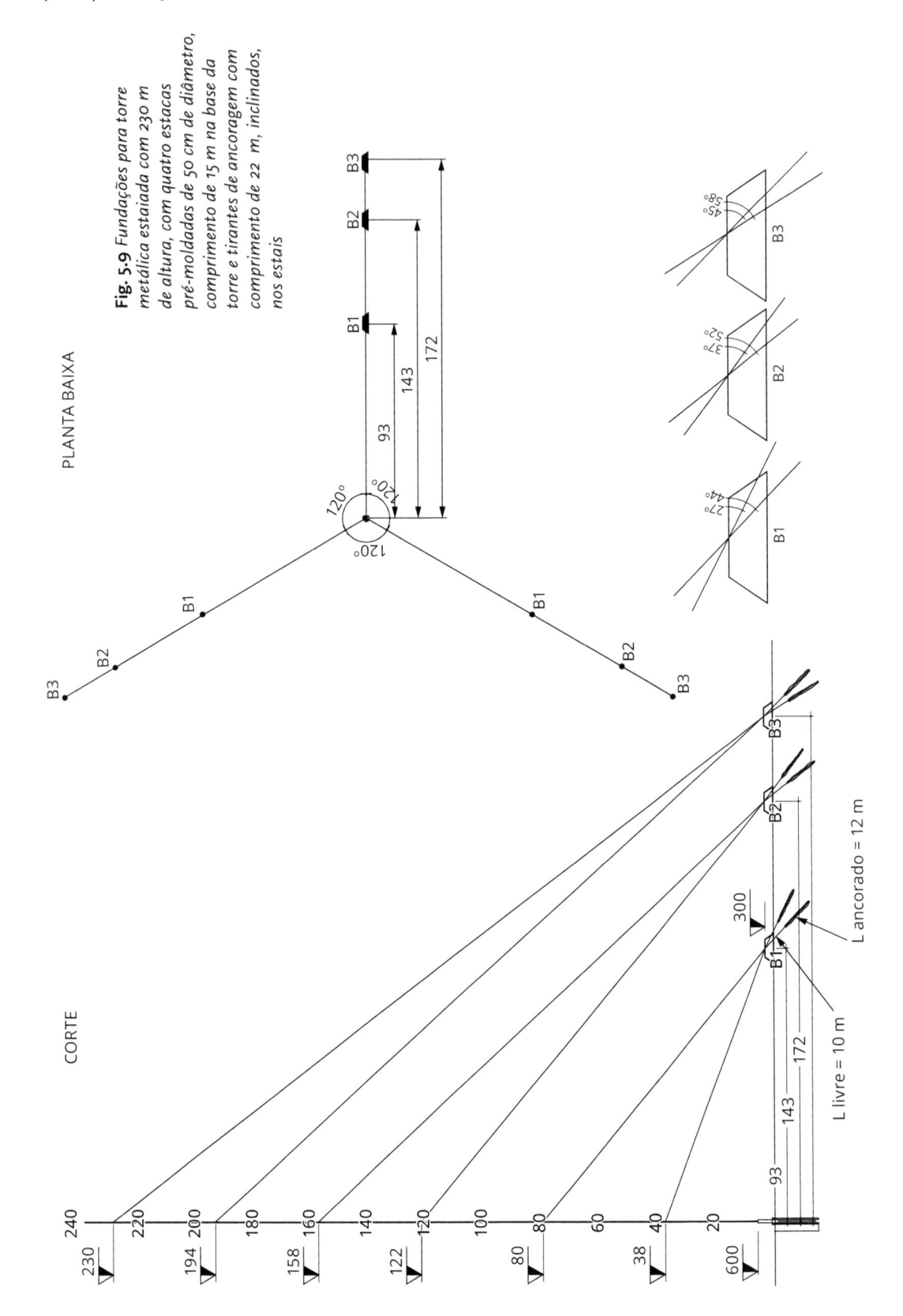

5 Soluções típicas para outras torres (telecomunicações, TV, rádio) | 71

Na Fig. 5.10 é exibida uma solução em estacas escavadas de 90 cm de diâmetro, com 14 m escavados, para uma torre em estrutura tubular de

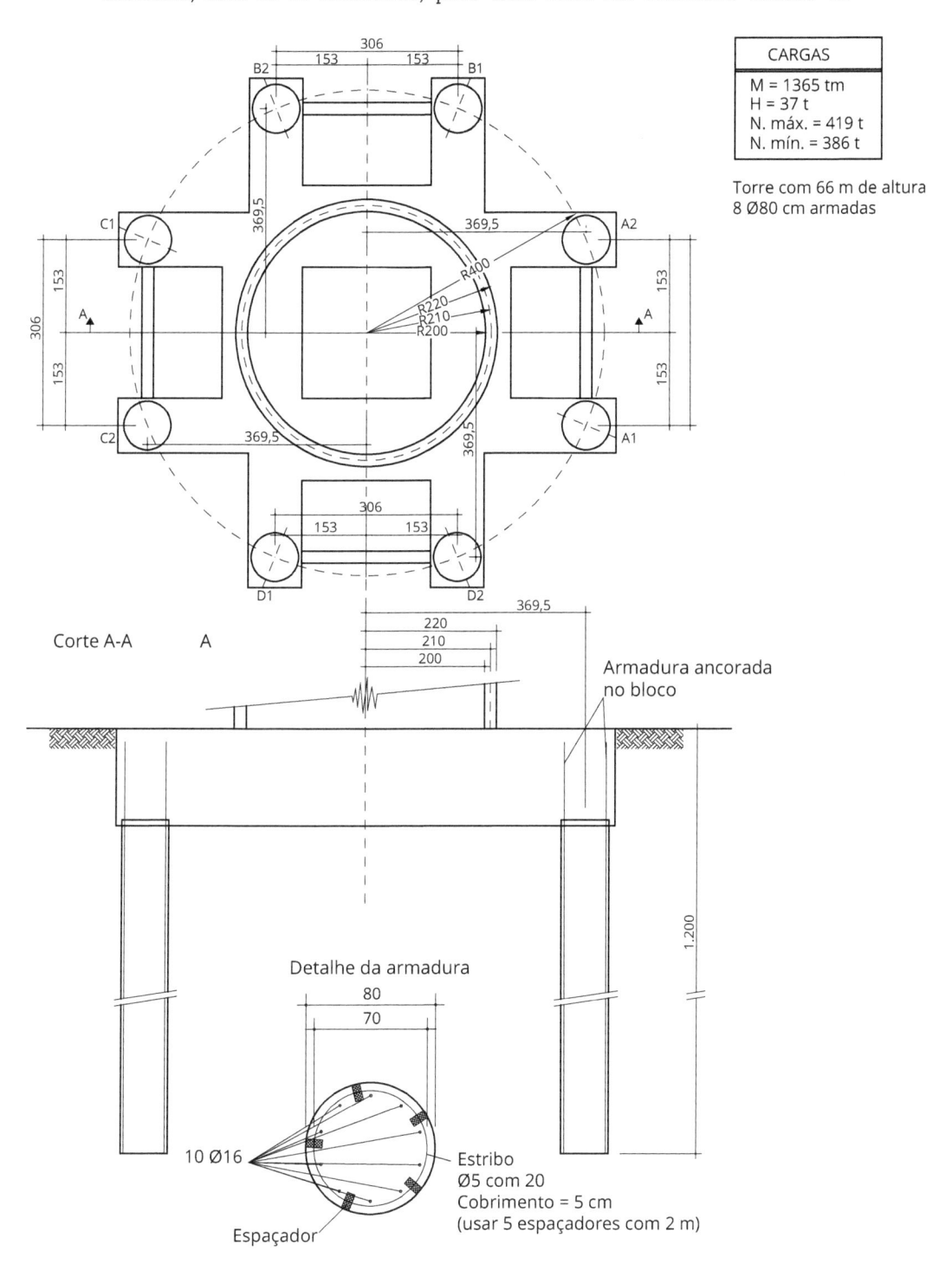

Fig. 5.10 *Fundações em estacas escavadas de 90 cm de diâmetro, com 14 m escavados, para torre com 86 m de altura*

concreto armado com 86 m de altura. A opção do projetista estrutural para a transferência de cargas da torre para as estacas foi utilizar vigas em vez da tradicional solução em bloco circular maciço.

A Fig. 5.11 apresenta uma solução de fundações em que o projeto e a execução de fundações em estacas escavadas já tinham ocorrido quando foi

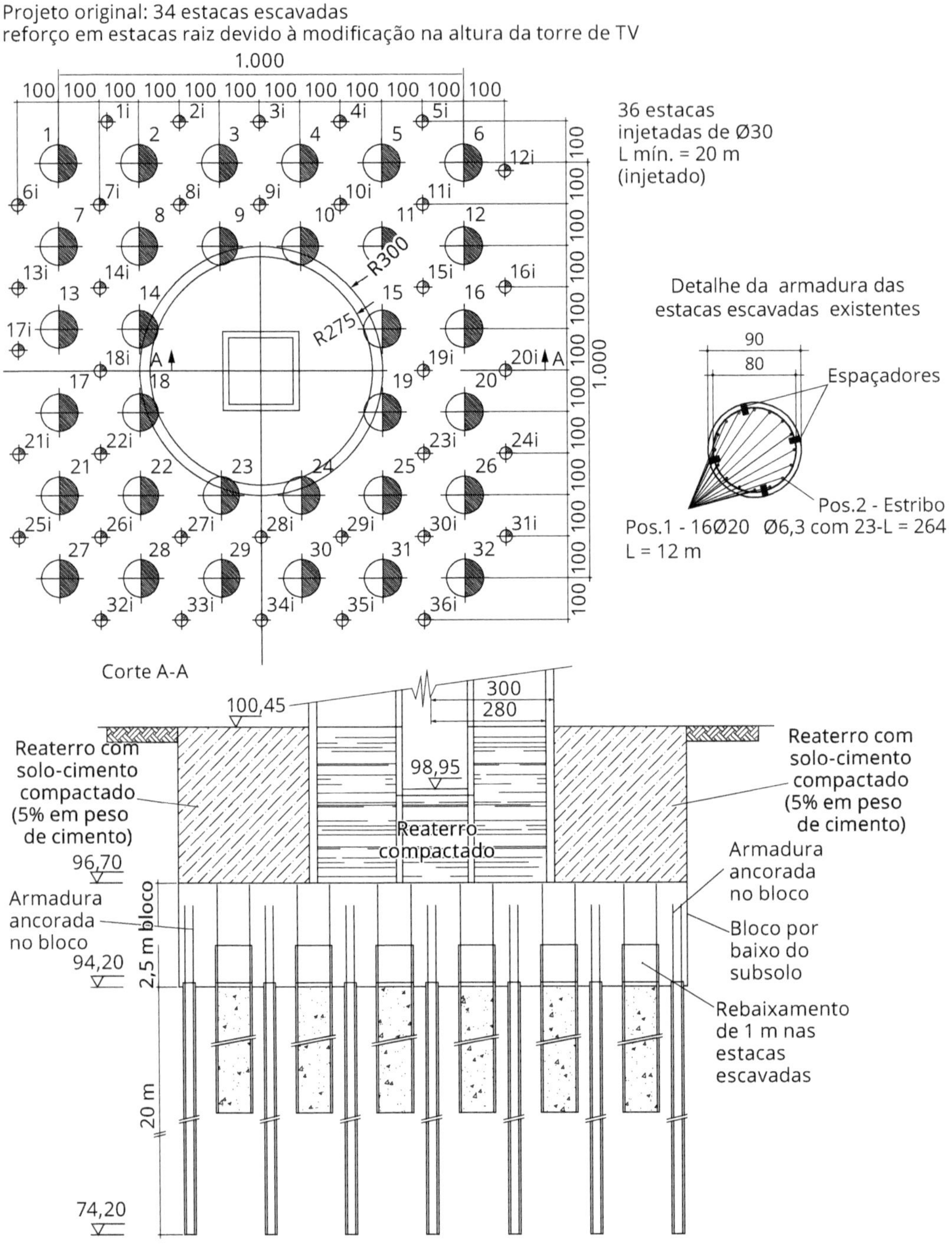

Projeto original: 34 estacas escavadas
reforço em estacas raiz devido à modificação na altura da torre de TV

Fig. 5.11 *Fundações originais em estacas escavadas com reforços em estacas raiz mais profundas*

5 Soluções típicas para outras torres (telecomunicações, TV, rádio) | 73

realizada uma alteração significativa na altura da torre. Pelas características das novas cargas, foi elaborado um projeto de reforço das fundações em estacas raiz mais profundas.

Na Fig. 5.12, observa-se um projeto no qual ocorreu interferência da projeção da torre com a estrutura do prédio de apoio em uma torre de telecomunicações, resultando em uma solução não simétrica de posicionamento das estacas raiz usadas como solução de fundações.

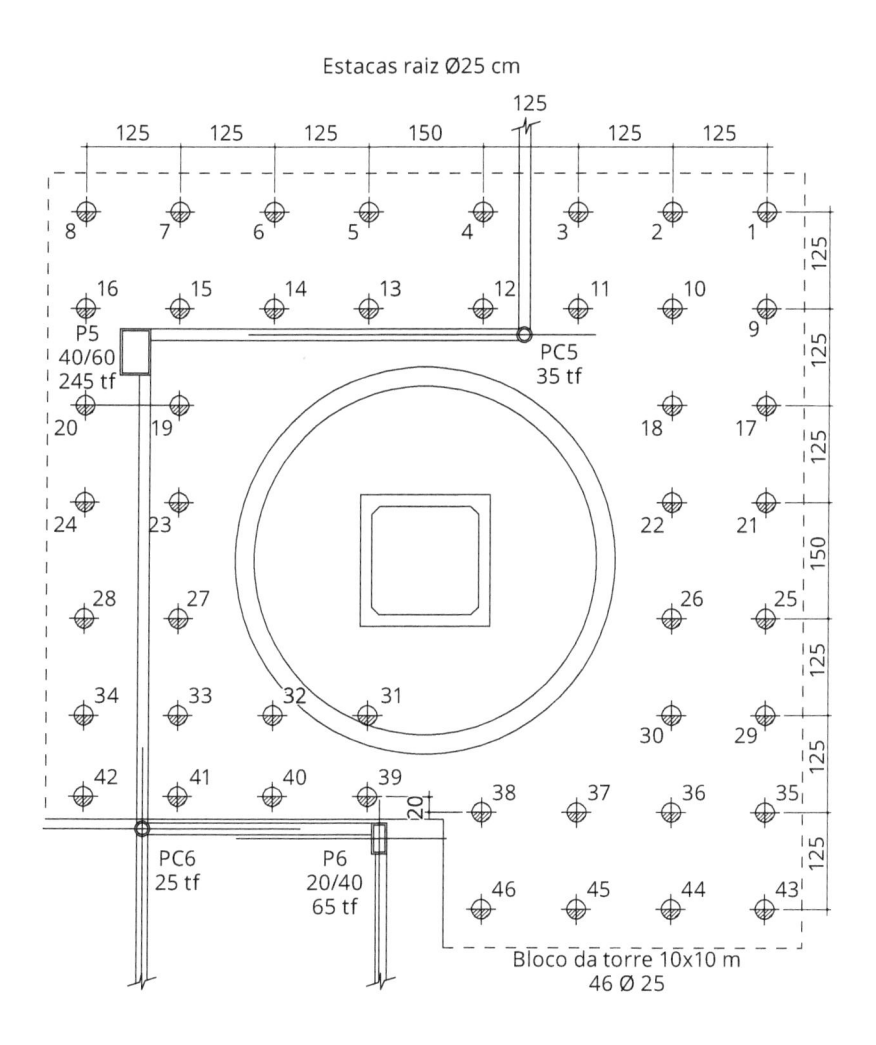

Fig. 5.12 *Fundações em estacas raiz não simétricas*

A Fig. 5.13 mostra uma solução de fundações utilizando estacas tipo Franki, que constitui uma prática pouco usual atualmente.

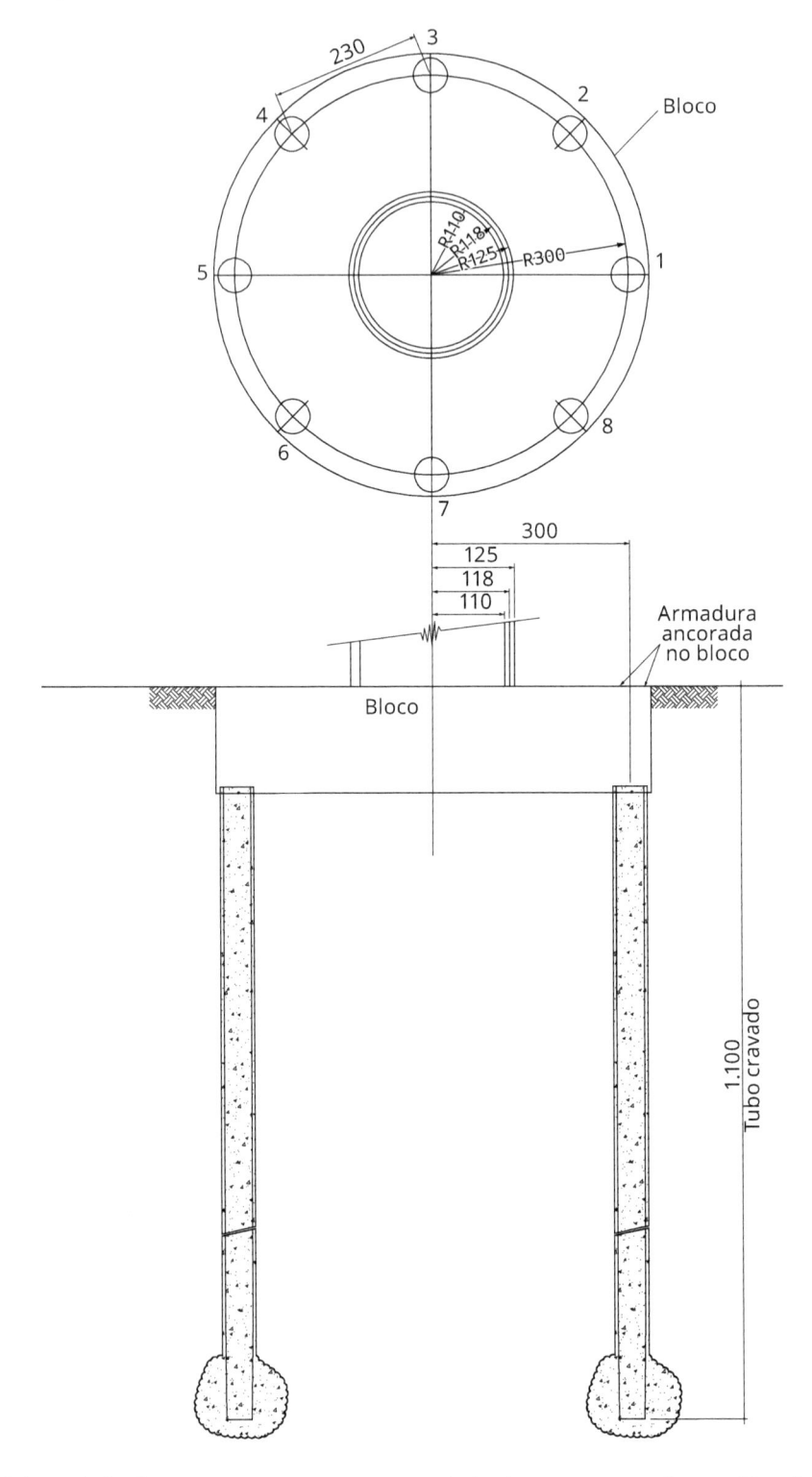

Fig. 5.13 Solução de fundações para torre com estrutura tubular de concreto armado com 66 m de altura em estacas tipo Franki, prática pouco usual atualmente

Investigação do subsolo 6

A solução tecnicamente adequada e segura das fundações de torres de qualquer natureza depende fundamentalmente do conhecimento do subsolo sobre o qual esses elementos estão apoiados.

Muitas vezes, por motivos de prazos e custos, a investigação é limitada e insuficiente para prover soluções seguras. É do domínio do conhecimento prático que os custos necessários para uma investigação adequada do subsolo ocorrerão ou na investigação propriamente dita, como investimento, ou na solução dos problemas decorrentes de investigação insuficiente, como custo.

Problemas típicos decorrentes do mau conhecimento do subsolo são:
- escolha de solução inadequada;
- problemas ou dificuldades construtivas, dificultando ou mesmo impedindo sua implementação, com a necessidade de alteração do sistema construtivo das fundações, ou causando custos complementares de retrabalhos;
- comportamento insatisfatório das fundações sob carga, como recalques excessivos, deslocamentos horizontais inaceitáveis ou mesmo o colapso da estrutura decorrente de análise não condizente com as reais condições do subsolo.

Estruturas mais simples têm os requisitos de segurança contra a ruptura como o único critério técnico de projeto, e certamente o programa de investigação será mais limitado.

Para fundações em geral, a profundidade a ser explorada depende não só das características do subsolo, mas também do tipo de solução a ser adotada (fundações superficiais ou profundas). Entretanto, ao ser estabelecido o programa de investigação, as opções ainda não são definidas.

Para os casos de torres de aerogeradores, existem várias indicações na prática internacional, como apresentado na seção 6.2.

O programa de investigação do subsolo deve fornecer todos os dados necessários para a identificação de eventuais solos problemáticos (expansivos, colapsíveis, cársticos), informações para a escolha adequada do sistema construtivo, e dados para a verificação de segurança contra a ruptura e para a determinação de deslocamentos verticais e horizontais das fundações sob carga, de acordo com as exigências de desempenho das torres. Torres para diferentes finalidades têm diferentes requisitos de desempenho.

A Fig. 6.1 mostra, para o caso de fundações de torres de aerogeradores, as informações necessárias para seu adequado dimensionamento.

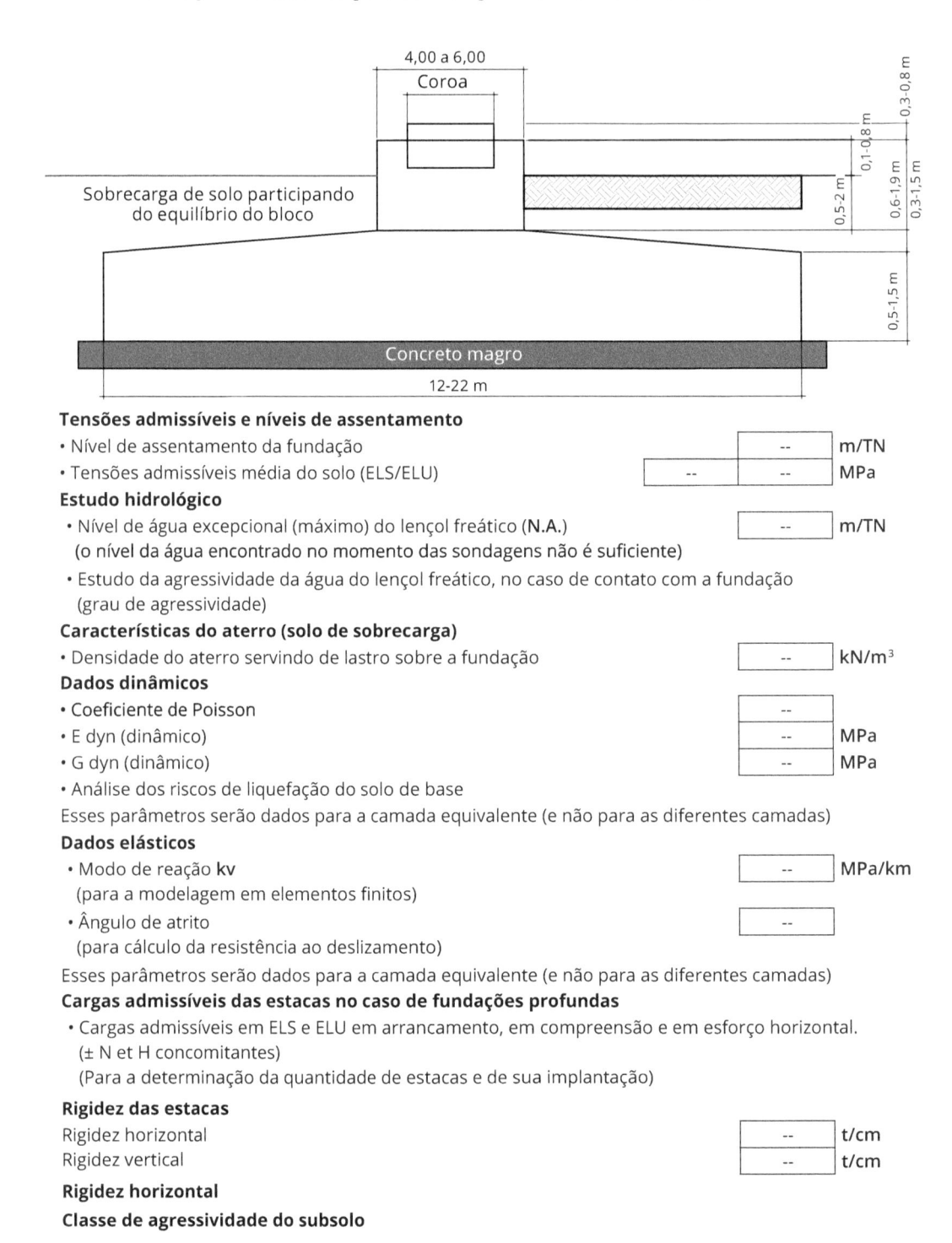

Tensões admissíveis e níveis de assentamento
- Nível de assentamento da fundação — m/TN
- Tensões admissíveis média do solo (ELS/ELU) — — MPa

Estudo hidrológico
- Nível de água excepcional (máximo) do lençol freático (**N.A.**) — m/TN
  (o nível da água encontrado no momento das sondagens não é suficiente)
- Estudo da agressividade da água do lençol freático, no caso de contato com a fundação
  (grau de agressividade)

Características do aterro (solo de sobrecarga)
- Densidade do aterro servindo de lastro sobre a fundação — kN/m^3

Dados dinâmicos
- Coeficiente de Poisson —
- E dyn (dinâmico) — MPa
- G dyn (dinâmico) — MPa
- Análise dos riscos de liquefação do solo de base

Esses parâmetros serão dados para a camada equivalente (e não para as diferentes camadas)

Dados elásticos
- Modo de reação **kv** — MPa/km
  (para a modelagem em elementos finitos)
- Ângulo de atrito —
  (para cálculo da resistência ao deslizamento)

Esses parâmetros serão dados para a camada equivalente (e não para as diferentes camadas)

Cargas admissíveis das estacas no caso de fundações profundas
- Cargas admissíveis em ELS e ELU em arrancamento, em compreensão e em esforço horizontal.
  (± N et H concomitantes)
  (Para a determinação da quantidade de estacas e de sua implantação)

Rigidez das estacas
Rigidez horizontal — t/cm
Rigidez vertical — t/cm

Rigidez horizontal
Classe de agressividade do subsolo

Fig. 6.1 *Dados geotécnicos necessários ao dimensionamento do bloco de fundação de aerogeradores*

6 Investigação do subsolo | 77

Um programa de investigação do subsolo, de forma geral, tem etapas de execução e estará sempre relacionado à natureza e à complexidade do problema a resolver (torre única, várias torres, geologia conhecida ou região inexplorada), bem como às propriedades dos solos necessárias para as ferramentas de projeto e análise que serão utilizadas, como indicado no Quadro 6.1.

Quadro 6.1 Parâmetros do solo requeridos para diversos métodos de cálculo

Método de cálculo	Peso específico do solo γ_b	Coeficiente de empuxo ao repouso K_o	Parâmetros do solo				Parâmetros de rigidez do solo
			Resistência ao cisalhamento				
			Estado-limite último		Estado-limite de serviço		
			Tensão total S_u	Tensão efetiva c', ϕ'	Tensão total S_u	Tensão efetiva c', ϕ'	
Equilíbrio-limite	✓	x	✓	✓	✓	✓	x
Reação de subleito/ Elementos pseudofinitos	✓	✓	✓	✓	✓	✓	✓
Elementos finitos/ Diferenças finitas							
• Elastoplástico, modelo Mohr-Coulomb	✓	✓	✓	✓	✓	✓	✓
• Modelo de rigidez não linear	✓	✓	(1)	(1)	(1)	(1)	(1)

(1) Parâmetros de entrada especiais requeridos dependendo do modelo analítico adotado.
Fonte: Milititsky (2016).

Para mais informações sobre investigação do subsolo e caracterização de propriedades dos solos, podem ser consultados Clayton, Matthews e Simons (1995), Schnaid (2009) e Schnaid e Odebrecht (2012).

6.1 Investigação para elementos isolados

Para os casos de solução de torres únicas (elementos isolados), tais como fundações de antenas e torres de telecomunicações, usualmente são feitas investigações com sondagens de simples reconhecimento (ver NBR 6484 – ABNT, 2001), complementadas com amostragem em rocha (norma técnica DNER-PRO 102/97 – DNER, 1997) quando necessário, ou seja, quando as informações obtidas e/ou a profundidade atingida pela amostragem não forem suficientes para a solução do problema e, assim, forem estabelecidas pelo projetista pelas condições locais.

Nos casos especiais de torres estaiadas de grande porte, os locais das âncoras de estaiamento deverão ser amostrados, sempre que possível ou necessário para o projeto, com as amostras devidamente ensaiadas e o comportamento do solo caracterizado, pela responsabilidade das fundações nesse sistema.

6.2 Investigação para torres de aerogeradores

A implantação de parques de aerogeradores é relativamente recente no Brasil, não havendo normalização nacional ou procedimentos-padrão estabelecidos. Os requisitos de desempenho das estruturas são caracterizados pelo atendimento de padrões ou limites de deslocamentos sob carga (rigidez do sistema), não usuais nos projetos correntes de fundações. Essa condição origina a necessidade de análise de deslocamento. Cada fabricante de turbina (GE, Wobben, WEG, Gamesa, IMPSA, Vestas etc.) possui requisitos específicos a serem satisfeitos, e a experiência de agências reguladoras ou as práticas nacionais de seus países de origem servem de orientação para a prática brasileira.

6.2.1 Indicações gerais existentes nas diferentes práticas

Experiência francesa

As recomendações do Comitê Francês de Mecânica dos Solos e Geotecnia (CFMS, 2011) indicam duas etapas:
- *preliminar*: uma sondagem geotécnica para cada grupo de seis bases, complementada por uma sondagem geofísica;
- *definitiva*: uma sondagem no centro de cada base, complementada por outras duas ou três sondagens nos extremos da base para estudar a heterogeneidade localizada.

Experiência norueguesa

As recomendações de DNV e Risø (2016) indicam campanhas completas de investigação, incluindo levantamentos geológicos, procedimentos geofísicos e geotécnicos, e etapas com ensaios de campo (uso de CPT compulsório) e de laboratório (ensaios cíclicos para o projeto de fundações diretas).

Experiência americana

De acordo com a Associação Americana de Energia Eólica e a Sociedade Americana de Engenheiros Civis (Awea; Asce, 2011), o processo de investigação pode ser realizado por meio de ensaios de SPT, cone (CPT) e dilatômetro (DMT) e ensaios de laboratório para caracterização de comportamento. Os ensaios geofísicos são indicados como complementares.

Prática do Brasil

A experiência de caracterização do comportamento do subsolo para solução de fundações para o caso de parques de aerogeradores é a mesma utilizada para fundações correntes, muitas vezes complementadas por investigação geofísica para determinar módulos dos materiais e identificar eventuais cavernas. Usualmente, é limitada a uma ou duas sondagens de simples reconhecimento (SPT) por base, eventualmente sondagens mistas em solo e rocha quando da ocorrência de maciços rochosos a pequena profundidade e, em alguns casos, são realizados ensaios especiais quando é necessária a obtenção de módulos para o dimensionamento de fundações superficiais (geofísica) ou a caracterização de possível colapsibilidade ou expansibilidade dos materiais em laboratório.

6.2.2 Profundidade de investigação (D)

Prática da França

Na prática francesa, a investigação é dirigida em função do tipo de solução a ser adotada:
- para soluções em fundações diretas, $D \geq 1,5\,\emptyset$ da base (tipicamente $\emptyset$ da base > 18 m);
- para soluções em estacas, $D = 5$ m abaixo da ponta das estacas ou $7\,\emptyset$ das estacas (normalmente não se conhece a solução de fundações nessa etapa, sendo difícil, portanto, a implementação dessa recomendação).

Prática da Noruega

A prática norueguesa utiliza também a indicação específica para fundações diretas e profundas:
- para soluções em fundações diretas, $D \geq 1,0\,\emptyset$ da base;
- para soluções em estacas, $D = 20$ m a 30 m (com a realização de ensaios de CPT sempre).

Prática dos Estados Unidos

Na prática americana, têm-se:
- para soluções em fundações diretas, $D \geq 1,0\,\emptyset$ da base;
- para soluções em estacas, $D = 20\%$ a mais que o comprimento projetado das estacas.

Prática do Brasil

Na prática brasileira, extremamente variada, são executadas tipicamente sondagens de simples reconhecimento (SPT), com L superior a 35 m em solos de baixa resistência e no mínimo igual a 15 m em materiais de alta resistência em sondagens mistas em solo e rocha (alteração de basalto, rochas brandas típicas do Nordeste...). Em alguns casos, é usada a geofísica para caracterizar a presença de topo rochoso e/ou sísmica para a definição de módulos nos casos de projetos de fundações diretas.

6.3 Investigação para linhas de transmissão

6.3.1 Introdução e práticas dos diferentes permissionários

Linhas de transmissão de energia elétrica são estruturas com característica especial, uma vez que se desenvolvem ao longo de uma extensão significativa (poucos a muitos quilômetros). Muitas vezes se estendem ao longo de áreas não construídas ou se localizam em encostas, sem que o projetista tenha conhecimento das condições e das características do subsolo nessas regiões.

Segundo Ashcar (1999), as investigações geotécnicas envolvem sondagens SPT e, eventualmente, sondagens mistas em solo e rocha (rotativas), com a indicação de executar sondagens SPT próximas ao piquete central, em todas as estruturas de ancoragem e fim de linha, e em locais como travessias de rios, aterros, fundos de vale, alagados, erosões e encostas.

Segundo o mesmo autor, a Companhia Energética de São Paulo (Cesp) faz, em média, uma sondagem SPT a cada cinco estruturas, e, dependendo do conhecimento da região, essa proporção pode variar de 1 a 10. Também são executadas sondagens tipo borro em todas as estruturas da linha, exceto nos locais das sondagens SPT/rotativa. A sondagem tipo borro diferencia-se da sondagem a percussão por não utilizar bomba d'água nem barrilete amostrador. As sondagens a trado, os poços de inspeção e a determinação da densidade natural/compactada e da umidade natural fornecem informações de solo que auxiliam os projetos de fundação.

Ainda de acordo com Ashcar (1999), a Eletrobras sugere que, em uma segunda etapa, depois da definição do traçado da linha, sejam realizados os estudos necessários para a obtenção de dados essenciais ao projeto: identificação e classificação do solo, densidade e umidade do solo natural, densidade máxima e umidade ótima do solo compactado, parâmetros de resistência (C e Ø), nível freático, resistividade elétrica, entre outros.

Segundo a especificação de Furnas (2003), após a definição e a locação das estruturas no campo, as investigações devem ser realizadas em todos esses locais, constando inicialmente, em terrenos elevados, de sondagens a trado junto ao piquete central de locação da estrutura e da determinação do peso específico natural do solo local.

Com base nos resultados das sondagens, selecionam-se alguns locais de cada domínio geomorfológico, onde então devem ser executadas investigações mais detalhadas. Em geral, são sondagens a percussão e poços manuais para a determinação dos pesos específicos naturais a diversas profundidades, e, eventualmente, para a coleta de amostras indeformadas para ensaios especiais, visando à tipificação dos solos existentes e à determinação de parâmetros necessários para a padronização dos projetos de cada tipo de estrutura a ser utilizada na obra.

Em regiões de baixadas, sujeitas a inundações e/ou com nível de água superficial, sugere-se a execução de sondagens a percussão em todos os locais de estrutura.

Podem ser programadas sondagens rotativas e/ou mistas em casos específicos, nos quais a importância da estrutura (como a travessia de grandes vãos sobre cursos d'água) e a natureza do maciço de fundação exijam maior detalhamento de suas propriedades para o projeto (como no caso de fundações ancoradas), ou em zona de tálus, com matacões em profundidade.

6.3.2 Diretrizes para o programa de investigações geotécnicas (Ashcar, 1999)

A escolha do traçado de uma linha de transmissão deve ser orientada por critérios geométricos e geológico-geotécnicos. Os traçados retilíneos são preferíveis por representarem significativa economia em relação ao sistema, mas a opção por uma alternativa de traçado na qual se minimizem os condicionantes geológicos desfavoráveis é desejável, pois resulta em custos mais baixos e maior segurança. Torna-se imprescindível, portanto, uma avaliação dos traçados geométricos propostos, dentro do contexto geológico regional, de forma a diagnosticar os problemas geotécnicos esperados para cada um deles e até propor novas alternativas geologicamente mais interessantes.

No Quadro 6.2 são apresentados os diversos métodos aplicados às diferentes fases, desde a escolha do traçado até os serviços de reparo e recuperação de obras de linhas de transmissão.

Quadro 6.2 Métodos aplicados às diferentes fases de obras de linhas de transmissão

Metodologia	Fases				
	Escolha do traçado	Viabilidade técnico-econômica	Projeto	Construção	Conservação
1. Análise dos dados disponíveis	X	X	X	X	X
2. Fotointerpretação	X	X			
3. Reconhecimento geológico-geotécnico de campo	X	X			
4. Sondagens geofísicas					
- *Sísmica de refração*		X			
- *Eletrorresistividade*			X		
5. Sondagens a trado e poços de inspeção	X	X	X		X
- *Cortes e aterros*	X	X	X	X	X
- *Jazidas*	X	X	X	X	X
6. Análises químicas [1]		X	X	X	X

Quadro 6.2 (continuação)

7. Sondagens a percussão e ensaios *in situ*					
8. Ensaios geotécnicos e de laboratório					
- *Caracterização*					
- *Especiais*(2)					
9. Acompanhamento técnico das obras					
10. Monitoração					

Aplicação usual	
Aplicação eventual	

(1) Na análise química dos solos, comumente se recorre aos levantamentos pedológicos existentes.
(2) Nesse caso, incluem-se principalmente as provas de carga.
Fonte: ABGE (1998).

Análise de dados disponíveis

Na fase de estudo de traçado, a obtenção de dados cartográficos, levantamentos aerofotogramétricos e imagens de satélite assume particular importância (*desk studies*). São consultadas sondagens e ensaios de laboratório já disponíveis e projetos de escavações, contenções e fundações de obras lineares, como rodovias e ferrovias, ou, de preferência, de outras linhas de transmissão já implantadas nas mesmas formações.

Fotointerpretação

A fotointerpretação é importante para a escolha do traçado, mas pode também ser desenvolvida para apoiar os estudos geológicos do projeto das linhas de transmissão.

Reconhecimento de campo

A verificação das informações obtidas na fotointerpretação deve ser feita através da inspeção de afloramentos, escavações e taludes, em que é analisado o comportamento das estruturas geológicas e são caracterizados os maciços de rocha e solo quanto ao grau de fraturamento, ao grau de alteração e à granulometria.

Também devem ser registradas as nascentes de água, as zonas alagadiças e as características locais no terreno natural, como trincas, escorregamentos, erosões, assoreamentos e fenômenos de erosão interna.

Sondagens geofísicas

A aplicação desse método de investigação é mais adequada na fase de estudo da viabilidade das linhas de transmissão devido a seu baixo custo e sua facilidade de execução. As informações são obtidas de forma indireta, por meio de cálculos e inferências, necessitando de aferição por métodos diretos.

Sondagens a trado e poços de inspeção

A partir da fase de viabilidade técnico-econômica de um empreendimento, as sondagens a trado e os poços de inspeção são realizados.

Os critérios para o espaçamento das sondagens variam com a complexidade da região, com a fase de estudo do projeto e até mesmo com normas e diretrizes executivas estabelecidas pelos órgãos estatais, em geral baseadas em obras realizadas. Para as fases de escolha do traçado e estudo da viabilidade, é recomendada a adoção de critérios geológicos que garantam a representatividade das diferentes formações atravessadas quanto às informações básicas. Nas fases de projeto, considera-se a realização de sondagens nos locais de fundação de blocos de ancoragem em torres de transmissão, complementadas por sondagens a percussão.

Nos furos de sondagem a trado, executados em terrenos argilosos de baixa resistência, podem ser realizados ensaios de palheta (*vane test*) ou cone para obter índices de resistência ao cisalhamento do solo.

Análises químicas

Em qualquer fase de estudo, podem ser realizadas análises químicas com medidas de resistividade para o diagnóstico da agressividade do subsolo. Essas análises envolvem a água do lençol freático e os materiais das fundações.

Sondagens a percussão (sondagens de simples reconhecimento SPT)

As sondagens a percussão, com ensaios SPT e de permeabilidade, são os métodos de investigação utilizados nas fases de projeto, quando o objetivo é avaliar a capacidade de suporte e definir a geometria das escavações e os tipos de fundações.

Em projetos específicos ou quando a sondagem a percussão tem seu avanço impedido pelo topo da rocha ou matacões, pode ser necessário o avanço pelo método rotativo (sondagens mistas em solo e rocha). Nesses casos, os critérios para a distribuição e a paralisação dessas sondagens devem ser adequados a cada situação, em função da necessidade do projeto.

Ensaios

Os ensaios são realizados para que se conheçam as propriedades dos materiais (ver Cap. 7). Em laboratório, eles são feitos em amostras deformadas e indeformadas, na etapa de projeto. Nas amostras deformadas, são realizados ensaios de caracterização e compactação. Nas amostras indeformadas, caracteriza-se o comportamento dos materiais quanto à resistência e à compressibilidade, bem como se investiga a possibilidade de comportamento expansivo e/ou colapsível. Em algumas ocasiões, realizam-se ensaios de campo para a caracterização de comportamento, seja através de ensaios de placa, seja através de arrancamento em fundações.

7 Obtenção de propriedades dos solos para projetos preliminar e executivo de aerogeradores – alternativas disponíveis para prospecção do subsolo

7.1 Ensaios *in situ*

Uma vez conhecida a posição dos aerogeradores – em geral definida pelas características de geração de energia e por outras condições não geotécnicas –, o próximo passo é definir o perfil de propriedades mecânicas das camadas para a montagem dos modelos de cálculo para cada posição de torre, ou seja, o perfil de projeto.

Para essa etapa, é necessário avaliar os resultados da investigação geotécnica, cujo tipo, quantidade e profundidade de solo prospectada deverão estar relacionados às características geométricas do projeto e à complexidade hidrogeológica do local. A interpretação de uma quantidade adequada de dados permitirá escolher e dimensionar de forma correta o tipo de solução.

Entre os procedimentos disponíveis na prática nacional, o mais comum é a sondagem de simples reconhecimento (SPT), com algumas sofisticações recentemente introduzidas no mercado, como o *hollow stem auger*, que permitem amostragem contínua. Geralmente, o ensaio se estende até o "impenetrável", definido tipicamente como a resistência $N_{SPT} > 50$ golpes, associada à presença de materiais rochosos intemperizados, blocos ou areias muito densas. Outras técnicas de perfuração e de coleta de amostras deverão ser empregadas se a profundidade de ocorrência do limite solo/rocha alterada for muito superficial, para a identificação das condições reais do subsolo em profundidade (sondagens rotativas).

Podem ser encontradas na literatura numerosas correlações entre N_{SPT} e valores de propriedades mecânicas de resistência ou deformabilidade. Em alguns casos, o número N_{SPT} obtido no ensaio, dependendo da origem da correlação, poderá necessitar de correções relacionadas com a eficiência de ensaio e o nível de tensões geostáticas. Esse resultado deverá ser usado com critério, somente para anteprojeto, uma vez que o cálculo de recalques e a deformabilidade das bases são elementos essenciais ao dimensionamento.

O ensaio de penetração estática ou conepenetração (CPT) permite um reconhecimento rápido e eficiente do perfil de subsolo. De forma geral, o perfil contínuo de resultados em unidades de engenharia (kgf/cm² ou kPa) possibilita o emprego de modelos de interpretação racionais. A limitação de parada, ou limite de penetração, encontra-se na presença de materiais rochosos, rocha intemperizada ou camadas espessas de areias muito densas. No caso de solos sedimentares (argilas, siltes ou areias medianamente densas), permite estimar propriedades de resistência e deformabilidade por meio de modelos teóricos comparáveis a técnicas de laboratório.

Outras técnicas de reconhecimento, como o ensaio pressiométrico tipo Menard ou autoperfurante (Menard MPM ou *self boring* SBPM) e o ensaio dilatométrico (DMT), apresentam algumas vantagens sobre as anteriores, por exemplo, a de medir o comportamento tensão × deformação em forma direta e em uma faixa de distorções bastante ampla. Seu uso, porém, não está difundido na prática nacional pelo reduzido número de executantes, no grau comparável às duas primeiras.

O conjunto mínimo de informações necessário para um projeto de fundações é composto de:
- perfil estratigráfico indicando posição e espessuras de camadas;
- níveis freáticos;
- características das camadas para dimensionamento:
    - valores de índices de resistência (N_{SPT} ou q_c – resistência de ponta do cone);
    - resistência ao cisalhamento das camadas;
    - parâmetros de deformabilidade de cada camada (E ou G).

As características devem ser estabelecidas até as profundidades atingidas pelas tensões devidas às fundações a serem escolhidas e dimensionadas.

O Quadro 7.1 mostra os ensaios *in situ* disponíveis e suas aplicações segundo Schnaid (2009), e o Quadro 7.2, sua aplicabilidade e uso segundo Schnaid e Odebrecht (2012).

Quadro 7.1 Ensaios *in situ* disponíveis e suas aplicações

Categoria	Ensaio	Sigla	Medidas	Aplicações
	Geofísica			
	Refração sísmica	SR	Ondas P a partir da superfície	Caracterização do solo
	Ondas superficiais	SASW	Ondas R a partir da superfície	Módulo a pequenas deformações (G_o)
Ensaios não destrutivos ou semidestrutivos	Crosshole	CHT	Ondas P e S no pré-furo	
	Downhole	DHT	Ondas P e S com profundidade	
	Pressiômetro			Módulo de cisalhamento
	Com pré-furo	PMT	G, curva ($\Psi \times \varepsilon$)	Resistência ao cisalhamento
	Autoperfurante	SBPM	G, curva ($\Psi \times \varepsilon$)	Tensão horizontal *in situ*
				Propriedades de adensamento
	Ensaio de placa	PLT	Curva ($L \times \delta$)	Resistência e rigidez

Quadro 7.1 (continuação)

Categoria	Ensaio	Sigla	Medidas	Aplicações
Ensaios de penetração	Ensaio de cone			Perfil do subsolo
	Elétrico	CPT	q_c, f_s	Resistência ao cisalhamento
	Piezocone	CPTU	q_c, f_s, u	Densidade relativa
				Propriedades de adensamento
	Ensaio de penetração (energia controlada)	SPT	Golpes para penetrar (N)	Perfil do subsolo
				Ângulo de atrito interno (φ')
	Dilatômetro	DMT	p_0, p_1	Rigidez
				Resistência ao cisalhamento
	Ensaio de palheta (*vane*)	VST	Torque	Resistência não drenada (S_u)
Ensaios combinados (invasivos + não destrutivos)	Conepressiômetro	CPMT	q_c, f_s, u, G, curva ($\Psi \times \varepsilon$)	Perfil de subsolo
				Módulo de cisalhamento (G)
				Resistência ao cisalhamento
				Propriedades de adensamento
	Cone sísmico	SCPT	q_c, f_s, u, v_p, v_s	Perfil de subsolo
				Resistência ao cisalhamento
				Módulo a pequenas deformações (G_0)
				Propriedades de adensamento
	Cone resistivo	RCPT	q_c, f_s, p	Perfil de subsolo
				Resistência ao cisalhamento
				Porosidade do solo
	Dilatômetro sísmico		p_0, p_1, v_p, v_s	Rigidez (G e G_0)
				Resistência ao cisalhamento

Fonte: Schnaid (2009).

Quadro 7.2 Aplicabilidade e uso de ensaios *in situ*

Grupo	Equipamento	Tipo de solo	Perfil	u	φ'	S_u	D_r	m_v	c_v	K_0	G_0	σ_h	OCR	φ-ε
Penetrômetro	Dinâmicos	C	B	–	C	C	C	–	–	–	C	–	C	–
	Mecânicos	B	A/B	–	C	C	B	C	–	–	C	C	C	–
	Elétricos (CPT)	B	A	–	C	B	A/B	C	–	–	B	B/C	B	–
	Piezocone (CPTU)	A	A	A	B	B	A/B	B	A/B	B	B	B/C	B	C
	Sísmicos (SCPT/SCPTU)	A	A	A	B	A/B	A/B	B	A/B	B	A	B	B	B
	Dilatômetro (DMT)	B	A	C	B	B	C	B	–	–	B	B	B	C

Quadro 7.2 (continuação)

Grupo	Equipamento	Tipo de solo	Perfil	u	φ'	S_u	D_r	m_v	c_v	K_o	G_o	σ_h	OCR	φ-ε
Penetrômetro	Standard Penetration Test (SPT)	A	B	–	C	C	B	–	–	–	C	–	C	–
	Resistividade	B	B	–	B	C	A	C	–	–	–	–	–	–
Pressiômetro	Pré-furo (PBP)	B	B	–	C	B	C	B	C	–	B	C	C	C
	Autoperfurante (SBP)	B	B	A	B	B	B	B	A	B	A	A/B	B	A/B
	Conepressiômetro (FDP)	B	B	–	C	B	C	C	C	–	A	C	C	C
Outros	Palheta	B	C	–	–	A	–	–	–	–	–	–	B/C	B
	Ensaio de placa	C	–	–	C	B	B	B	C	C	A	C	B	B
	Placa helicoidal	C	C	–	C	B	B	B	C	C	A	C	B	–
	Permeabilidade	C	–	A	–	–	–	–	B	A	–	–	–	–
	Ruptura hidráulica	–	–	B	–	–	–	–	C	C	–	B	–	–
	Sísmicos	C	C	–	–	–	–	–	–	–	A	–	B	–

Aplicabilidade: A = alta; B = moderada; C = baixa; – – = inexistente.
Definição de parâmetros: u = poropressão in situ; φ' = ângulo de atrito efetivo; S_u = resistência ao cisalhamento não drenada; D_r = densidade relativa; m_v = módulo de variação volumétrica; c_v = coeficiente de consolidação; K_o = coeficiente de empuxo no repouso; G_o = módulo cisalhante a pequenas deformações; σ_h = tensão horizontal; OCR = razão de pré-adensamento; σ-ε = relação tensão-deformação.
Fonte: Lunne, Robertson e Powell (1997 apud Schnaid; Odebrecht, 2012).

Nos Quadros 7.3 e 7.4 são apresentados os ensaios de campo e de laboratório para a determinação do módulo de cisalhamento dos solos.

Quadro 7.3 Ensaios de campo para a determinação do módulo de cisalhamento

Ensaio	Princípio da técnica	Faixa de deformação para a qual G pode ser medido (%)
Crosshole		
Downhole	Determinação da velocidade de propagação da onda de cisalhamento V_s	$\approx 10^{-4}$
Uphole		
Piezocone sísmico		
Refração sísmica		
Vibração em regime estacionário	Determinação da velocidade de propagação da onda de Rayleigh V_R	
Análise espectral de ondas (SASW)		
Ensaio pressiométrico	Determinação da curva tensão-deformação	$\approx 10^{-1}$

Fonte: Machado (2010).

Quadro 7.4 Ensaios de laboratório para a determinação do módulo de cisalhamento

Ensaio	Princípio da técnica	Faixa de deformação para a qual G pode ser medido (%)
Coluna ressonante	Determinação da velocidade da onda de cisalhamento V_s	10^{-4} a 10^{-2}
Bender elements		10^{-4}
Cisalhamento simples cíclico	Determinação da curva tensão-deformação	10^{-2} a 1
Triaxial cíclico		
Torcional cíclico		
Coluna ressonante e torcional cíclico combinados	Determinação de V_s e laçada de histerese	10^{-4} a 1

Fonte: Machado (2010).

7.1.1 Regime freático

A definição do comportamento freático é fundamental para o projeto: a presença eventual de nível de água ao longo da vida útil das torres afeta a consideração das cargas atuantes nas fundações diretas (e sua estabilidade) e nas fundações profundas pela ocorrência de subpressão nos blocos, usualmente enterrados, afetando o carregamento a ser levado em conta no cálculo.

Sua determinação durante o processo de investigação deve ser feita seguindo os procedimentos de, ao terminar a perfuração nas sondagens de qualquer natureza, esgotar o furo e realizar uma nova medição após 24 horas. Poços de inspeção e acompanhamento da evolução do nível freático, bem como piezômetros, são eventualmente utilizados na etapa de investigação e projeto.

7.2 Ensaios de laboratório sobre amostras indeformadas

Quando a representatividade das amostras ou a característica de comportamento a ser pesquisada podem ser reproduzidas em laboratório, justifica-se a retirada de amostras indeformadas. No caso de fundações em solos finos em que é necessário avaliar deformações, os parâmetros de deformabilidade podem ser estimados a partir de ensaios triaxiais. Questões como colapsibilidade e expansibilidade em geral são verificadas em ensaios de compressão confinada (adensamento) com saturação das amostras. Já em solos granulares, a dificuldade de amostragem limita o uso de técnicas laboratoriais.

7.3 Determinação ou estimativa de propriedades dos solos

A seguir, será apresentada a determinação ou a estimativa das seguintes propriedades dos solos, de acordo com a bibliografia disponível: peso específico dos solos, resistência ao cisalhamento, compressibilidade e deformabilidade.

O uso desses valores pode fundamentar a etapa de anteprojeto e servir de controle para os valores específicos obtidos nos ensaios do projeto executivo.

7.3.1 Peso específico de cada camada

Os valores de pesos específicos usados nos cálculos podem ser obtidos de amostras, no caso de solos finos ou cimentados. Já no caso de materiais granulares, a dificuldade de amostragem obriga ao uso de correlações. Para a Fig. 7.1, por meio do sistema unificado de classificação de solos (SUCS), é possível obter valores de referência do peso específico seco (Υ_d), que deverá ser convertido adequadamente à condição de umidade para obter-se Υ_{nat}.

Reaterros sobre as bases devem ter os materiais definidos quanto à densidade mínima de campo após a compactação, com a especificação de controle independente.

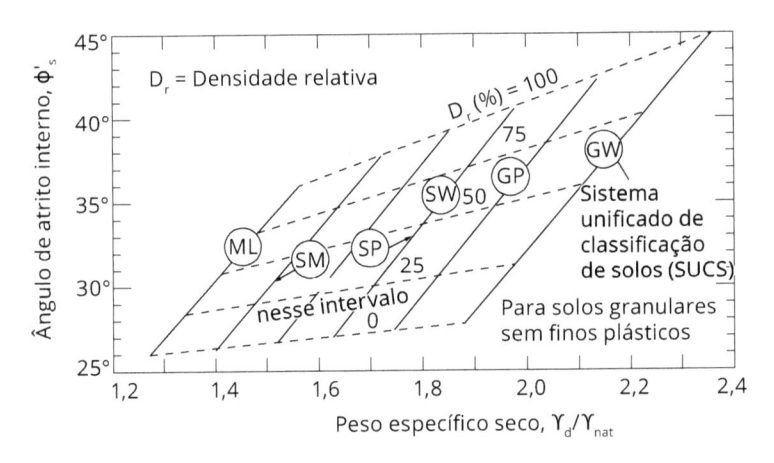

Fig. 7.1 *Pesos específicos para diferentes tipos de materiais*
Fonte: Kulhawy e Mayne (1990).

7.3.2 Resistência ao cisalhamento

Existe um número bastante amplo de técnicas de laboratório ou de campo disponíveis para determinar as propriedades de resistência dos solos necessárias ao projeto.

Solos granulares

O ângulo de atrito efetivo (φ') representa a principal componente de resistência ao cisalhamento de solos granulares e pode ser estimado com base em resultados de ensaios CPT ou SPT. A condição de cálculo drenada, no entanto, requer uma condutividade hidráulica (permeabilidade) relativamente alta, sendo, para isso, importante estimar qual a porcentagem de fração fina presente (deve ser inferior a 25%).

7 Obtenção de propriedades dos solos para projetos preliminar... | 91

A coesão efetiva, C', pode ser encontrada em areias cimentadas e deve ser estimada separadamente. Nos casos de solos parcialmente saturados, a contribuição da coesão aparente associada à sucção matricial costuma ser ignorada nos cálculos.

No caso de solos oriundos de alterações por intemperismos, as duas parcelas de resistência ocorrem de modo simultâneo. Já para ensaios *in situ*, não é trivial separar cada componente de forma independente e inequívoca. O projetista deve então desenvolver critérios consistentes para estabelecer os valores de cálculo de ambas as componentes, C' e φ'.

Para sondagens de simples reconhecimento SPT e ensaios de penetração estática CPT, as Tabs. 7.1 e 7.2 apresentam alguns valores orientativos para obter uma estimativa de φ', a serem utilizados apenas em projetos básicos. As Figs. 7.2 e 7.3 ilustram esses valores na forma de gráficos contínuos.

Tab. 7.1 Ângulos de atrito interno com base no N_{SPT}

SPT N_{60} (golpes/pé)[a]	Descrição da densidade	Densidade relativa	φ' (°)[b]
0-4	Muito fofa	<20	<30
4-10	Fofa	20-40	30-35
10-30	Medianamente compacta	40-60	35-40
30-50	Compacta	60-80	40-45
>50	Muito compacta	>80	>45[c]

(a) Desconsidera a correção de eficiência.
(b) Segundo Kulhawy e Mayne (1990), baseados em Meyerhof (1956).
(c) Para areias, o ângulo de atrito tem limite superior de 40°; para pedregulhos, pode ser de 45°.

Tab. 7.2 Ângulos de atrito interno com base no CPT

Resistência de ponta do CPT normalizada (q_c/P_a)[a]	Descrição da densidade	Densidade relativa	φ' (°)[b]
<20	Muito fofa	<20	<30
20-40	Fofa	20-40	30-35
40-120	Medianamente compacta	40-60	35-40
120-200	Compacta	60-80	40-45
>200	Muito compacta	>80	>45[c]

(a) P_a é a pressão atmosférica, que equivale a 100 kPa.
(b) Com base em Meyerhof (1956).
(c) Para areias, o ângulo de atrito tem limite superior de 40°; para pedregulhos, pode ser de 45°.

Solos finos

Nesse caso, em razão da velocidade de carregamento, as análises são feitas em tensões totais (análise não drenada com parâmetros não drenados), e também podem ser necessárias verificações em tensões efetivas (parâmetros efetivos) para a estabilidade em longo prazo.

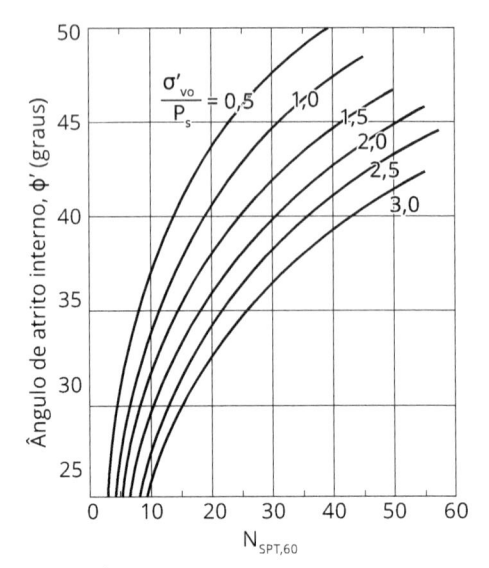

Fig. 7.2 *Ângulos de atrito interno estimados (SPT)*
Fonte: Schmertmann (1975).

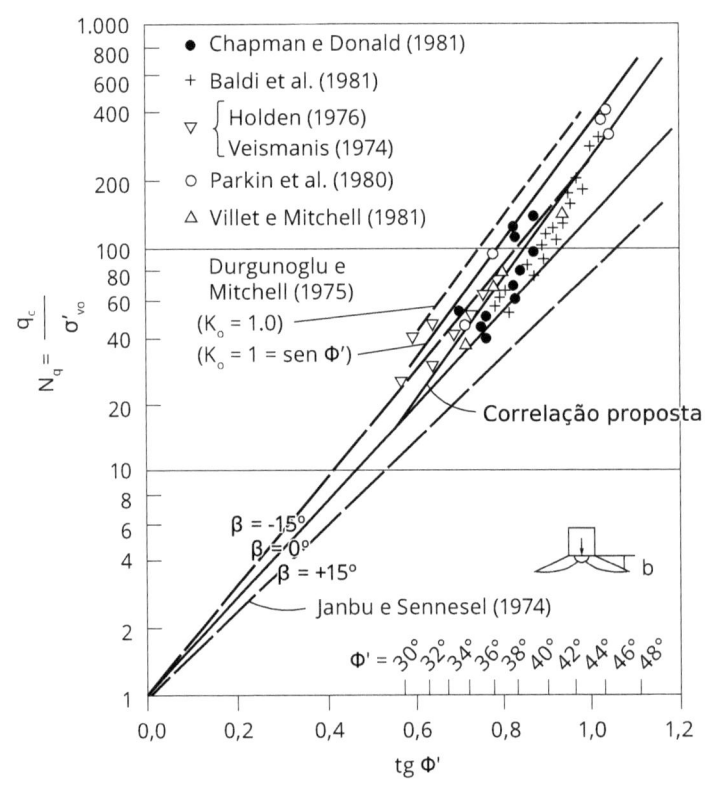

Fig. 7.3 *Ângulos de atrito estimados (CPT)*
Fonte: Robertson e Campanella (1983).

Ensaios triaxiais consolidados não drenados (*consolidated undrained* – CU) de laboratório devem ser usados para estimar corretamente a resistência drenada em longo prazo de solos finos. Quando a determinação de parâmetros efetivos de resistência não for possível, o ângulo φ' pode ser estimado de forma aproximada com base no índice plástico (IP), como apresentado na Fig. 7.4.

Tipicamente, o ângulo de atrito efetivo encontra-se limitado ao intervalo 18° a 30°, bem como a coesão efetiva c' < 3 kN/m², mesmo no caso de argilas pré-adensadas.

No caso de ensaios CPT, é necessário estimar o fator de cone (Nk) e a pressão vertical total σ_v na camada argilosa. Tipicamente, o valor de Nk varia entre 10 e 20, mas na prática é possível empregar de forma preliminar um valor Nk = 15. Em casos específicos, é preciso calibrar Nk por meio de ensaios de laboratório ou de palheta.

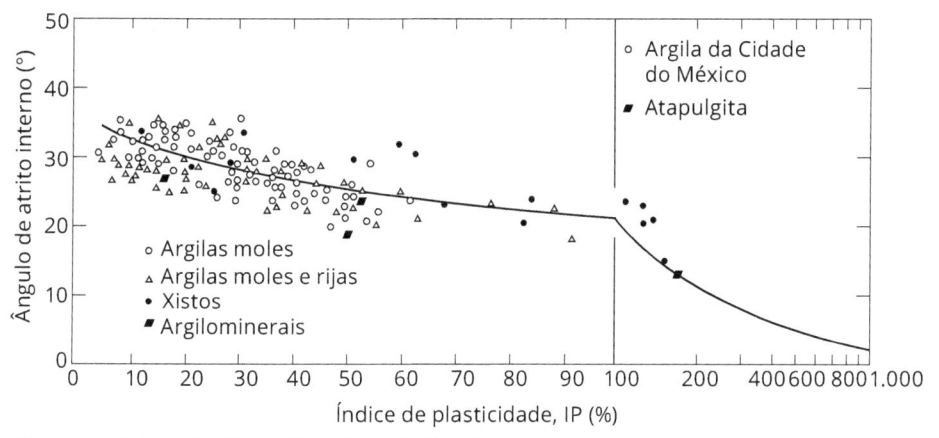

Fig. 7.4 *Valores de φ' a partir de IP (solos finos)*
Fonte: Terzaghi, Peck e Mesri (1996).

7.3.3 Compressibilidade e deformabilidade

O módulo de Young do solo (E), comumente referenciado como módulo elástico, é uma medida da rigidez do material e é empregado para a análise de deformação elástica. Matematicamente, é definido como a relação entre tensão e deformação ao longo de um eixo, e, no caso de solos, pode ser estimado com base em ensaios de laboratório ou de campo ou por meio de correlações com outras propriedades de solos.

A aplicação do conceito de elasticidade nos solos deve, no entanto, ser feita com cautela. Ensaios de laboratório com medição de pequenas deformações (10^{-6}) revelam que o comportamento reversível (relação linear entre tensão e deformação) encontra-se restrito a amplitudes de deformação menores que 10^{-5}. No campo de aplicação de engenharia prática de solos (e em se tratando de casos de carregamento estático), a influência de fatores como nível de tensões confinantes, magnitude das tensões cisalhantes desenvolvidas durante o carregamento, índice de vazios, estrutura do solo e história de tensões conduz à não linearidade do comportamento tensão-deformação.

Em laboratório, pode ser obtido de resultados de ensaios triaxiais (tipicamente $E_{50\%}$) ou, de forma indireta, de ensaios oedométricos (adensamento). Em campo, pode ser estimado com base em sondagens de simples reconhecimento (SPT), ensaio de cone (CPT), ensaios pressiométricos (PMT), de dilatômetro (DMT) ou sísmicos.

Entre os fatores que influenciam o valor de cálculo do módulo de elasticidade, uma figura típica da literatura ilustra a influência da magnitude das tensões cisalhantes (ou, visto sob outro ângulo, das deformações cisalhantes (γ)) geradas pelo carregamento sobre a degradação da rigidez inicial (G_0) do solo (Fig. 7.5).

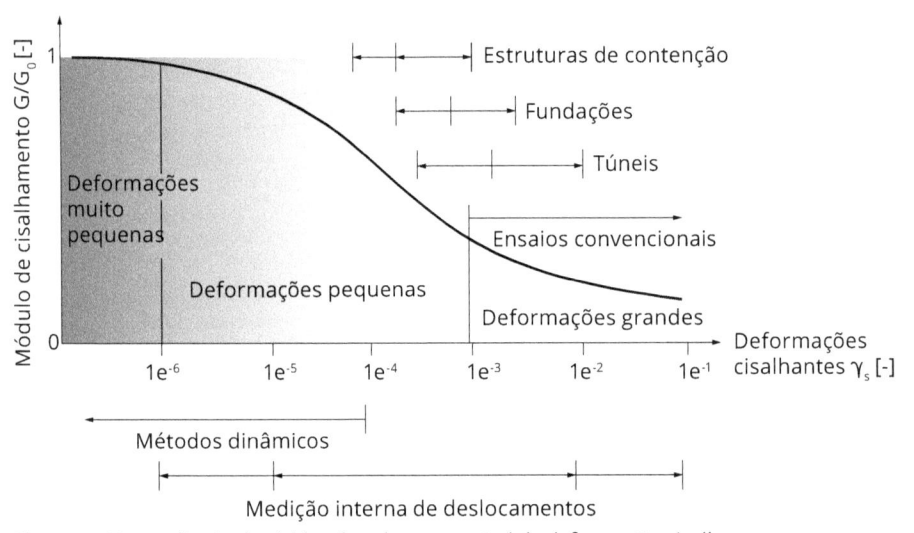

Fig. 7.5 *Dependência da rigidez do solo com o nível de deformação cisalhante*
Fonte: Atkinson e Sallfors (1991).

A Fig. 7.6 mostra o domínio de deformações para o caso dos aerogeradores.

Serão apresentadas algumas indicações que podem ser úteis, no contexto de aplicações práticas de engenharia, para a seleção do tipo de ensaio a empregar e a escolha de valores de referência de cálculo da rigidez do solo.

7.3.4 Ensaios SPT

A dependência da rigidez do solo com a estrutura das partículas, a história de tensões e a amplitude de carregamento, entre outros, fazem com que as correlações entre módulo de elasticidade e N_{SPT} (onde o solo é ensaiado a grandes deformações) devam ser usadas com cautela. Na literatura, podem ser encontradas correlações entre N_{SPT} e E ou G para diferentes níveis de deformação e para diferentes tipos de solo.

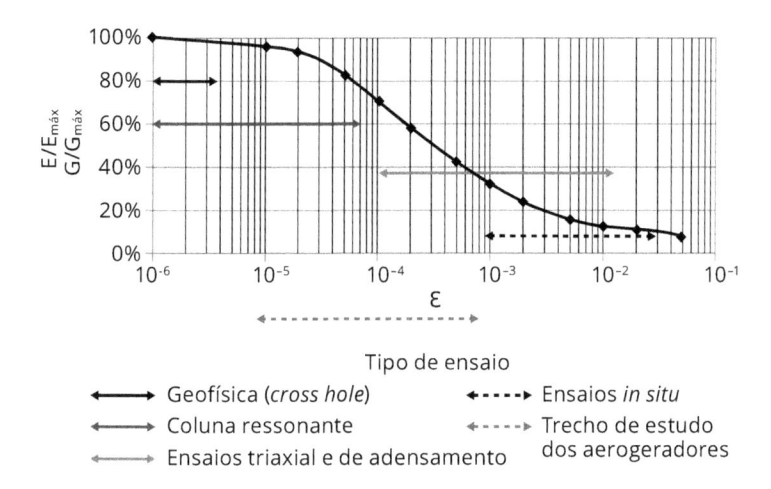

7 Obtenção de propriedades dos solos para projetos preliminar... | 95

Fig. 7.6 *Domínio de deformações para o caso dos aerogeradores*
Fonte: CFMS (2011).

Em solos finos, as correlações entre o módulo para pequenas deformações e o N_{SPT} foram estudadas por Wroth et al. (1979). Da ampla faixa de dispersão obtida, os autores sugerem adotar:

$$\frac{G_{máx}}{P_a} = 120 \cdot N^{0,77}$$

Sendo os limites da faixa de dispersão da correlação:

$$60 \cdot N^{(0,71)} < \frac{G_{máx}}{P_a} < 300 \cdot N^{0,8}$$

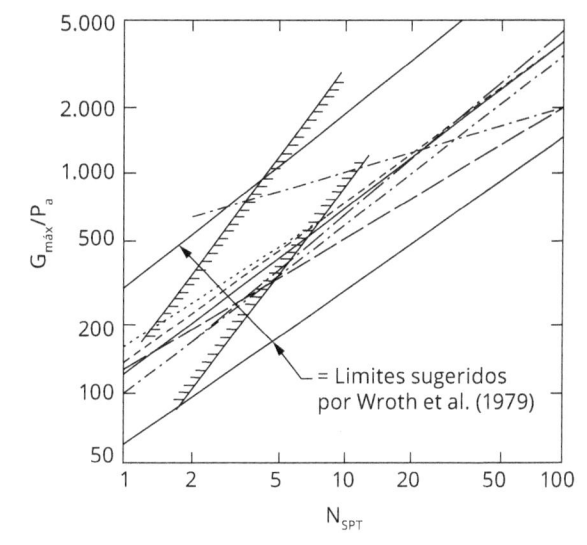

Fig. 7.7 *Módulo de cisalhamento dinâmico × N_{SPT} para solos finos*
Fonte: Wroth et al. (1979).

De forma a normalizar os resultados, P_a é a pressão atmosférica. A Fig. 7.7 mostra a proposta.

Considerando solos não coesivos, Kulhawy e Callanan (1985) sugerem estimar o módulo elástico (E_s) com base na Fig. 7.8.

Note-se que nessa figura E_s é o módulo secante, sendo necessário adequá-lo ao nível de deformações consistente com o desempenho da estrutura.

A Tab. 7.3 apresenta um resumo da faixa de variação de E para diferentes tipos de solo, bem como em função de N_{SPT}.

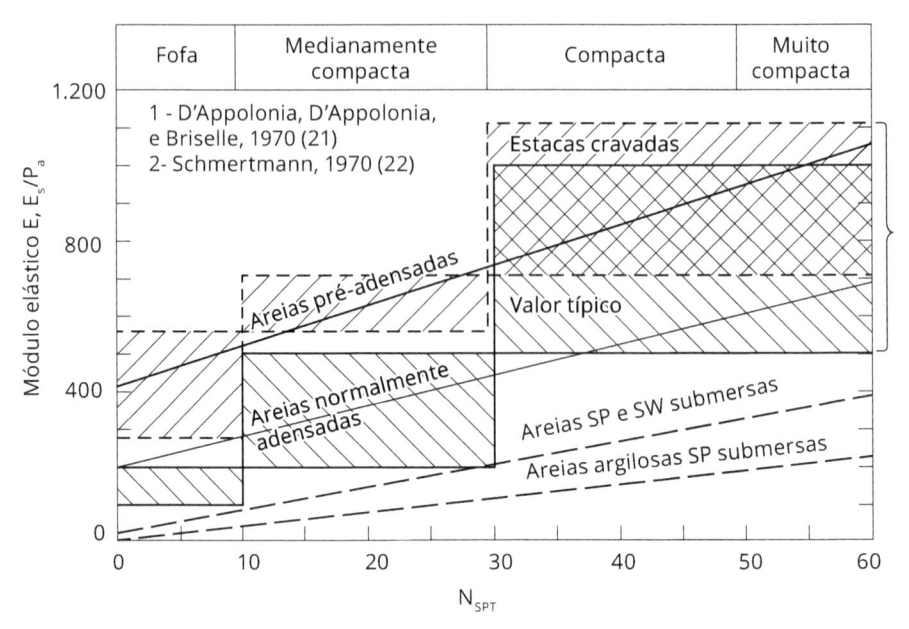

Fig. 7.8 *Módulo elástico (E_s) × N_{SPT} para solos não coesivos*
Fonte: Kulhawy e Callanan (1985).

Tab. 7.3 Propriedades elásticas baseadas no tipo de solo e no valor de N_{SPT}

Tipo de solo	Módulo de Young, E_s (ksf)	Coeficiente de Poisson, v
Argila mole sensitiva	50-300	0,4-0,5 (não drenado)
Argila média a rija	300-1.000	0,4-0,5 (não drenado)
Argila muito rija	1.000-2.000	0,4-0,5 (não drenado)
Loess (silte vulcânico)	300-1.200	0,1-0,3
Silte	40-400	0,3-0,35
Areia fina fofa	160-240	0,25
Areia fina medianamente compacta	240-400	0,25
Areia fina compacta	400-600	0,25
Areia fofa	200-600	0,20-0,36
Areia medianamente compacta	600-1.000	0,20-0,36
Areia compacta	1.000-1.600	0,30-0,40
Cascalho fofo	600-1.600	0,20-0,35
Cascalho medianamente compacto	1.600-2.000	0,20-0,35
Cascalho compacto	2.000-4.000	0,30-0,40
Tipo de solo	E_s (ksf)	
Siltes, siltes arenosos, misturas levemente coesivas	8 $(N_1)_{60}$	
Areia fina e média sem finos e areias pouco siltosas	14 $(N_1)_{60}$	
Areias grossas e areias com pouco pedregulho	20 $(N_1)_{60}$	
Cascalho arenoso e cascalhos	24 $(N_1)_{60}$	

Fonte: AASHTO (2014).

7 Obtenção de propriedades dos solos para projetos preliminar... | 97

Para solos tropicais, Schnaid, Lehane e Fahey (2004) propuseram os limites das relações $(G_0/P_a)/N_{60}$ da Fig. 7.9.

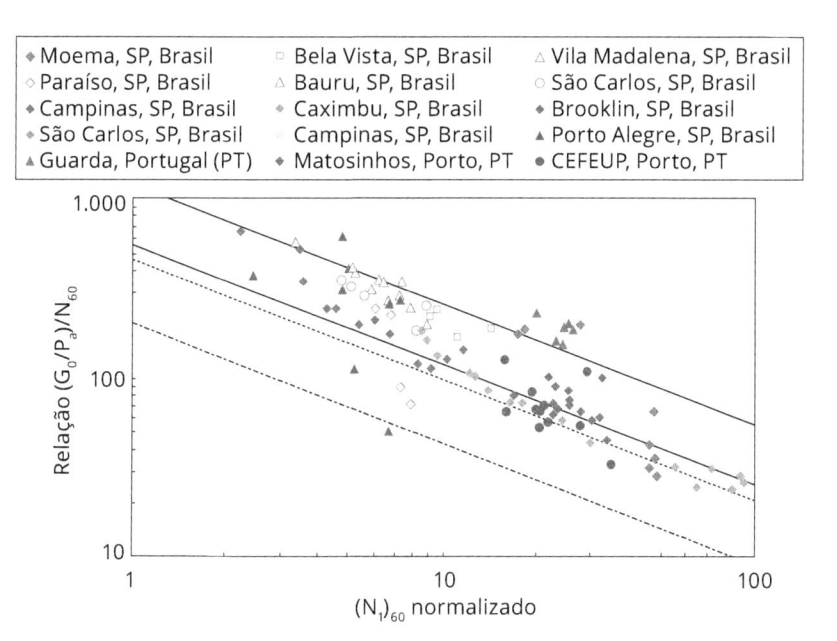

Fig. 7.9 *Módulo de cisalhamento dinâmico × $(N_1)_{60}$ para solos tropicais, sendo $(N_1)_{60}$ o valor de N_{SPT} corrigido pela eficiência e pelo nível de tensões efetivo*
Fonte: Schnaid, Lehane e Fahey (2004).

Em se tratando de solos residuais, Sandroni (1991), com base em resultados de provas de carga em solos oriundos de gnaisse, propôs os limites da relação $N_{SPT} \times E$, conforme ilustra a Fig. 7.10. De forma simplificada, esse autor sugere estimar $E = 2,5\ N_{SPT}$ (MPa).

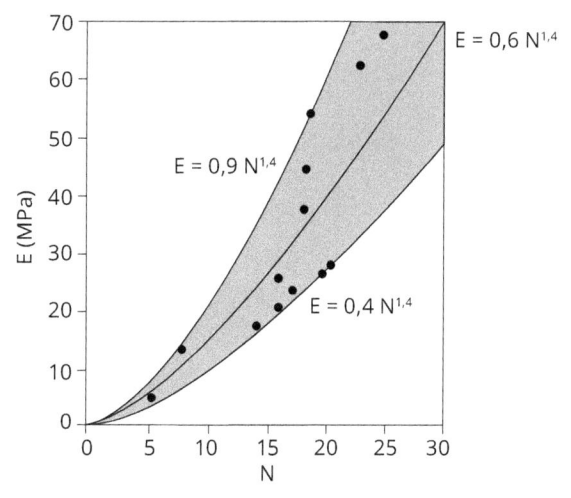

Fig. 7.10 *Relações de E para solos residuais*
Fonte: Sandroni (1991).

A Tab. 7.4 exibe equações empíricas para estimar E_s.

Tab. 7.4 Equações empíricas para estimar E_s

Tipo de solo	N_{SPT} (kPa)	CPT (mesma unidade que q_c)
Areia (normalmente adensada)	$E_s = 500\,(N + 15)$	$E_s = (2 \sim 4)\,q_c$
	$E_s = (15.000 \sim 22.000)\,\ln N$	
	$E_s = (35.000 \sim 50.000)\,\log N$	$E_s = (1 + D_r^2)\,q_c$
Areia saturada	$E_s = 250\,(N + 15)$	
Areia (pré-adensada)	$E_s = 18.000 + 750\,N$	$E_s = (6 \sim 30)\,q_c$
Areia grossa e material granular	$E_s = 1.200\,(N + 6)$	
	$E_s = 600\,(N + 15) \quad N < 15$	
	$E_s = 600\,(N + 15) + 2.000 \quad N > 15$	
Areia argilosa	$E_s = 320\,(N + 15)$	$E_s = (3 \sim 6)\,q_c$
Areia siltosa	$E_s = 300\,(N + 6)$	$E_s = (1 \sim 2)\,q_c$
Argila mole		$E_s = (3 \sim 8)\,q_c$

Nota: N – valor de N_{SPT}; q_c – resistência de ponta em um ensaio CPT; D_r – densidade relativa; 1 kPa = 1 kN/m² = 0,1 t/m².
Fonte: Bowles (1997).

Uma correlação proposta por Ohsaki e Iwasaki (1973) com o ensaio SPT para obter o valor do módulo de cisalhamento dinâmico do solo é a seguinte:

$$G = 11.500 N^{0,8}$$

em que G é obtido em KPa e N é o número de golpes SPT.

A norma Petrobras N-1848 (Petrobras, 2008) recomenda que se adote $G = 12.000 N^{0,8}$.

7.3.5 Ensaios CPT

Os valores de resistência de ponta (q_c) do ensaio CPT podem ser usados para a estimativa do módulo de Young (E). As correlações baseadas em resultados de ensaios de cone, no entanto, são de aplicabilidade entre moderada e baixa e devem ser usadas com cautela, já que não consideram aspectos relevantes, tais como história de tensões e mineralogia do solo.

No caso de solos granulares, a Fig. 7.11 apresenta o modelo proposto por Baldi et al. (1989) com base em resultados de ensaios em areias limpas não cimentadas. O módulo E foi definido levando-se em conta uma deformação axial igual a 0,1%, conforme ilustrado na figura.

Robertson e Cabal (2012) atualizaram a correlação, conforme ilustrado na Fig. 7.12.

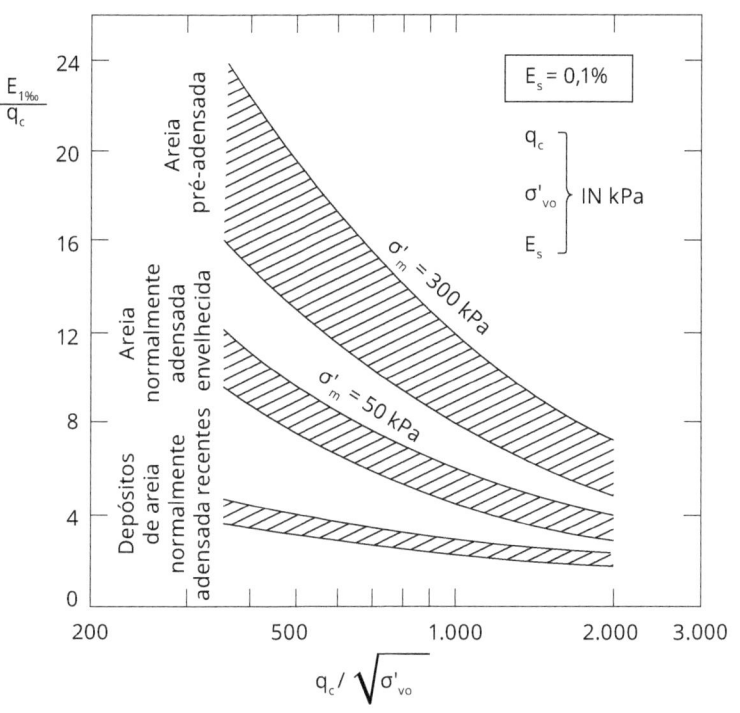

7 Obtenção de propriedades dos solos para projetos preliminar... | 99

Fig. 7.11 Módulo de Young para areias limpas não cimentadas com base em resultados de CPT
Fonte: Baldi et al. (1989).

A resistência de cone normalizada (Q_{tn}) e a razão de atrito normalizado (F_r) são calculadas com base nos registros de CPT como:

$$Q_{tn} = \frac{q_t}{P_a} \sqrt{\left[\frac{P_a}{\sigma'_{vo}}\right]}$$

$$F_r = \frac{f_s}{q_c - \sigma_{vo}}$$

Finalmente,

$$E' = \alpha E \cdot (q_c - \sigma_{vo})$$

Ou também:

$$E' = K_E \cdot P_a = \sqrt{\left[\frac{\sigma'_{vo} P_a}{P_a}\right]}$$

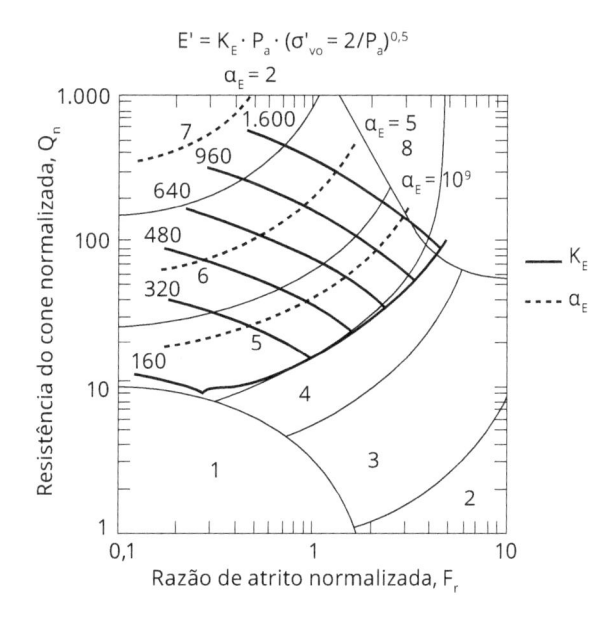

Fig. 7.12 Módulo de Young para areias limpas não cimentadas com base em resultados de CPT
Fonte: Robertson e Cabal (2012).

Robertson e Cabal (2012) comentam a possibilidade de ajustar o valor do módulo de acordo com as condições de carregamento. Como estimativa preliminar, em se tratando de solos sedimentares de granulometria intermediária, a correlação do Quadro 7.5 pode ser empregada.

Quadro 7.5 Propriedades elásticas dos solos com base em CPT

Tipo de solo	Módulo elástico E
Solo arenoso	$2\,q_c$ (q_c em ksf)

Fonte: AASHTO (2014).

7.3.6 Ensaios sísmicos

Uma técnica utilizada no projeto de fundações superficiais (aplicável a solos granulares sedimentares) é o ensaio sísmico de geração de ondas cisalhantes. O assunto foi discutido por diversos autores e apresentado por Lunne, Robertson e Powell (1997), que mostraram a maneira de calcular o módulo de Young (E') do solo a partir de ensaios de medição de velocidade de ondas cisalhantes. A velocidade das ondas cisalhantes tem a vantagem, segundo esses autores, de fornecer uma medida direta da rigidez do solo, sem o uso de correlações empíricas. O empirismo, no entanto, permanece na forma como se ajusta a degradação da estrutura do solo pelos efeitos do nível de tensões e de amplitude de deformações cisalhantes.

Sucintamente, com base no valor de velocidade medido (V_s), o módulo cisalhante G_o é calculado como $G_o = \gamma/g\,(V_s)^2$. Um fator de degradação ψ, função do nível de carregamento (q/q_{ult}), é então empregado para levar em consideração a quebra da estrutura original do solo.

Assim, o valor de E' pode ser estimado por:

$$E' = 2{,}6\,\psi\,G_o$$

em que o número 2,6 resulta da simplificação do termo $2\,(1+\upsilon)$.

A Fig. 7.13 ilustra a relação entre ψ e o nível de carregamento (q/q_{ult}).

No caso de fundações superficiais, considerando um grau de carregamento $q/q_{ult} = 0{,}33$, o valor operacional de E' resulta próximo a G_o.

Valores característicos de G_o de diferentes solos da literatura podem ser vistos na Tab. 7.5.

7.3.7 Dilatômetro com medidas de ondas sísmicas cisalhantes

O módulo dilatométrico (E_D) é calculado considerando a expansão da membrana da sonda do dilatômetro (S_o) entre as pressões inicial e final (p_0 e p_1).

$$E_D = \frac{2 \cdot D \cdot (p_1 - p_0)}{s_o \cdot \pi} \cdot (1 - v^2)$$

Levando em conta as dimensões normais da sonda (D = 60 mm e s_o = 1,1 mm), tem-se:

$E_D = 34{,}7\,(p_1 - p_0)$

Embora calculado com a teoria da elasticidade, conforme comenta Schnaid (2009), o valor de E_D representa as propriedades do solo alterado pela inserção da lâmina.

7.3.8 Ensaios pressiométricos

O ensaio pressiométrico mede de forma direta o comportamento tensão × deformação do solo, diminuindo assim o grau de empirismo das correlações com parâmetros de rigidez do solo.

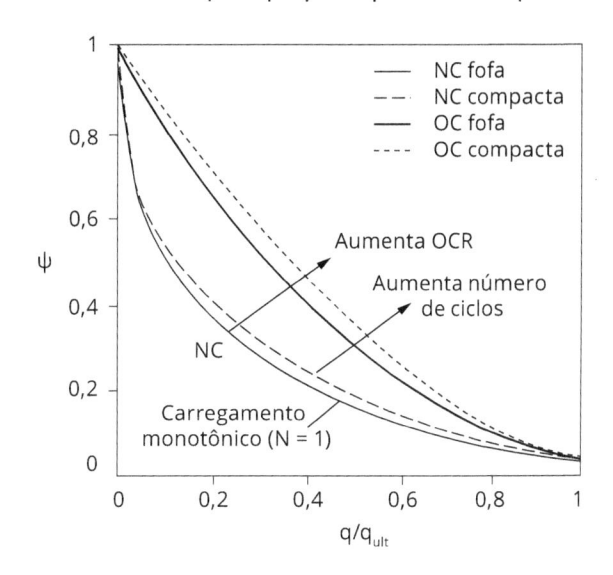

Fig. 7.13 Valores de ψ (fator de degradação) em função do grau de carregamento (q/q_{ult})
Fonte: Robertson e Cabal (2012).

7.3.9 Módulo com base em definições de modelos constitutivos clássicos

Entre os modelos clássicos desenvolvidos na época do início do MEF como ferramenta de cálculo, destaca-se, por sua simplicidade, o de Duncan e Chang (1970). Embora seja um modelo elástico (no qual a não linearidade do comportamento tensão × deformação provém da variação de E com o nível de tensões cisalhantes), sua definição de parâmetros de entrada fornece valores de referência para a estimativa do módulo tangente inicial (E_i) da curva tensão × deformação. Na definição, explicitamente leva em consideração o efeito da tensão de confinamento.

Tab. 7.5 Valores característicos de G_o de diferentes solos

	Tipo de solo	ρ (kg/m³)	G_o (MN/m²)	γ (–)
	Solos orgânicos	1.600	3-10	
Solos argilosos	Argilas, consistência mole a média	1.800	20-50	0,35-0,45
	Argilas, consistência média a rija	2.000	80-300	
	Areia fofa	1.800	50-120	
Solos granulares	Areias medianamente compactas	1.900	70-170	0,25-0,35
	Pedregulhos arenosos compactos	2.000	100-300	
Rochas	Rochas laminadas	2.500	1.000-5.000	0,15-0,25
	Rochas sem laminação	3.000	4.000-20.000	

Fonte: Smoltczyk (2002).

Ao tratar da simulação numérica de uma escavação que atravessa camadas sedimentares, Mendes do Vale (2002) emprega esse recurso para a estimativa de parâmetros de rigidez.

$$E_i = K \cdot P_a \cdot \left(\frac{\sigma'_3}{P_a}\right)^n$$

em que:

σ'_3 = tensão efetiva principal menor;

P_a = pressão atmosférica;

K e n = coeficientes do modelo de Duncan e Chang (1970).

Kulhawy e Mayne (1990) sugerem os valores de referência de K e n para solos granulares indicados na Tab. 7.6.

Tab. 7.6 Valores de K e n para solos granulares

Classificação unificada de solos	K	n
Pedregulho bem graduado	300 a 1.200	1/3
Pedregulho mal graduado	500 a 1.800	1/3
Areia bem graduada	300 a 1.200	1/2
Areia mal graduada	300 a 1.200	1/2
Siltes de baixa compressibilidade	300 a 1.200	2/3

Fonte: Kulhawy e Mayne (1990).

No caso de solos argilosos, os autores sugerem a expressão a seguir:

$$E_i = K \cdot P_a \cdot \left(\frac{\sigma'_c}{P_a}\right)^n$$

Note-se que σ'_c é a tensão isotrópica de confinamento.

Os valores de K e n para solos argilosos são apresentados na Tab. 7.7.

Tab. 7.7 Valores de K e n para solos argilosos

Classificação unificada de solos	K	n
Argilas de baixa compressibilidade	100 a 200	1
Argilas de alta compressibilidade	100 a 300	1

Solos problemáticos 8

Em algumas situações geológicas, são encontrados materiais ou condições anômalas quanto ao comportamento usual dos solos quando saturados ou quanto à sua continuidade. Como exemplos, podem ser mencionados os solos colapsíveis, os solos expansivos, as rochas cársticas e a ocorrência de matacões. Será apresentada uma breve descrição de como eles podem ser identificados, bem como de seu comportamento específico.

8.1 Solos colapsíveis

A ocorrência de solos com comportamento especial, sensíveis a variações no grau de saturação do terreno, é extremamente importante para a adequada escolha da solução de fundações de aerogeradores. Nesse grupo estão os solos colapsíveis, definidos como "materiais que apresentam uma estrutura metaestável, sujeita a rearranjo radical de partículas e grande variação (redução) volumétrica devido à saturação, com ou sem carregamento externo adicional".

O colapso ocorre em razão de um rearranjo das partículas, com variação de volume, causado pelo aumento do grau de saturação do solo, sendo dependente das seguintes condições (Barden; McGown; Collins, 1973):
- estrutura do solo parcialmente saturada;
- tensões existentes para desenvolver o colapso;
- rompimento dos agentes cimentantes.

Entre os solos colapsíveis, encontram-se alguns solos porosos tropicais, especialmente os originários de rochas graníticas e outras rochas ácidas. Os solos porosos superficiais podem ser particularmente colapsíveis, pois têm alta permeabilidade e a água da chuva percorre seus vazios sem saturá-los – com o aumento do teor de umidade até um valor crítico, esses solos podem perder sua estrutura de macrovazios por colapso estrutural.

Vargas (1973, 1974) ensaiou amostras que foram inicialmente adensadas na umidade natural sob vários níveis de carregamento. Quando os recalques cessaram, as amostras foram inundadas. Recalques adicionais apareceram devido à saturação das amostras, cuja magnitude reduz com o aumento das pressões externas aplicadas. A partir de certo nível de carregamento, não mais se observava colapso. Segundo Vargas (1973), possivelmente existe uma pressão a partir da qual as ligações fracas da estrutura são destruídas, não tendo a saturação efeito na dissolução do cimento ou de meniscos capilares que ligam os solos porosos.

As Figs. 8.1 e 8.2 mostram o resultado de ensaios de colapso.

A quantificação direta da variação de volume que ocorre quando um solo sofre colapso é geralmente obtida mediante ensaios oedométricos (de adensamento ou compressão confinada), com os custos e o tempo normalmente associados a procedimentos de laboratório. No colapso oedométrico, o anel de confinamento induz a uma variação volumétrica unidirecional, no sentido vertical de carregamento; assumindo-se um diâmetro constante, a variação volumétrica é expressa em termos da variação de altura da amostra (ΔH). O potencial de colapso pode, portanto, ser calculado a partir de resultados de ensaios de adensamento pela relação:

$$PC = \Delta e/1 + e_0$$

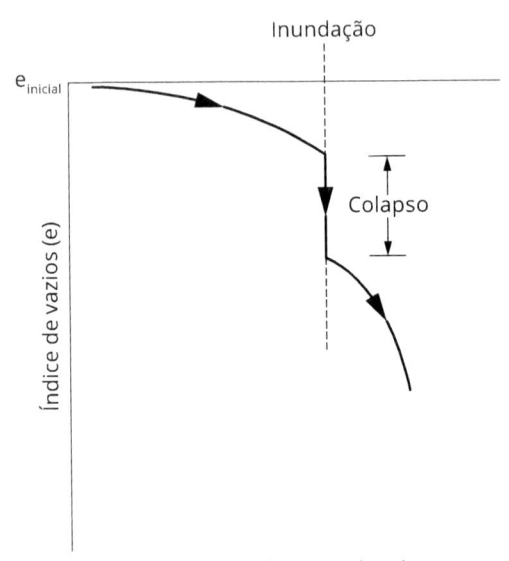

Fig. 8.1 *Resultado típico de ensaio de colapso*
Fonte: Jennings e Knight (1975).

em que PC é o potencial de colapso, Δe é a variação de índice de vazios com a inundação e e_0 é o índice de vazios anterior à inundação.

Segundo Jennings e Knight (1975), a severidade do problema de colapsibilidade pode ser classificada como no Quadro 8.1.

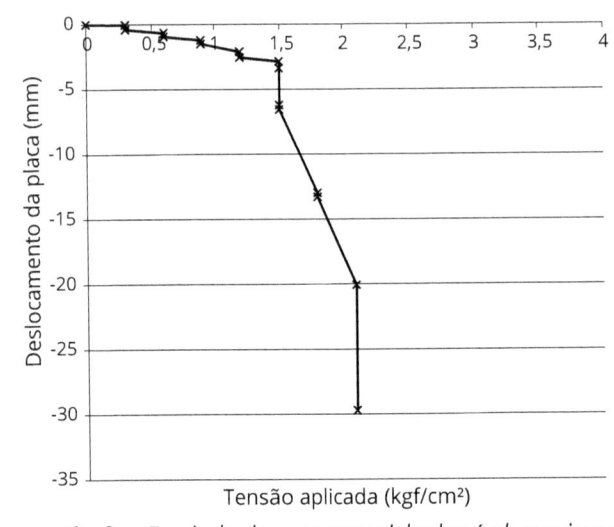

σ aplicada (kgf/cm²)	Deslocamento inicial (mm)	Deslocamento final (mm)
0	0,00	0,00
0,3	-0,05	-0,41
0,6	-0,67	-0,95
0,9	-1,22	-1,50
1,2	-2,10	-2,56
1,5	-2,88	-3,38
1,5	-6,22	-6,56
1,8	-12,98	-13,30
2,1	-20,07	-29,71
	Solo saturado	

Fig. 8.2 *Ensaio de placa em material colapsível, com inundação*

Quadro 8.1 Potencial de colapso associado ao nível de patologia

Potencial de colapso (%)	Severidade do problema
0-1	Nenhuma
1-5	Problema moderado
5-10	Problemático
10-20	Muito problemático
>> 20	Excepcionalmente problemático

Fonte: Jennings e Knight (1975).

Um apanhado amplo sobre o tema pode ser encontrado em Ferreira et al. (1989). Nos Quadros 8.2 e 8.3, apresenta-se a localização de solos colapsíveis e expansivos no Brasil segundo esses autores, com inclusões de dados de Milititsky e Dias (1986).

Quadro 8.2 Algumas ocorrências de solos colapsíveis no Brasil

Região do Brasil	Número no mapa	Município/Estado	Referência	Origem/classe pedológica
Norte	1	Manaus (AM)	Dias e Gonzales (1985)	Formação Barreira/Latossolo
	2	Belém (PA)	Santos Filho et al. (2005)	Formação Barreira/Latossolo
	3	Palmas (TO)	Ferreira et al. (2002)	Formação Pimentais/coluvial
Nordeste	4	Parnaíba (PI)	Riani e Barbosa (1989)	Eólico/areia quartzosa
	5	Natal (RN)	Santos Júnior e Araújo (1999)	Eólico/areia quartzosa
	6	João Pessoa (PB)	Martins et al. (2004)	Formação São Martins
	7	Sape (PB)	Martins et al. (2004)	Formação Barreira
	8	Areia (PB)	Martins et al. (2004)	Formação Barreira
	9 e 10	Recife (PE)	Ferreira (1997)	Formação Barreira/Latossolo e aluvial/arenito
	11	Gravatá (PE)	Ferreira (1989)	Complexo Carnaíba/podzólico
	12	Carnaíba (PE)	Ferreira (1989)	Complexo Monteiro/Bruno Não Cálcico
	13 e 14	Petrolândia (PE)	Ferreira (1989)	Formação Marizal/areia quartzosa
	15	Cabrobó (PE)	Ferreira et al. (2007)	
	16 e 17	Sta. M. B. Vista (PE)	Ferreira e Teixeira (1989)	Granitoides diversos/podzólicos
	18	Petrolina (PE)	Aragão e Melo (1982), Ferreira (1989)	Aluvial/areia quartzosa
	19	Rodelas (BA)	Ferreira (1988)	Formação Tacaratu/areia quartzosa
	20	Bom Jesus da Lapa (BA)	Mendonça (1990)	Formação Vazantes e aluviões/areia quartzosa e Latossolo

Quadro 8.2 (continuação)

Região do Brasil	Número no mapa	Município/Estado	Referência	Origem/classe pedológica
Centro-Oeste	21	Brasília (DF)	Berberian (1982), Paixão e Carvalho (1994), Guimarães et al. (2002) e Silva (2006)	Laterítico
	22	Goiás (GO)	Moraes et al. (1994)	Coluvial
	23	Itumbiara (GO)	Ferreira et al. (1989)	Coluvial – basalto/residual – basalto
Sudeste	24	Jaíba (MG)	Ferreira et al. (1989)	Aluvial
	25 e 26	Manga (MG)	Bevenuto (1982)	Aluvionar/areia quartzosa
	27	Três Marias (MG)	Ferreira et al. (1989)	Coluvial – siltitos
	28	Uberlândia (MG)	Ferreira et al. (1989)	Coluvial – basalto/coluvial – arenito
	29	Ilha Solteira (SP)	Vargas (1973), Ferreira et al. (1989) e Rodrigues e Loilo (2002)	Colúvio – arenito/podzólicos e Latossolos
	30	Pereira Barreto (SP)	Ferreira et al. (1989)	Coluvial – arenito/coluvial – arenito
	31	Bauru (SP)	Vargas (1973), Ferreira et al. (1989) e Agnelli (1992)	Coluvial – arenito residual do arenito do Grupo Bauru/Latossolo Vermelho-Escuro
	32	São Carlos (SP)	Vilar et al. (1985) e Ferreira et al. (1989)	Coluvial – arenito
	33	Sumaré e Paulínia (SP)	Ferreira et al. (1989)	Coluvial – arenito
	34	Mogi Guaçu (SP)	Ferreira et al. (1989)	Coluvial – granito
	35	Campinas (SP)	Albuquerque (2006)	Coluvial/laterítico
	36	Itapetininga (SP)	Ferreira et al. (1989)	Coluvial
	37	Canoas (SP)	Ferreira et al. (1989)	Coluvial – basalto
	38	Rio Sapucaí (SP)	Ferreira et al. (1989)	Coluvial – basalto/residual – basalto/residual – basalto
	39	São José dos Campos (SP)	Ferreira et al. (1989)	Aluvial
	40	São Paulo (SP)	Vargas (1973) e Ferreira et al. (1989)	Aluvial
Sul	41	Maringá (PR)	Gutierrez et al. (2004)	Basalto Latossolo Vermelho Férrico
	42	Londrina (PR)	Teixeira et al. (2004), Miguel e Belicanta (2004) e Gonçalves et al. (2006)	Basalto/Latossolo
	43	Timbé do Sul (SC)	Feuerhaumel et al. (2004)	Colúvio, basalto
	44	São Leopoldo (RS)	Martins et al. (2002) e Medero et al. (2004)	Arenito Botucatu, eólica, solo residual
	45	São José dos Ausentes (RS)	Feuerhaumel et al. (2004)	Coluvial, arenito
	46	Gravataí (RS)	Dias (1989)	Formação Serra Geral/Latossolo e podzólico

8 Solos problemáticos | 107

Quadro 8.3 Algumas ocorrências de solos expansivos no Brasil

Região do Brasil	Número no mapa	Município/Estado	Referência	Origem/solo/classe pedológica
Nordeste	1	Paulo Dutra (MA)	Ferreira (1988)	
	2	Parelhas (RN)	Lins et al. (1986)	Formação Seridó
	3	Carnaíba (PE)	Ferreira (1988)	Complexo Monteiro/Bruno Não Cálcico
	4	Petrolina (PE)	Ferreira (1989)	Grupo Salgueiro/areia quartzosa/ Bruno Não Cálcico
	5	Afrânio (PE)	Ferreira (1989)	Grupo Salgueiro/Cachoeirinha/ areia quartzosa/Bruno Não Cálcico
	6	Cabrobó (PE)	Ferreira (1989)	Complexo Presidente Juscelino/ Bruno Não Cálcico
	7	Salgueiro (PE)	Ferreira (1989)	Bruno Não Cálcico
	8	Serra Talhada (PE)	Ferreira (1989)	Complexo Monteiro/Bruno Não Cálcico
	9	Petrolândia (PE)	Ferreira (1989)	Areia quartzosa
	10	Ibimirim (PE)	Ferreira (1989)	Bruno Não Cálcico
	11	Pesqueira (PE)	Silva e Ferreira (2007)	Planossolo
	12	Nova Cruz (PE)	Ferreira (1997)	Formação Barreiras
	13	Paulista (PE)	Costa Nunes et al. (1982)	Formação Maria Farinha
	14	Olinda (PE)	Costa Nunes et al. (1982) e Jucá et al. (1992)	Formação Maria Farinha/siltitos
	15	Cabo (PE)	Costa Nunes et al. (1982)	Rochas extrusivas básicas
	16	Maceió (AL)	Ferreira (1989)	Bruno Não Cálcico
	17	Aracaju (SE)	Cavalcante (2007)	Formação Calimbi
	18	Reservatório de Itaparica (PE-BA)	Signer et al. (1989), Vargas et al. (1989) e Santos e Marinho (1990)	Sedimentos da Bacia do Jatobá da Formação Aliança, siltitos e argilitos
	19	Juazeiro (BA)	Ferreira (1988)	Grupo Salgueiro
	20	Recôncavo Baiano (BA)	Simões e Costa Filho (1981), Simões (1986) e Burgos (2007)	Grupo Ilhas e Santo Amaro e Formação São Sebastião/Vertissolo
	21	Salvador (BA)	Presa (1986)	
	22	Baía de Aratu (BA)	Barreto et al. (1982)	Vertissolo
	23	Feira de Santana (BA)	Presa (1986)	Solos residuais/Vertissolo

Quadro 8.3 (continuação)

Região do Brasil	Número no mapa	Município/Estado	Referência	Origem/solo/classe pedológica
Centro-Oeste	24	Cuiabá (MT)	Ribeiro Júnior et al. (2006)	Grupo Cuiabá/filito
Sul	25	Campinas (SP)	Samara (1981)	Podzólico
Sul	26	Sudeste de São Paulo e do Paraná	Vargas et al. (1989)	Formação Tubarão
Sul	27	Curitiba (PR)	Pereira e Pejon (2004)	Formação Guabirotuba
Sul	28	Porto Alegre (RS)	Vargas et al. (1989)	Formação Rosário do Sul

O colapso pode também ser observado em estacas e tubulões. A realização de provas de carga é sempre recomendada para quantificar a carga de colapso, produzindo-se a inundação do terreno antes ou durante o ensaio. Identificado o problema, o projeto pode necessitar de estacas para transferir cargas a horizontes mais estáveis.

Uma publicação mais recente da Associação Brasileira de Mecânica dos Solos e Engenharia Geotécnica (ABMS, 2015) aborda de forma abrangente o tema dos solos colapsíveis e dos solos expansivos, com a contribuição de vários especialistas, sendo uma referência extremamente atualizada e valiosa sobre o tema.

8.2 Solos expansivos

A presença de argilominerais expansivos em solos argilosos é responsável por grandes variações de volume desses materiais, decorrentes de mudanças do teor de umidade. Esse tipo de comportamento causa problemas especialmente em fundações superficiais.

O controle de variações de umidade não é simples, uma vez que a água pode se deslocar vertical e horizontalmente abaixo das fundações, provocando mudanças nos níveis de sucção e consequentemente de volume, através de movimentos alternados de expansão e compressão. São inúmeros os fatores que ocasionam variações de umidade, podendo ser necessário intervir ou controlar os efeitos produzidos. Variações sazonais no nível do lençol freático e no regime de chuvas e a presença de vegetação podem determinar a ocorrência de patologias.

Existem quatro principais áreas de solos expansivos no Brasil, afirmação que tem sido confirmada por estudos recentes:

- *Litoral nordestino*: nessa área, os solos expansivos são solos residuais de argilitos, siltitos e arenitos, incluindo os solos massapé do Recôncavo Baiano, nos arredores de Salvador (BA), e a Formação Maria Farinha, nos arredores de Recife (PE). O clima da região é quente e úmido.

- *Sertão nordestino*: nas proximidades da barragem de Itaparica, no rio São Francisco. O clima da região é quente e seco.
- *Estados de São Paulo e Paraná*: nessa região, os solos expansivos são solos residuais ou coluviais, formados pelo intemperismo de argilitos e siltitos da formação carbonífera Tubarão. Ao norte da cidade de Campinas (SP) também são encontrados solos expansivos. O clima da região é subtropical, caracterizado por verões quentes e úmidos e invernos frios e secos.
- *Estado do Rio Grande do Sul*: na Formação Rosário do Sul, os solos expansivos são oriundos de arenitos e siltitos. Segundo Vargas et al. (1989), há a ocorrência de solos expansivos ao norte da cidade de Porto Alegre, na região industrializada. Foram encontrados solos expansivos também nos municípios de Encantado, São Jerônimo, Santa Maria, Rosário do Sul, Santa Cruz do Sul e Cachoeirinha.

8.3 Zonas cársticas

Rochas compostas de carbonatos de cálcio e magnésio, tecnicamente chamadas de rochas calcárias ou dolomíticas (coletivamente conhecidas como calcário), compreendem mais de 10% das rochas expostas na superfície da Terra (Sowers, 1975). Tais materiais se distinguem das demais rochas por duas características: (1) solubilidade em água (carbonatos são solubilizados em águas levemente ácidas – a acidez normalmente se deve à existência de dióxido de carbono dissolvido), produzindo grandes porosidades e cavidades (Fig. 8.3); e (2) ocorrência de camadas rochosas superficiais, compostas de sedimentos não solúveis e solos residuais, escondendo cavidades abaixo delas, dando aos projetistas de fundações uma falsa impressão de segurança.

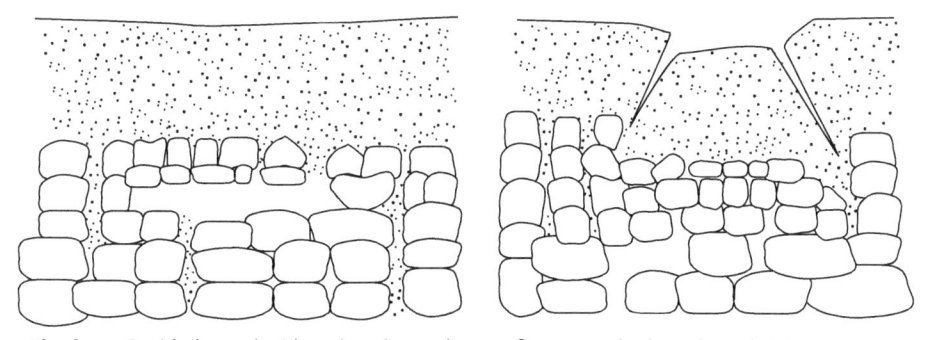

Fig. 8.3 *Cavidade produzida pelo colapso de uma fina camada de rocha calcária*

Em locais onde reconhecidamente existe a possibilidade de ocorrerem rochas calcárias, é necessário um detalhado programa de investigação de campo para um projeto de fundações seguro, com a inclusão de fotografias aéreas para o reconhecimento da região, seguidas de ensaios geofísicos (georradar), medidas de condutividade eletromagnéticas e, finalmente, sondagens rotativas (mistas, no caso de ocorrência simultânea de camadas de solo) para o detalhamento do projeto (Wyllie, 2002).

O calcário não é um material inerte, mas dinâmico, mudando com o ambiente, como consequência de sua alta solubilidade e das atividades químicas dos carbonatos. As mudanças nesses materiais acontecem muito mais rapidamente que a maior parte das mudanças geológicas – durante o período de vida de um ser humano, durante a vida útil de uma estrutura ou mesmo durante o período de construção de uma obra. Essa característica conduz, via de regra, a problemas de engenharia. Comumente, é impossível prever quando ou onde o problema de subsidência pode ocorrer em tais materiais, sendo necessária a previsão do preenchimento das cavidades existentes com soil grouting para conter a atividade de solubilização. Pesquisas recentes sobre problemas envolvendo rochas cársticas são apresentadas por Beck (2003).

As Figs. 8.4 e 8.5 mostram perfis de investigação sísmica e um relatório de sondagem mista em solo e rocha com a identificação de vazios. Quando é detectada a presença de vazios cársticos (Fig. 8.6A), dependendo de sua extensão, são projetadas e executadas injeções de calda de cimento para seu preenchimento (Fig. 8.6B), devendo ser investigado posteriormente seu efeito.

8.4 Ocorrência de matacões

Matacões são blocos de rocha ainda não decompostos alojados no solo residual, originados do intemperismo diferencial da rocha (Fig. 8.7), ou mesmo em solos transportados, no caso de blocos de rocha que deslizam de encostas e se alojam no solo.

A presença de matacões no subsolo tanto gera problemas de interpretação dos resultados de sondagens quanto interfere nos processos construtivos de fundações superficiais e profundas, dificultando a solução de fundações em obras de qualquer porte.

Quando o número de sondagens executadas na fase de investigação é insuficiente, os matacões podem ser confundidos com um perfil de rocha contínua, induzindo soluções não compatíveis com o comportamento da massa de solo (Fig. 8.8).

Durante a execução de fundações profundas, a presença de matacões pode resultar em elementos apoiados de forma não segura (Fig. 8.9A,B) ou dificultar ou mesmo impedir a execução de estacas (Fig. 8.9C).

8.5 Sismicidade

O território brasileiro possui baixa sismicidade, por estar localizado no interior da Placa Sul-Americana. No entanto, existem duas regiões que não apresentam

8 Solos problemáticos | 111

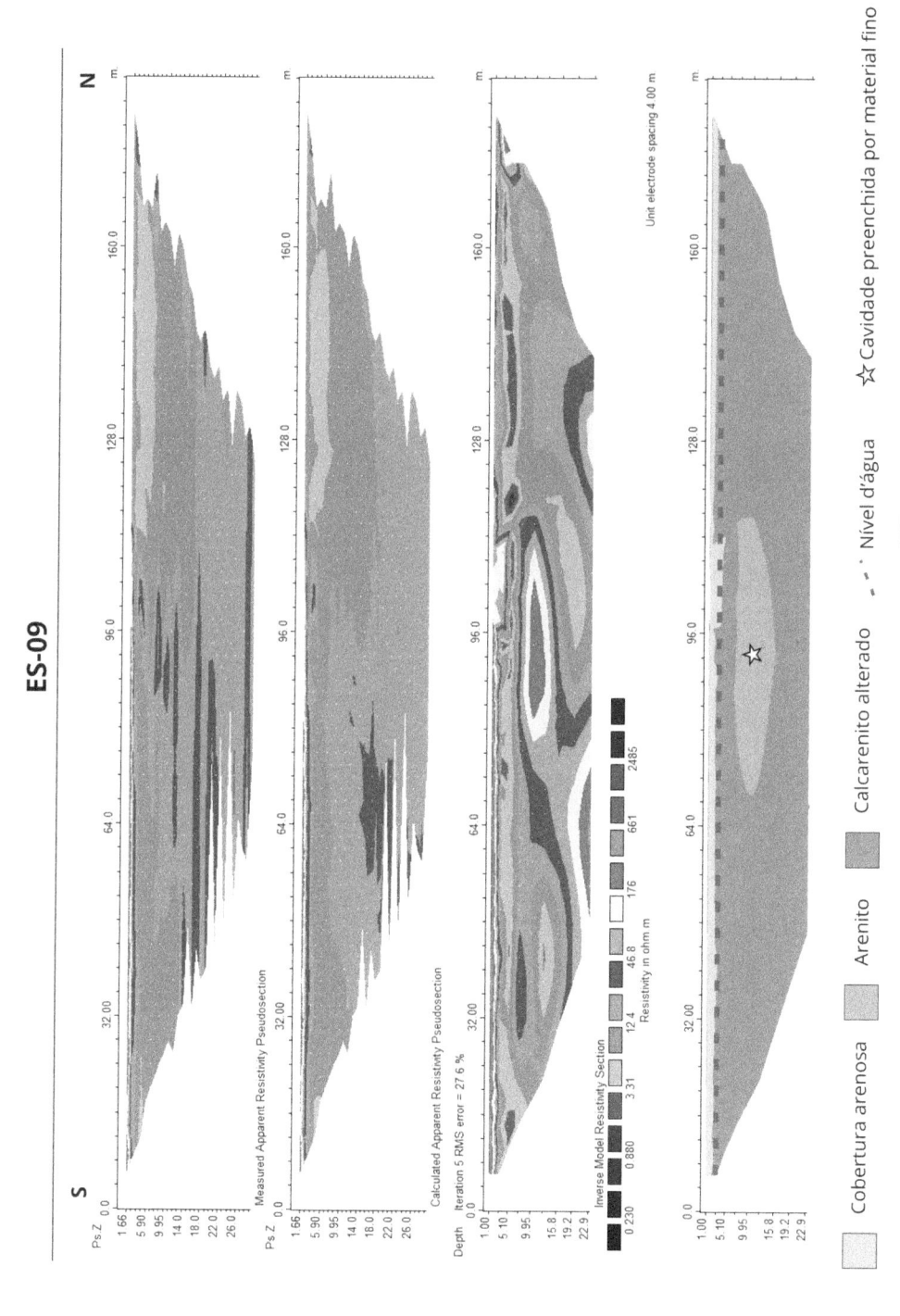

Fig. 8.4 *Resultado de investigação geofísica indicando a presença de cavidades*

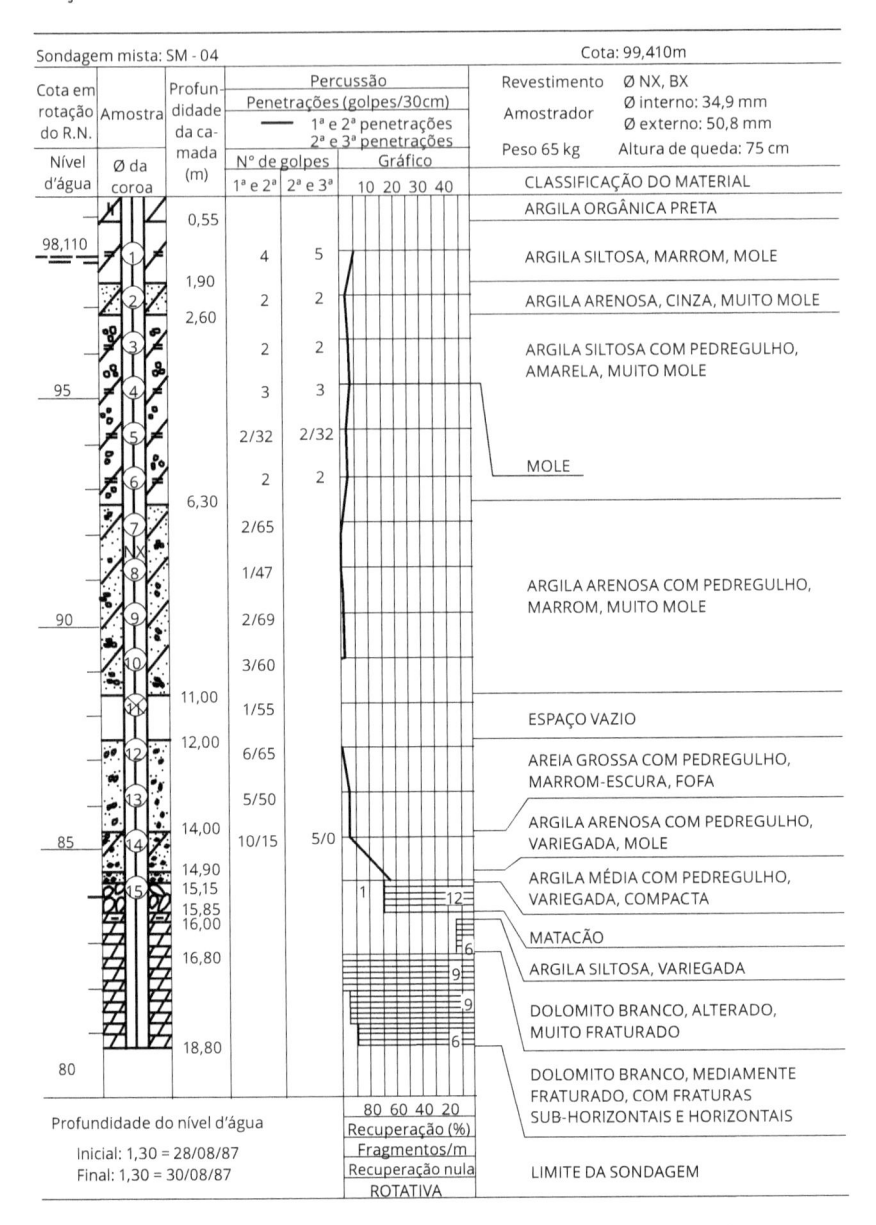

Fig. 8.5 *Perfil de sondagem mista em solo e rocha com a presença de descontinuidade*
Fonte: Milititsky, Consoli e Schnaid (2015).

sismicidade desprezível: a região amazônica próxima à cordilheira dos Andes e a porção mais a nordeste do território, englobando os Estados do Ceará, do Rio Grande do Norte e da Paraíba.

No Brasil, a NBR 15421 (ABNT, 2006b) define as condições mínimas de projeto de estruturas resistentes a sismos. Nessa norma, o território nacional é dividido em cinco zonas sísmicas, como visto na Fig. 8.10, em função da aceleração horizontal característica em rocha. Não é necessário atender a nenhum requisito sísmico para as estruturas localizadas na zona 0.

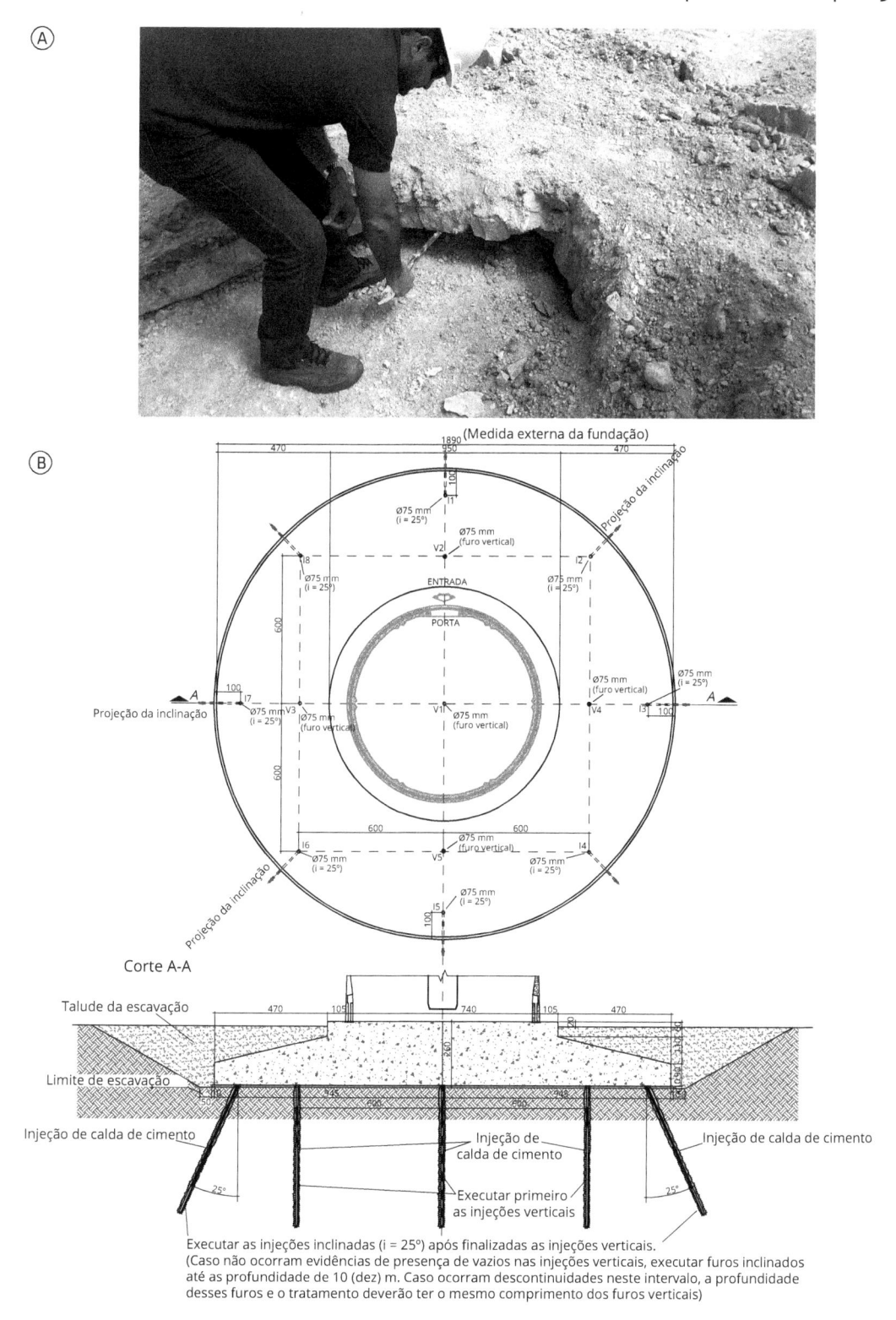

Fig. 8.6 *(A) Vazios cársticos observados em escavação para a implantação de base e (B) programa de injeções para o caso de base projetada sobre local com vazios cársticos*

114 | Fundações de torres

Fig. 8.7 Horizontes de solo intemperizados e a presença de matacões

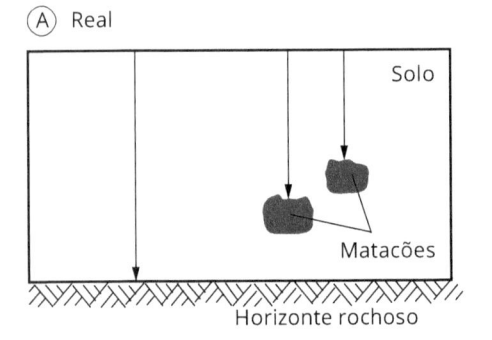

(labels in image: Horizonte "A", Horizonte "B", Horizonte "C", Matacão)

(A) Real

(labels: Solo, Matacões, Horizonte rochoso)

(B) Perfil adotado (interpretação equivocada)

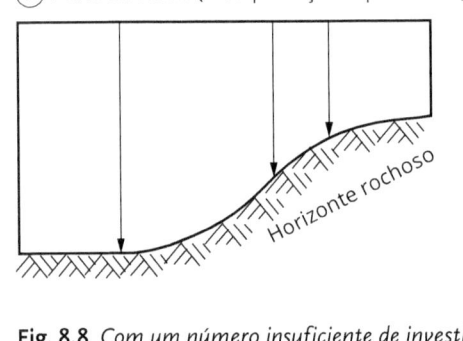

(label: Horizonte rochoso)

Fig. 8.8 Com um número insuficiente de investigações, os matacões podem ser confundidos com um perfil de rocha contínua: (A) perfil real e (B) perfil adotado, com interpretação equivocada

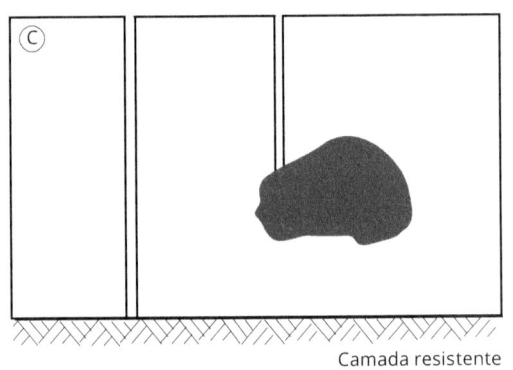

(label: Camada resistente)

Fig. 8.9 Execução de fundações profundas na presença de matacões, o que (A, B) resulta em elementos apoiados de forma não segura ou (C) dificulta ou mesmo impede a execução de estacas

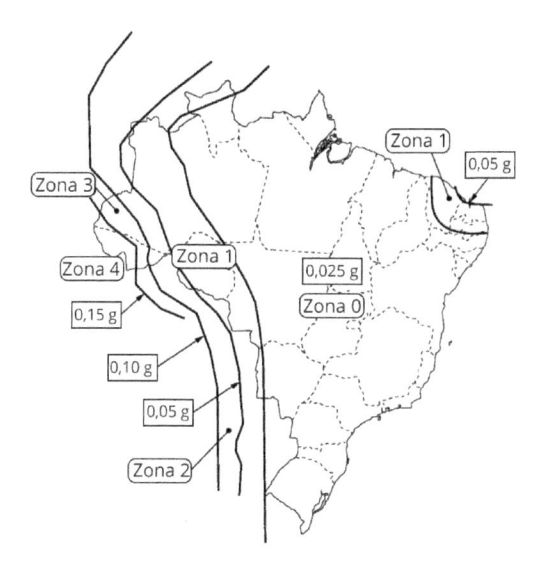

Fig. 8.10 *Zoneamento sísmico do Brasil*
Fonte: NBR 15421 (ABNT, 2006b).

9 Projeto de fundações de aerogeradores

Em geral, o projeto de fundações de aerogeradores ocorre em etapas e considera aspectos diversos, tanto estruturais quanto geotécnicos.

Os aspectos estruturais são constituídos pela determinação das cargas atuantes, pela resposta da estrutura quando considerada a rigidez das fundações e pelo dimensionamento estrutural do bloco e das estacas, quando parte da solução.

Do ponto de vista geotécnico, são levados em conta a resistência (capacidade de carga) e os deslocamentos previstos das fundações para as diferentes condições de carregamento atuantes – tipicamente, estado-limite de serviço (ELS) e estado-limite último (ELU).

9.1 Requisitos de projeto

Como qualquer solução de fundações, do ponto de vista técnico o projeto de fundações de aerogeradores deve abranger os seguintes itens:

- garantir a segurança do sistema estrutura × fundação para todas as condições de carregamento;
- atender às condições de comportamento, de forma que os deslocamentos provocados pelos diferentes carregamentos não afetem o funcionamento do sistema;
- atender a requisitos de durabilidade, garantindo a funcionalidade ao longo da vida útil prevista da estrutura;
- atender a requisitos de sustentabilidade, novo condicionante na engenharia de fundações.

Do ponto de vista da exequibilidade, no caso dos parques de aerogeradores a solução ideal é aquela que usa preferencialmente o mesmo sistema de fundações para todas as bases, ou pelo menos o mesmo bloco, se a solução utilizar estacas.

9.2 Etapas de projeto

O dimensionamento das fundações começa pela escolha do sistema a ser utilizado, e, depois dessa definição, é feito o anteprojeto ou projeto preliminar. Uma vez que este tenha sido aceito, parte-se para o projeto executivo, incluindo especificações e elementos de fiscalização e controle.

9.2.1 Escolha do tipo de fundação

Os fatores que afetam a escolha do tipo de fundação a ser utilizado para uma torre geralmente são os seguintes: localização e tipo de torre, magnitude das cargas, condições do subsolo, acesso para equipamento, custos relativos, práticas construtivas locais, disponibilidade de materiais e requisitos específicos de órgãos e/ou fornecedores de equipamentos/proprietários dos serviços. As fundações diretas são a opção inicial a ser considerada.

9.2.2 Anteprojeto ou projeto preliminar

Escolhido o tipo de fundação, a geotecnia indica/estima a capacidade de carga do sistema, sua rigidez, e sua segurança ao tombamento e ao deslizamento. No caso de fundações diretas, são fornecidas a capacidade de carga dos materiais competentes e a rigidez do sistema para que o projetista estrutural dimensione preliminarmente a base. No caso de soluções estaqueadas, são fornecidas a capacidade de carga de cada elemento (tração e compressão) e a rigidez individual para carregamentos verticais e horizontais nas estacas. Para essa etapa, podem ser utilizadas correlações com ensaios de campo tipo SPT (N_{SPT}) e cone (q_c) no cálculo das fundações.

Com esses dados, o projetista estrutural define o número de estacas e seu posicionamento na base e verifica o comportamento do conjunto. Essa verificação usualmente é realizada com métodos numéricos (MEF). Existe a necessidade de interação geotecnia × estrutura para a escolha do melhor posicionamento das estacas e a otimização de projeto. Dependendo das cargas atuantes na base dos aerogeradores, estacas colocadas em círculo único (16 a 32 elementos em número significativo de casos) constituem as soluções correntes. Como as cargas dominantes são os elevados momentos atuantes na base, a geometria mais eficiente é a de círculo, com todas as estacas contribuindo da forma mais eficiente para a transferência de cargas ao solo.

Torres com carregamento muito elevado podem levar à necessidade de disposição de estacas em dois círculos, podendo chegar a 48 ou mais estacas no total, dependendo de seu tipo e capacidade de carga.

Não existe consenso na prática profissional quanto ao espaçamento mínimo entre estacas. A sobreposição dos efeitos do carregamento no solo em profundidade interferindo na eficiência é o aspecto a ser verificado, além do possível efeito da execução de uma estaca muito próxima a um elemento já executado, importante nas estacas moldadas *in situ*. Estacas muito próximas ou blocos com várias linhas de estacas resultam em um conjunto com capacidade de carga menor que o somatório das cargas individuais limites, com casos especiais de aumento da capacidade. Para efeitos práticos, dependendo do tipo de estaca e da natureza do solo, os valores indicados na solução de problemas são de 2,50 a 3,00 vezes o diâmetro das estacas como afastamento adequado de centro a centro. Evidentemente, deve haver uma distância mínima entre o eixo das estacas, independentemente do diâmetro delas. Condições desfavoráveis de execução precisam ser levadas em consideração pelo projetista no estabelecimento da posição e do afastamento das estacas, aumentando os valores usuais.

Os espaçamentos mínimos (E) sugeridos em nossa experiência são os indicados a seguir, para os diferentes tipos de estacas usualmente utilizados como fundações de aerogeradores:

- estacas pré-moldadas: $E = 2{,}5 \cdot \varnothing$, mínimo de 1,50 m;
- estacas hélice contínua: $E = 2{,}5 \cdot \varnothing$, mínimo de 1,50 m;
- estacas raiz: $E = 3{,}0 \cdot \varnothing$, mínimo de 1,20 m;
- estacas metálicas: $E = 3{,}0 \cdot \varnothing$, mínimo de 1,20 m;
- estacas escavadas: $E = 2{,}5 \cdot \varnothing$, mínimo de 1,50 m.

Uma sugestão interessante e racional de Fellenius (2018) inclui, na escolha do afastamento entre estacas, seu comprimento L:

$$E = (2{,}5 \cdot \varnothing) + 0{,}02 \cdot L$$

9.2.3 Projeto executivo

Definida preliminarmente a geometria da solução, é feita a verificação geotécnica do conjunto, calculados os deslocamentos e então elaborado o projeto executivo para cada base, considerando as características do subsolo obtidas no processo de investigação. Nessa etapa, é fundamental o real conhecimento das propriedades dos solos ou a especificação rigorosa de ensaios para a aceitação das fundações.

O projeto executivo define a estrutura das estacas, os comprimentos projetados ou as condições de parada de execução delas, as especificações dos materiais, os procedimentos construtivos, o programa de qualidade e a verificação de desempenho dos elementos construídos, como indicado na seção 12.2.

9.3 Fundações diretas

Considerando as facilidades construtivas e os custos associados, as fundações diretas são sempre a primeira escolha de solução de fundações. Elas devem atender aos requisitos de segurança e desempenho para a vida útil do equipamento.

No processo de investigação, cuidado especial deve ser tomado quanto à possibilidade de ocorrência de solos colapsíveis ou expansivos. A presença de vazios cársticos deve também ser objeto de investigação, preferencialmente com o uso de métodos geofísicos, sobretudo em regiões com a presença de rochas compostas de carbonatos de cálcio e magnésio, tecnicamente denominadas rochas calcárias ou dolomíticas (coletivamente conhecidas como calcário).

9.3.1 Requisitos específicos

Além das verificações de segurança ao tombamento e ao deslizamento e quanto à capacidade de carga, cada fabricante de equipamento possui também especificações características de desempenho das fundações, não somente no uso de fatores de segurança específicos ou combinações de carregamento, mas com referência a recalques totais e diferenciais. Muitos fornecedores, como Woben, GE e Siemens, indicam uma rigidez mínima da fundação de 0,3 mm/m de largura.

Uma condição recorrente de todos os fabricantes sobre o projeto de fundações diretas é a indicação de que toda a área da base seja comprimida quando as fundações diretas forem calculadas para as cargas no ELS. Para a condição de carregamento ELU, a indicação de mínima área comprimida é de 50% nas especificações e recomendações internacionais.

A atual norma brasileira de fundações NBR 6122 (ABNT, 2010) especifica uma área comprimida de no mínimo 66% nessa condição de carregamento, o que gera a necessidade de bases maiores.

9.3.2 Segurança ao tombamento e ao deslizamento
Tombamento

A segurança ao tombamento das bases em fundações diretas consiste na verificação da razão entre os momentos estabilizantes (cargas verticais permanentes) e os momentos instabilizantes, com referência ao ponto extremo externo da base. Os requisitos de segurança são de segurança mínima de 1,5 para a condição de ELS e maior que 1,0 para a condição de ELU. Para satisfazer outros requisitos de projeto, como a especificação de que a base seja toda comprimida na condição de ELS e que a área comprimida na condição ELU seja de no mínimo 50% (normas europeias) ou 66% (atual NBR 6122 – ABNT, 2010), a segurança ao tombamento nunca é determinante no projeto.

Deslizamento

A verificação da segurança ao deslizamento consiste em comparar as forças horizontais atuantes na interface da base com o solo (forças instabilizantes) com o atrito gerado pela carga vertical permanente multiplicada pelo coeficiente de atrito somado à coesão nessa interface. Muitos projetistas não consideram a parcela de coesão pela dificuldade de sua quantificação e garantia de manutenção ao longo da vida útil da torre. O documento de recomendações francês (CFMS, 2011) indica que o empuxo passivo atuando sobre o bloco não deve ser considerado nesse equilíbrio de forças, embora alguns projetistas incluam essa parcela nas forças estabilizadoras.

9.3.3 Capacidade de carga

A verificação de segurança à ruptura em geral não constitui um critério definidor de projeto. As questões referentes a deformações e área total comprimida na situação ELS e porcentagem mínima na condição ELU são, na maior parte dos casos, os critérios que estabelecem as características do projeto desse sistema de fundações.

A capacidade de carga de fundações diretas pode ser determinada de várias formas, de acordo com as características do subsolo, a prática regional e eventualmente as especificações de regulamentação ou de fornecedores.

Métodos empíricos – fundações em solo

Na prática brasileira, a determinação da capacidade de carga de fundações diretas em solo ocorre pelo uso de correlações $\sigma = f(N_{SPT})$ retratando experiências regionais.

O crescente uso de ensaios de cone faz com que relações $\sigma = f(q_c)$ também entrem em prática corrente de solução de fundações.

Entretanto, é importante muita cautela em qualquer correlação que envolva a definição de tensões admissíveis com ensaios que não medem valores de resistência diretamente. As correlações são fruto de experiência regional, válidas para as condições de subsolo daquelas regiões e estruturas correntes, o que definitivamente não é o caso de torres eólicas.

Alguns projetistas correlacionam os valores de N_{SPT} com propriedades dos solos e utilizam os métodos analíticos para a obtenção da capacidade de carga. Quando se adota esse procedimento – que, em muitos casos, resulta em valores calculados acima dos reais e, portanto, inseguros –, os resultados obtidos devem ser avaliados criteriosamente em face da prática regional ou confrontados com relações diretas N_{SPT} × tensão admissível.

Um alerta deve ser dado com relação à extrapolação de correlações de qualquer natureza para regiões sem experiência prévia. Nesse caso, devem ser realizados ensaios em que se obtenham características de comportamento (provas de carga em placa, por exemplo) para o ajuste das correlações.

Referências brasileiras abrangentes sobre o tema são Cintra, Aoki e Albiero (2011) e Velloso e Lopes (2011).

Cone

Resultados de ensaios de cone para a determinação da capacidade de carga são apresentados no Quadro 9.1.

9 Projeto de fundações de aerogeradores | 121

Quadro 9.1 Propostas para a determinação de q_{ult}

Método	Equações para fundação direta	Observações
Meyerhof (1956)	Areias: $q_{ult} = q_c(B/12)c_w$ onde q_c é a resistência da ponta do cone mecânico e B é a largura da fundação (metros)	c_w = correção da posição do nível freático c_w = 1,0 (areias secas e úmidas) c_w = 0,5 (areias submersas)
Meyerhof (1974)	Argilas: $q_{ult} = \alpha_{bc} \cdot q_c$ Nota: desenvolvido para cone mecânico	Fator $0,25 \leq \alpha_{bc} \leq 0,5$
Schmertmann (1978)	Areias: $q_{ultt} = 0,55\ \sigma_{atm}(q_c/\sigma_{atm})^{0,78}$ Argilas: $q_{ult} = 2,75\ \sigma_{atm}(q_c/\sigma_{atm})^{0,52}$ Nota: baseado no cone mecânico	Embutimento aplicado a: $D_e > 0,5(1+B)$, para $B < 1$ m $D_e > 1,2$, para $B > 1$ m B = largura da sapata
Tand, Funegard e Briaud (1986)	Argilas: $q_{ult} = R_k(*q_c - \sigma_{vo}) + \sigma_{vo}$ Nota: o fator R_k depende da razão de embutimento da sapata (D/B) e do grau de fissuramento da argila. Para sapatas superficiais sobre argilas intactas, $R_k = 0,45$; para sapatas em argilas fraturadas, $R_k = 0,30$	$*q_c = (q_{c1} \cdot q_{c2})^{0,5}$ onde q_{c1} é a média geométrica dos valores de q_c da base da sapata até $0,5B$; e q_{c2} é a média dos valores de $0,5B$ até $1,5B$, a contar da cota de assentamento da sapata
The Canadian Geotechnical Society (1992)	Areias: $q_{ult} = R_{ko} \cdot q_c$ onde $R_{ko} = 0,3$	O fator de segurança aplicado ou recomendado é $FS = 3$
Tand, Funegard e Warden (1995)	Areias: $q_{ult} = R_k \cdot q_c + \sigma_{vo}$ onde R_k = função (D,B)	Análises efetuadas com base em elementos finitos sugerem valores de R_k entre 0,13 e 0,20
Teixeira e Godoy (1996)	Areias: $q_{ult} = 0,3q_c$ (MPa) Argilas: $q_{ult} = 0,2q_c$ (MPa)	Para areias, $q_{adm} = q_c/10$; para argilas, $q_{adm} = q_c/15$ ($FS = 3$) Valores recomendados para $q_c > 1,5$ MPa e $q_{adm} < 0,4$ MPa
Eslaamizaad e Robertson (1996)	Areias: $q_{ult} = K_\varphi \cdot q_c$	K_φ = função (razão B/D_e, forma e densidade)
Lee e Salgado (2005)	Areias: $q_{bL} = \beta_{bc} \cdot q_{c(AVG)}$ onde q_c é o valor médio a uma profundidade B abaixo da sapata	Fator β_{bc} = função (B, D_r, K_0, e s/B)
Eslami e Gholami (2005, 2006)	Areias: $q_{ult} = R_{k1} \cdot q_c$ onde R_{k1} = função (razão D/B e da resistência normalizada do cone (q_c/σ'_{vo})	Valores de q_c e q_c/σ'_{vo} obtidos a partir da média geométrica a uma distância de $2B$ de profundidade, contada da base da sapata
Robertson e Cabal (2007)	Areias e argilas: $q_{ult} = K_\varphi \cdot q_c$ $K_\varphi = 0,16$ (areias) $K_\varphi = 0,3$ a $0,6$ (argilas)	Aproximação para valores de K_φ
Briaud (2007)	Areias: $q_{ult} = K_\varphi \cdot q_c$ $K_\varphi = 0,23$	Valores de K_φ obtidos a partir da análise de provas de cargas realizadas no Texas A&M

Quadro 9.1 (continuação)

Método	Equações para fundação direta	Observações
Mayne (2009)	Areias, siltes e argilas: $$\frac{q_{aplicado}}{q_t - \sigma_{vo}} = h_s \cdot \sqrt{\frac{s}{B}}$$ onde a capacidade de carga é definida para uma tensão q, correspondente a um valor de $(s/B) = 10\%$, no caso de areias, siltes e argilas insensíveis. Obs.: a capacidade de carga deve ser definida para um valor de $(s/B) = 4\%$ para argilas sensíveis e estruturadas	$q_{aplicado}$ = tensão aplicada na base da sapata. Os valores do coeficiente h_s para diferentes tipos de solos são: Areias: $h_s = 0{,}58$; Siltes: $h_s = 1{,}12$; Argilas fissuradas: $h_s = 1{,}47$; Argilas intactas: $h_s = 2{,}70$

Fonte: Schnaid e Odebrecht (2012).

Fundações em rocha

Tensões admissíveis em rocha

A ruptura de uma fundação direta na rocha é dependente de inúmeros fatores, a saber:

- *Fatores relacionados com as propriedades da rocha*
  - ângulo de atrito interno da rocha;
  - grau de decomposição;
  - fraturamento do maciço, quantidade, inclinações;
  - estado das interfaces das fraturas;
  - preenchimento das fraturas, se existentes;
  - rigidez da formação rochosa;
  - estado de tensões iniciais do maciço;
- *Fatores referentes às características das fundações e solicitações*
  - embutimento da sapata no maciço;
  - tipo de solicitação.

Como nenhum método de cálculo é capaz de incorporar todas essas variáveis, os métodos na prática são de natureza empírica, geralmente baseados em experiência com ensaios de placa e projetos realizados com sucesso, ou seja, frutos de experiência.

Na Tab. 9.1 são apresentados os valores sugeridos por Fellenius (2018) para diferentes materiais. A sugestão para rochas sedimentares muito fracas (*very weak*) é de 0,5 MPa, ou seja, 5 kg/cm². Dificilmente essa tensão é atingida em projeto, uma vez que a exigência de área total da fundação comprimida na situação ELS e a porcentagem mínima na condição ELU são, na maior parte dos casos, os critérios que estabelecem as características do projeto desse sistema de fundações.

Tab. 9.1 Valores seguros de tensões admissíveis para diversos materiais

Tipo de solo	Condição	Tensão estimada	
Argila	Rija a dura	300 a 600	kPa
	Rija	150 a 300	kPa
	Consistência média	75 a 150	kPa
	Mole	< 75	kPa
Areia	Muito compacta	> 300	kPa
	Compacta	100 a 300	kPa
	Fofa	< 100	kPa
Areia e pedregulho	Muito compacta	> 600	kPa
	Compacta	200 a 600	kPa
	Fofa	< 200	kPa
Xisto, rochas sedimentares integras	Resistência média	3	MPa
	Fraca a média	1 a 3	MPa
	Muito fraca	0,5	MPa

Fonte: Fellenius (2018).

Na Tab. 9.2 são listados valores de tensões de projeto para fundações diretas de pontes nos Estados Unidos relacionadas com o Rock Quality Designation (RQD), sugeridos por Peck, Hanson e Thornburn (1974).

Tab. 9.2 Valores sugeridos de capacidade de carga admissível

RQD (%)	Qualidade do maciço rochoso	Tensão admissível (MPa)
100	Excelente	29
90	Bom	19
75	Razoável	12
50	Pobre	6
25	Muito pobre	3
0	Considerar como solo	1

Nota: *Rock Quality Designation (RQD) é definido como a soma total do comprimento dos testemunhos maiores que 10 cm dividido pelo comprimento da manobra*
Fonte: Peck, Hanson e Thornburn (1974).

Na Fig. 9.1 é apresentada uma proposição dos mesmos autores relacionando RQD com tensão admissível em maciços rochosos com juntas, para estimativas preliminares.

Publicações internacionais relevantes sobre o tema são o *Canadian Foundation Engineering Manual* (CGS, 1992), o *Manual de Fundações de Hong Kong* e o *Manual da FHWA*.

Métodos teórico-analíticos

O uso da teoria de capacidade de carga para determinar a carga de ruptura de uma fundação direta tem como maior desafio a definição de propriedades de resistência a serem utilizadas que sejam realmente representativas, em face da natural heterogeneidade das camadas de solo, da presença de camadas superpostas, da resistência variável com a profundidade e da dificuldade na determinação adequada de propriedades. Para apresentar a formulação analítica em sua versão atual, mostra-se a seguir sua configuração, retirada de Poulos (2017).

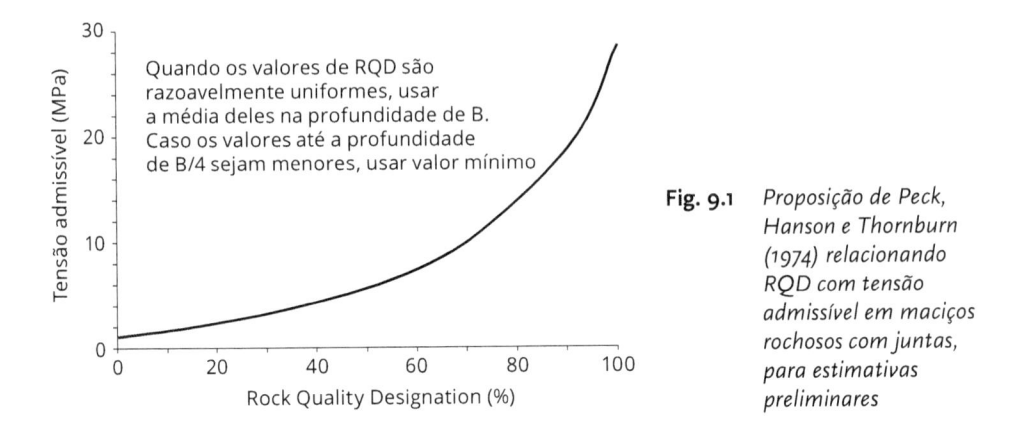

Fig. 9.1 *Proposição de Peck, Hanson e Thornburn (1974) relacionando RQD com tensão admissível em maciços rochosos com juntas, para estimativas preliminares*

Para fundações superficiais retangulares, a equação geral de capacidade de carga, que é o prolongamento da primeira expressão proposta por Terzaghi (1943) para o caso de carga vertical central aplicada a uma sapata corrida, é geralmente escrita da seguinte forma:

$$q_u = \frac{Q_u}{BL} = cN_c\zeta_{cr}\zeta_{cs}\zeta_{ci}\zeta_{ct}\zeta_{cg}\zeta_{cd} + \frac{1}{2}B\gamma N_\gamma \zeta_{\gamma r}\zeta_{\gamma s}\zeta_{\gamma i}\zeta_{\gamma t}\zeta_{\gamma g}\zeta_{\gamma d} + qN_q\zeta_{qr}\zeta_{qs}\zeta_{qi}\zeta_{qt}\zeta_{qg}\zeta_{qd}$$

em que:

q_u = capacidade de carga (tensão) máxima que o solo pode sustentar;

Q_u = carga máxima correspondente que a fundação pode suportar;

B = menor dimensão da sapata;

L = maior dimensão da sapata;

c = coesão do solo;

q = pressão de sobrecarga;

γ = peso específico do solo.

Nessa proposição, é assumido que o comportamento do solo pode ser caracterizado pela coesão c e pelo ângulo de atrito interno φ.

Os parâmetros N_c, N_γ e N_q são fatores de capacidade de carga que determinam a capacidade de sapatas corridas reagindo sobre a superfície do solo, representada como um meio homogêneo. Os fatores ζ admitem a influência de outras características complicadoras. Cada um desses fatores tem dois subscritos para indicar o termo para o qual são aplicáveis (c, γ ou q) e que fenômenos descrevem (r para a rigidez do solo, s para a forma da fundação, i para a inclinação da carga, t para a inclinação da base da fundação, g para a inclinação da superfície e d para a profundidade da fundação). A maioria desses fatores depende do ângulo de atrito interno do solo, φ.

No Quadro 9.2 são apresentadas formulações para os fatores de capacidade de carga. Como observado anteriormente, alguns são apenas aproximações. Em particular, há diversas soluções propostas na literatura para os fatores de capacidade de carga N_γ e N_q. Soluções de Prandtl (1921) e Reissner (1924) são geralmente adotadas para N_c e N_q, apesar de Davis e Booker (1971) terem produzido soluções plásticas rigorosas que indicam que comumente expressões adotadas para N_q são levemente não conservadoras, mesmo que precisas o suficiente para a maioria das aplicações. Contudo, significativas discrepâncias têm sido observadas no valor proposto para N_γ. Não foi possível obter uma rigorosa formulação para esse fator, mas diversos autores têm sugerido aproximações. Por exemplo, Terzaghi (1943) propôs um conjunto de valores aproximados e Vesic (1975) sugeriu uma aproximação, e vários autores têm proposto aproximações $N_\gamma \approx 2(N_q + 1)\tan\varphi$, as quais têm sido usadas amplamente na prática geotécnica. No entanto, agora se sabe que não são conservadoras com respeito a soluções mais rigorosas obtidas por meio da teoria da plasticidade para meios plásticos rígidos (Davis; Booker, 1971). Para valores de ângulo de atrito na faixa típica de 30° a 40°, a solução de Terzaghi (1943) pode superestimar esse componente de capacidade de carga por fatores tão amplos como 3.

Aproximações analíticas para as soluções de Davis e Booker (1971) para N_γ para fundações lisas e rugosas são apresentadas no Quadro 9.2. Essas expressões são precisas para valores de φ maiores que 10°, uma faixa usual do interesse prático. É recomendado que sejam interrompidas formulações derivadas desses autores ou suas aproximações analíticas apresentadas no quadro, usadas na prática e no uso contínuo de outras soluções imprecisas e não conservadoras.

Embora, para fins de engenharia, estimativas satisfatórias de capacidade de carga possam ser obtidas usando a equação mostrada anteriormente e os fatores fornecidos no Quadro 9.2, segundo Poulos (2017) essa expressão pode ser considerada em aproximações. Por exemplo, é assumido que os efeitos da coesão do solo, da pressão da sobrecarga e do peso próprio são diretamente sobrepostos. Entretanto, o comportamento do solo é altamente não linear e, assim, sobreposições não são necessariamente consideradas concomitantes com as tensões próximas de ruptura do solo.

Quadro 9.2 Fatores de capacidade de carga para fundações superficiais

Parâmetro	Coesão	Peso próprio	Sobrecarga
Capacidade de carga	$N_c = (N_q - 1)\cot\phi$ $N_c = 2 + \pi$ if $\phi = 0$	$N_r \approx 0{,}0663 e^{9{,}3\phi}$ Mole $N_r \approx 0{,}1954 e^{9{,}6\phi}$ Duro $\phi > 0$ em radianos $N_r \approx 0$ se $\phi = 0$	$N_q = e^{\pi\tan\phi} \tan^2\left(45 + \dfrac{\phi}{2}\right)$
Rigidez[1][2]	$\zeta_{cr} = \zeta_{qr} - \left(\dfrac{1 - \zeta_{qr}}{N_c \tan\phi}\right)$ ou para $\phi = 0$ $\zeta_{cr} = 9{,}32 + 0{,}12\left(\dfrac{B}{L}\right) + 0{,}60 \log_{10} I_r$	$\zeta_{\gamma r} = \zeta_{qr}$	$\zeta_{qr} = \left(\left(-4{,}4 + 0{,}6\dfrac{B}{L}\right)\tan\phi + \left(\dfrac{3{,}07 \operatorname{sen}\phi \, \log_{10} 2I_r}{1 + \operatorname{sen}\phi}\right)\right)$
Forma	$\zeta_{cs} = 1 + \left(\dfrac{B}{L}\right)\left(\dfrac{N_q}{N_c}\right)$	$\zeta_{\gamma s} = 1 - 0{,}4\left(\dfrac{B}{L}\right)$	$\zeta_{qs} = 1 + \left(\dfrac{B}{L}\right)\tan\phi$
Inclinação da carga[3]	$\zeta_{ci} = \zeta_{qi} - \left(\dfrac{1 - \zeta_{qi}}{N_c \tan\phi}\right)$ ou para $\phi = 0$ $\zeta_{ci} = 1 - \left(\dfrac{nT}{cN_c B' L'}\right)$	$\zeta_{\gamma s} = \left[1 - \dfrac{T}{N + B'L'c \cot\phi}\right]^{n+1}$	$\zeta_{qi} = \left[1 - \dfrac{T}{N + B'L'c \cot\phi}\right]^n$
Inclinação da fundação[4]	$\zeta_{ct} = \zeta_{qt} - \left(\dfrac{1 - \zeta_{qt}}{N_c \tan\phi}\right)$ ou para $\phi = 0$ $\zeta_{ct} = 1 - \left(\dfrac{2\alpha}{\pi + 2}\right)$	$\zeta_{\gamma t} = (1 - \alpha \tan\phi)^2$	$\zeta_{qt} \approx \zeta_{\gamma t}$
Inclinação da superfície[5]	$\zeta_{cg} = \zeta_{qt} - \left(\dfrac{1 - \zeta_{qt}}{N_c \tan\phi}\right)$ ou para $\phi = 0$ $\zeta_{cg} = 1 - \left(\dfrac{2\omega}{\pi + 2}\right)$	$\zeta_{\gamma g} \approx \zeta_{qg}$ ou para $\phi = 0$ $\zeta_{\gamma g} = 1$	$\zeta_{qg} = (1 - \tan\omega)^2$ ou para $\phi = 0$ $\zeta_{qg} = 1$
Profundidade[6]	$\zeta_{cd} = \zeta_{qd} - \left(\dfrac{1 - \zeta_{qd}}{N_c \tan\phi}\right)$ ou para $\phi = 0$ $\zeta_{cd} = 1 + 0{,}33 \tan^{-1}\left(\dfrac{D}{B}\right)$	$\zeta_{\gamma d} = 1$	$\zeta_{qd} = 1 + 2\tan\phi(1 - \operatorname{sen}\phi)^2 \tan^{-1}\left(\dfrac{D}{B}\right)$

[1] O índice de rigidez é definido como $I_r = G/(c + q\tan\phi)$, em que G é o módulo de cisalhamento do solo, e a pressão de sobrecarga, q, é calculada na profundidade $B/2$ abaixo do nível da fundação. O índice de rigidez crítico é definido como $I_{rc} = \dfrac{1}{2} \exp\left[(3{,}30 - 0{,}45 B/L)\cot\left(45° - \dfrac{\phi}{2}\right)\right]$.

[2] Quando $I_r > I_{rc}$, o solo se comporta, para todos os efeitos práticos, como um material plástico rígido, e todos os fatores modificadores ζ_r tomam o valor 1. Quando $I_r < I_{rc}$, é provável que a perfuração por cisalhamento ocorra, e o fator ζ_r pode ser calculado a partir das expressões no quadro.

(3) Para carregamento inclinado na direção B ($\theta = 90°$), n é dado por $n = n_{b_*}(2+B/L)/(1+B/L)$. Para carregamento inclinado na direção L ($\theta = 0°$), n é dado por $n = n_L(2+L/B)/(1+L/B)$. Para outras direções de carregamento, n é dado por $n = n_\phi = n_L \cos^2\theta + n_B \sen^2\theta$. θ é o ângulo plano entre o maior eixo da base e o raio do centro do ponto de aplicação do carregamento. B' e L' são as dimensões efetivas da fundação retangular, admitindo a excentricidade do carregamento, e T e N são os componentes horizontal e vertical da carga na fundação.
(4) α é a inclinação horizontal da parte de baixo da fundação.
(5) Para inclinação da superfície onde ($\theta = 0$), um valor diferente de zero do termo N_γ deve ser usado. Para esse caso, N_γ é negativo e dado por $N_\gamma = -2 \sen\omega$, onde ω é a inclinação abaixo da superfície horizontal do solo afastada da beira da fundação.
(6) D é a profundidade da superfície do solo até a parte inferior da fundação.

Fonte: Poulos (2017).

Excentricidade da resultante

– Carregamento vertical – fundações superficiais

Com a atuação de momentos elevados na base dos aerogeradores, ocorre sempre a situação em que a resultante dos carregamentos não é baricêntrica (centrada). A área a ser considerada nessa condição tem as indicações da especificação DNV mostradas na Fig. 9.2.

Com base nos valores de cálculo V e H (valores característicos multiplicados pelos fatores de majoração γf), a excentricidade e é calculada a partir do momento M como:

$$e = \frac{M}{V}$$

– Correção para torção

Quando existe um torque M_{zd} atuando na fundação além das solicitações H_d e V_d, a interação entre essas solicitações e

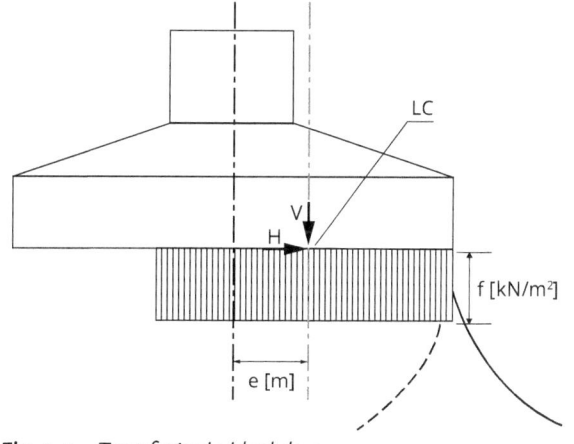

Fig. 9.2 Transferência ideal de carga

a torção pode ser contabilizada substituindo H_d e M_{zd} por uma força horizontal equivalente H'_d. A capacidade de suporte da fundação é então avaliada para o conjunto de solicitações (H'_d, V_d) em vez de (H_d, V_d). A força horizontal equivalente H'_d pode ser calculada com a seguinte expressão:

$$H'_d = \frac{2 \cdot M_{zd}}{l_{ef}} + \sqrt{H_d^2 + \left(\frac{2 \cdot M_{zd}}{l_{ef}}\right)^2}$$

em que:
l_{ef} = comprimento da área efetiva.

— Área comprimida efetiva de projeto

Como resultado da excentricidade, e reconhecida a limitação do solo de absorver cargas de compressão, a área efetiva A_{ef} é definida para as duas situações de carregamento exibidas na Fig. 9.3.

Na primeira situação, as dimensões b_{ef} e l_{ef} são calculadas como:

$$b_{ef} = b - 2e \cdot l_{ef} = b$$

Na segunda situação, as dimensões b_{ef} e l_{ef} são calculadas como:

$$b_{ef} = l_{ef} = b - e \cdot 1,4142$$

A área efetiva resultante ao carregamento mais crítico deverá ser empregada para o cálculo da capacidade de carga.

No caso de fundações circulares de raio R, a área efetiva A_{ef} é definida como:

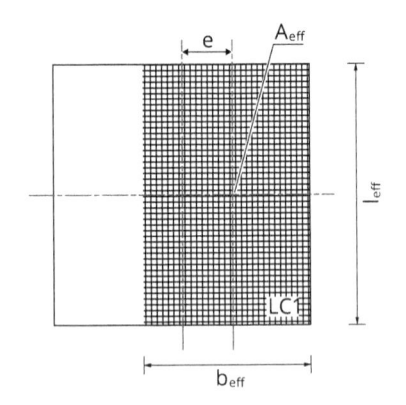

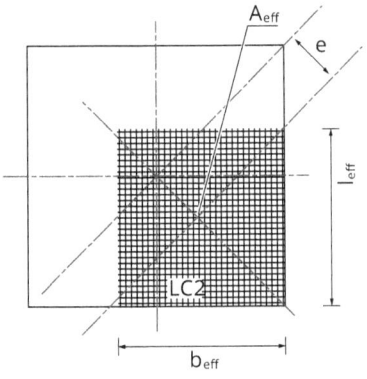

$$A_{ef} = 2\left[R^2 \arccos\frac{e}{R} - e\sqrt{R^2 - e^2} \right]$$

Fig. 9.3 *Área efetiva em fundações superficiais quadradas*

Na Fig. 9.4 é apresentada a área efetiva em fundações superficiais com carregamento excêntrico.

A largura b_e é calculada como:

$$b_e = 2(R - e)$$

E o comprimento l_e:

$$l_e = 2 \cdot R \sqrt{1 - \left(1 - b_{ef}/2 \cdot r\right)^2}$$

Com base nisso, a área efetiva da fundação, A_{ef}, é representada por um retângulo com as seguintes dimensões:

$$l_{ef} = \sqrt{A_{ef} \cdot l_e / b_e}$$

$$b_{ef} = \frac{l_{ef}}{l_e} \cdot b_e$$

9.3.4 Resistência ao deslizamento

Fundações submetidas a esforços horizontais devem ser avaliadas quanto à sua resistência ao deslizamento, com um fator de segurança mínimo de 1,5.

Os critérios apresentados a seguir devem ser aplicados a condições drenadas:

$$H_d = r \cdot \left(A_{ef} \cdot c_d + V_d \cdot \tan\phi_d\right)$$

Em geral, a parcela de coesão é desprezada no cálculo. O valor de ϕ_d é muitas vezes assumido como 2/3 ϕ.

Para casos não drenados em argilas, com $\phi = 0$, o critério a ser aplicado é o seguinte:

$$H_d = A_{ef} \cdot r \cdot s_{ud}$$

Em ambos os casos, r é um parâmetro de rugosidade igual a 1,0 para solo contra solo, podendo ser menor que 1,0 para solo contra estrutura.

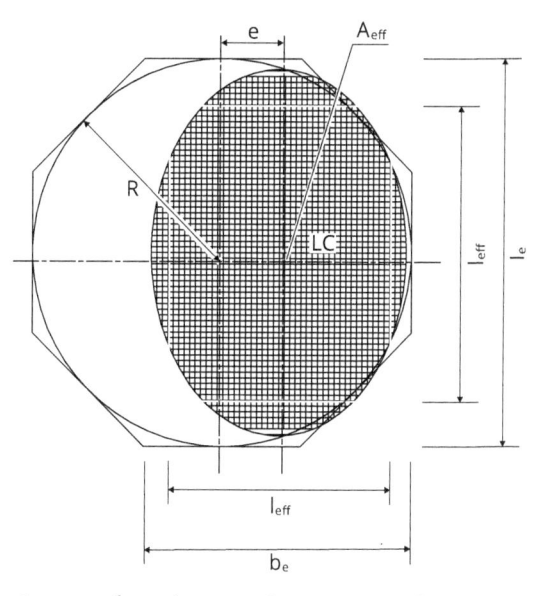

Fig. 9.4 *Área efetiva em fundações superficiais*

9.3.5 Recalques

Os recalques de fundações diretas podem ser calculados ou estimados por correlações empíricas com ensaios *in situ*, ensaios de placa ou métodos utilizando a teoria da elasticidade.

Métodos empíricos

SPT

Existe na literatura técnica um número significativo de propostas de métodos utilizando correlações empíricas de recalques com N_{SPT}, tipicamente para solos granulares (areias), sendo possível relacionar os seguintes autores: Terzaghi e Peck (1948), Meyerhof (1956, 1965), Hough (1959), Teng (1962), Tomlinson (1969), Alpan (1964), D'Appolonia et al. (1968), Parry (1971), Peck e Bazaraa (1969), Parry (1971), Schultze e Sherif (1973), Burland, Broms e De Mello (1977), Burland e Burbidge (1985), Stroud (1988) e Berardi, Jamiolkowski e Lancelotta (1991).

Quando esses métodos são usados na previsão de recalques em casos que não estiveram entre aqueles que deram origem a eles, verifica-se uma enorme dispersão entre valores medidos e previstos. Entre esses exercícios de comparação da estimativa com os valores medidos, podem-se citar os trabalhos de Milititsky et al. (1982) e Lutenegger e DeGroot (2001), que mostram a dispersão obtida quando esses métodos são empregados. Em geral, as previsões indicam valores maiores de recalques de casos históricos de fundações diretas em que os valores dos recalques foram monitorados.

A indicação de Burland, Broms e De Mello (1977) é valiosa para uma avaliação preliminar, para anteprojeto, na determinação dos prováveis valores máximo e médio estimados de recalques em areia. Os métodos estatísticos (Burland; Burnbidge, 1985; Schultze; Sheriff, 1973) são melhores para determinar valores máximos estimados mais próximos dos reais.

Na Fig. 9.5 apresenta-se o desempenho dos referidos métodos na previsão de recalques.

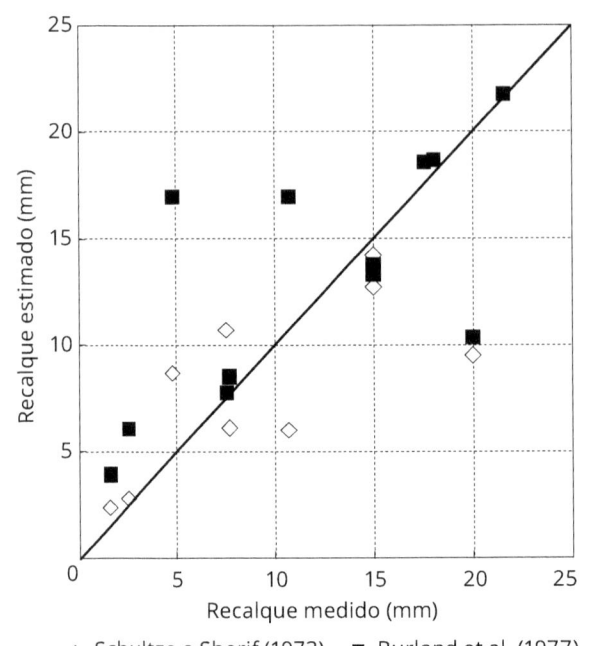

◇ Schultze e Sherif (1973)   ■ Burland et al. (1977)

Fig. 9.5 *Previsão de recalques por métodos estatísticos*
Fonte: Milititsky et al. (1982 apud Schnaid; Odebrecht, 2012).

Cone

Na literatura técnica internacional, há numerosas proposições para a determinação de recalques em solos granulares usando resultados de ensaios de cone, a saber: Meyerhof (1956, 1965, 1974), Schmertmann (1970) e Berardi, Jamiolkowski e Lancelotta (1991).

Segundo Schnaid e Odebrecht (2012), resultados de ensaios de cone têm seu melhor uso no cálculo de recalques, para a determinação de propriedades relevantes e a utilização da teoria da elasticidade.

O método proposto por Schmertmann (1970) baseia-se numa representação simplificada da distribuição de deformações abaixo da fundação e do módulo de Young correlacionado com a resistência de ponta do cone.

Métodos utilizando a teoria da elasticidade

Soluções teóricas utilizando a teoria da elasticidade constituem outra forma de cálculo dos recalques de fundações diretas. A definição do módulo elástico representativo da massa de solo representa o maior desafio na utilização do método para a obtenção de valores compatíveis com a realidade física.

A publicação de Poulos e Davis (1974) apresenta uma variedade de soluções para a estimativa dos recalques de fundações diretas.

Para sapatas circulares, que é geralmente o caso das bases de aerogeradores, tem-se a proposta de Mayne e Poulos (1999), apresentada a seguir, para uma

9 Projeto de fundações de aerogeradores | 131

camada de solo de espessura limitada, com módulo de elasticidade crescente linearmente com a profundidade, considerando a rigidez da fundação e o embutimento da sapata na massa de solo.

$$\rho = q \cdot d \cdot I_g \cdot I_f \cdot I_E \cdot (1 - v^2)/E_o$$

em que:

q = carga média aplicada;

d = diâmetro da estaca;

I_g = fator de influência do recalque, apresentado na Fig. 9.6;

I_f = fator de correção da flexibilidade da fundação;

I_E = fator de correção do embutimento da fundação;

v = coeficiente de Poisson do solo;

E_o = módulo de Young do solo da superfície.

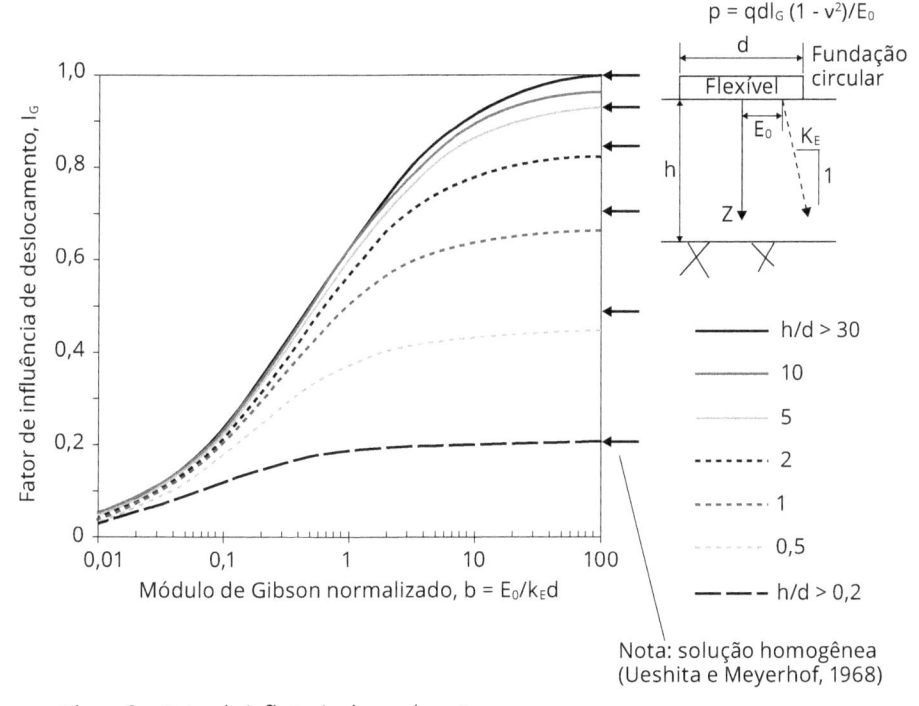

Fig. 9.6 *Fator de influência do recalque I_g*

No caso de camada de grande espessura num solo não homogêneo de módulo crescente com a profundidade de acordo com $E = E_o + mz$ (em que z = profundidade abaixo da superfície), o recalque de um carregamento uniforme de uma área circular em uma camada de profundidade infinita pode ser expresso por:

$$S = \frac{pa}{E_o} \cdot I$$

Valores de I são apresentados na Fig. 9.7.

9.4 Radier com ancoragens

Em situações em que ocorrem materiais de alta resistência em pequena profundidade, o uso de fundações diretas como solução pode ser otimizado por meio de ancoragens. A condição de área mínima comprimida na situação de carregamento ELU, dependendo das cargas, em geral aumenta o volume da base. As ancoragens são dimensionadas apenas para suprir essa condição, ou seja, na situação ELS toda a base é comprimida. A atuação das ancoragens é calculada para as cargas atuantes nessa combinação de carregamento.

As ancoragens a serem projetadas podem ser do tipo tirante permanente (NBR 5629 – ABNT, 2006a), ou, em certos casos, podem ser usadas estacas raiz para essa condição de carregamento. Os projetos dos tirantes seguem a prática tradicional, e mais detalhes podem ser vistos em Clayton et al. (2014). Os tirantes necessariamente devem ter tratamento para garantir sua efetividade ao longo da vida útil do parque.

Quando forem utilizadas estacas raiz, cuidados especiais devem ser observados para que o recobrimento das armaduras seja garantido, preservando o aço de eventual corrosão. Algumas vezes, condições contratuais obrigam o uso de ancoragens como solução de segurança para as fundações.

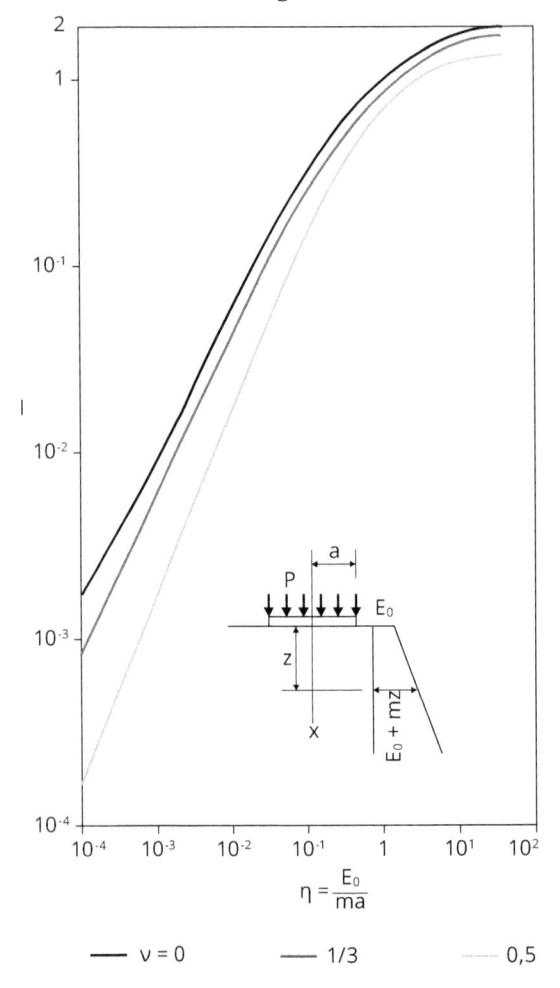

Fig. 9.7 *Fator de recalque para área circular uniformemente carregada apoiada em camada profunda não homogênea*

9.5 Rigidez rotacional

A fundação da torre de um aerogerador precisa prover rigidez rotacional mínima para evitar a redução da frequência natural da torre, que pode ter efeitos no comportamento dinâmico da estrutura, podendo inclusive gerar uma amplificação da ressonância dinâmica no caso em que a frequência natural coincide com a frequência de vibração do rotor.

Para a verificação desse requisito pelo solo de fundação, o objetivo geotécnico consiste na obtenção do módulo G (*shear modulus* – módulo de cisalhamento) do solo, dado pela rigidez do solo sob a área de influência da sapata, que governa a rigidez rotacional da fundação, com a fórmula:

$$K\Omega = 8 \cdot G \cdot r \cdot 3 / \left(3(1-\mu) \cdot (1 + 2D/r)\right)$$

Usualmente, o fornecedor da turbina define o valor mínimo da rigidez rotacional. Essa rigidez considera as rigidezes do bloco de fundação e do solo. Assim, a rigidez do solo necessária é obtida por meio de:

$$K\theta, solo = \left(\frac{1}{K_{min}} - \frac{1}{k_{estrutura}}\right)$$

A verificação da estrutura deve ser feita considerando as rigidezes do bloco e do solo.

Para determinar a relação G/G_0, que considera a degradação desde o valor de pequena deformação até o valor de máxima deformação da torre das turbinas, ver Fig. 7.5.

9.6 Rigidez da fundação

Quando as condições do subsolo são bastante homogêneas e pode ser determinado um módulo de cisalhamento dinâmico equivalente a G, representativo para a parcela de solo envolvida e para o nível de tensões atuantes, é possível estabelecer a rigidez da fundação com base em fórmulas oriundas da teoria da elasticidade (Quadros 9.3 e 9.4). As molas calculadas das fundações com base nesse formulário serão representativas para rigidezes dinâmicas, que são necessárias para a análise estrutural quando se avaliam carregamentos de vento e ondas em bases de aerogeradores. Em análises estruturais para carregamentos de terremotos, no entanto, pode ser necessário aplicar reduções à rigidez dependentes da frequência, como visto nos Quadros 9.3 e 9.4, de modo a utilizar a rigidez dinâmica adequada a esse tipo de análise. Devido à taxa de tensões cíclicas em argilas causadas por cargas dinâmicas de aerogeradores, o volume de solo pode ser assumido como constante no caso de solos argilosos e o coeficiente de Poisson pode ser assumido como igual a 0,50 para argilas.

9.7 Comentários

Considerando o conteúdo anteriormente apresentado sobre a determinação da capacidade de carga dos solos e demais requisitos para o projeto de fundações diretas, é possível apresentar as seguintes ponderações como comentários pertinentes, incluindo recomendações de Poulos (2017):

134 | Fundações de torres

- relações entre tensões admissíveis com ensaios SPT e cone somente devem ser utilizadas na etapa de anteprojeto;
- de forma geral, o projeto de fundações diretas para aerogeradores é governado pelo comportamento dos solos no que diz respeito à sua rigidez, e não à sua resistência;
- quando é possível sua utilização pela disponibilidade de dados necessários, o uso de formulação analítica clássica, com os devidos fatores,

Quadro 9.3 Fundação circular sobre camada sobre rocha ou camada sobre semiespaço

Tipo de movimento	Em camada sobre rocha	Em camada sobre semiespaço
Vertical	$K_v = \dfrac{4GR}{1-v}\left(1+1{,}28\dfrac{R}{H}\right)$	$K_v = \dfrac{4G_1 R}{1-v_1}\dfrac{\left(1+1{,}28\dfrac{R}{H}\right)}{\left(1+1{,}28\dfrac{R}{H}\dfrac{G_1}{G_2}\right)}; 1 \leq \dfrac{H}{R} \leq 5$
Horizontal	$K_H = \dfrac{8GR}{2-v}\left(1+\dfrac{R}{2H}\right)$	$K_H = \dfrac{8G_1 R}{2-v_1}\dfrac{\left(1+\dfrac{R}{2H}\right)}{\left(1+\dfrac{R}{2H}\dfrac{G_1}{G_2}\right)}; 1 \leq \dfrac{H}{R} \leq 4$
Rotacional	$K_R = \dfrac{8GR^3}{3(1-v)}\left(1+\dfrac{R}{6H}\right)$	$K_H = \dfrac{8G_1 R^3}{3(1-v_1)}\dfrac{\left(1+\dfrac{R}{6H}\right)}{\left(1+\dfrac{R}{6H}\dfrac{G_1}{G_2}\right)}; 0{,}75 \leq \dfrac{H}{R} \leq 2$
Torção	$K_T = \dfrac{16GR^3}{3}$	Não fornecido

9 Projeto de fundações de aerogeradores | 135

como indicado no Quadro 9.2, fornece valores razoáveis. Entretanto, se as características de comportamento do solo foram determinadas apenas por correlação com ensaios de campo, os resultados obtidos têm menor confiabilidade;

- como apresentado, é importante considerar o uso de área reduzida para a determinação analítica da capacidade de carga;
- cuidado especial deve ser adotado quando da ocorrência de fundações apoiadas em camadas superficiais muito resistentes sobre camadas de baixa resistência, onde a ruptura pode ocorrer de forma frágil;
- como as fundações diretas dos aerogeradores têm dimensões avantajadas, tipicamente circulares e com mais de 15 m de diâmetro, a influência das camadas com o acréscimo de tensões significativas em profundidade deve ser considerada.

Quadro 9.4 Fundação circular embutida em camada sobre rocha

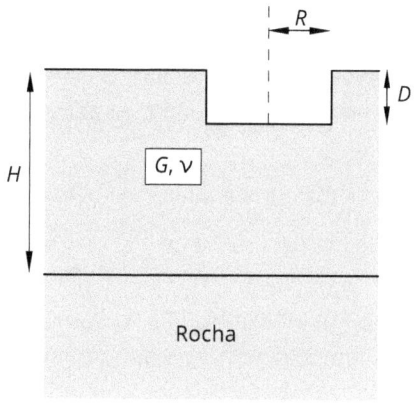

Intervalo de validade:
$D/R < 2$
$D/R < ½$

Tipo de movimento	Rigidez da fundação
Vertical	$K_v = \dfrac{4GR}{1-v}\left(1+1{,}28\dfrac{R}{H}\right)\left(1+\dfrac{D}{2R}\right)\left(1+\left(0{,}85-0{,}28\dfrac{D}{R}\right)\dfrac{D/H}{1-D/H}\right)$
Horizontal	$K_H = \dfrac{8GR}{2-v}\left(1+\dfrac{R}{H}\right)\left(1+\dfrac{2D}{3R}\right)\left(1+\dfrac{5}{4}\dfrac{D}{H}\right)$
Rotacional	$K_R = \dfrac{8GR^3}{3(1-v)}\left(1+\dfrac{R}{6H}\right)\left(1+2\dfrac{D}{R}\right)\left(1+0{,}7\dfrac{D}{H}\right)$
Torção	$K_T = \dfrac{16GR^3}{3}\left(1+\dfrac{8D}{3R}\right)$

9.8 Base sobre solo melhorado

As condições de implantação das torres resultam, algumas vezes, em geometria não conveniente com relação à cota de assentamento de fundações diretas. Por exemplo: a profundidade de escavação para implantar uma fundação, considerando a altura projetada da torre, pode ser de 2,50 m, e o material com adequada condição de suporte e desempenho ocorre a 3,50 m de profundidade; nesse caso, a implantação da fundação na camada adequada reduziria a altura da torre.

Nessas situações, uma opção é colocar uma camada de material estabilizado, tipo solo × cimento ou brita graduada tratada com cimento (BGTC), convenientemente dosados e com especificações compatíveis com o desempenho necessário. Essa solução exige controle construtivo rigoroso para seu sucesso.

Tipicamente, utiliza-se solo × cimento quando materiais granulares estão disponíveis no local, com dosagens realizadas em laboratório, resultando em teores mínimos de cimento e umidade ótima para execução com a finalidade de atingir valores adequados de resistência. O comportamento necessário dessa camada deve ser, no mínimo, igual ao do terreno natural para o qual a fundação foi projetada.

O reaterro deve ser realizado em camadas, com a espessura dependendo do equipamento de compactação a ser definido, não devendo ser maior do que 30 cm para evitar problemas de homogeneidade. É essencial efetuar um controle de compactação independente, com a liberação de etapas camada por camada, de forma documentada, para o prosseguimento da execução.

9.9 Fundações profundas

9.9.1 Considerações iniciais

Nos casos em que fundações diretas não constituem a solução de fundações, opta-se pela alternativa em fundações profundas ou estacas. Elas devem atender aos requisitos de segurança e desempenho ao longo da vida útil do equipamento para o qual servem de fundação.

Cuidado especial deve ser tomado, no processo de investigação, quanto à possibilidade de ocorrência de solos colapsíveis ou expansivos e quanto à presença de vazios cársticos. Nos solos superficiais de mau comportamento, essas camadas não devem ser consideradas no cálculo de capacidade de carga. Solos cársticos são geralmente identificados, de preferência com o uso de métodos geofísicos, em regiões com a presença de rochas compostas de carbonatos de cálcio e magnésio, tecnicamente denominadas rochas calcárias ou dolomíticas (coletivamente conhecidas como calcário).

Requisitos específicos

Além das verificações de segurança de capacidade de carga à compressão e à tração das estacas e solicitações horizontais, cada fabricante de equipamento possui especificações características de desempenho das fundações, não somente no uso de fatores de segurança específicos ou combinações de carregamento, mas com referência à condição de estacas sem tração na situação de carregamento ELS. Muitos fornecedores indicam uma rigidez mínima da fundação usualmente calculada utilizando os coeficientes das estacas como reação ao bloco.

Capacidade de carga de fundações profundas

A prática internacional referente ao cálculo da capacidade de carga e desempenho de fundações profundas é relacionada com as características dos solos dominantes e os métodos de investigação de suas propriedades, tais como cone, pressiômetro e *vane*, entre outros. Na prática brasileira, obras correntes em solo são, em sua maioria, projetadas através de métodos que correlacionam diretamente resultados de N_{SPT} com resistência lateral e resistência de ponta para cada tipo de estaca. Essa prática decorre do fato de as sondagens de simples reconhecimento constituírem a principal, e muitas vezes única, forma de investigação do subsolo em nossa prática.

Nos casos de estacas executadas em rocha, tais como estacas raiz e tipo Wirth, as propriedades das rochas e sua condição de fraturamento e decomposição servem para caracterizar as propriedades de resistência para o cálculo, a partir da resistência à compressão simples de amostras intactas ou de valores característicos da prática.

9.9.2 Compressão

A capacidade de carga à compressão das fundações por estacas é tema recorrente da engenharia de fundações.

Tipicamente, as formulações para determinar a capacidade de carga em estacas executadas em solo têm como base a expressão a seguir:

$$Qt = Ql + Qp$$

em que:
Qt = capacidade de carga da estaca;
Ql = contribuição da resistência lateral do fuste;
Qp = resistência da ponta da estaca.

Sendo:

Ql = área lateral da estaca × resistência lateral unitária

Qp = área da ponta inferior da estaca × resistência unitária da base

Para estacas em solos com vários tipos de material com N camadas, a resistência lateral é o somatório das resistências em cada camada atravessada pela estaca.

Os diversos métodos de cálculo podem ser agrupados de acordo com a forma de obtenção dos valores unitários de resistência: (A) correlações com N_{SPT}; (B) correlações com CPT; (C) métodos analíticos em tensões totais (não drenado) e tensões efetivas (drenado).

Correlações com N_{SPT}

Como ensaios de SPT são usualmente realizados, na prática as correlações diretas com os ensaios são a forma mais frequente de solução do problema.

Existem inúmeras proposições de métodos para o uso de resultados de N_{SPT} para determinar a capacidade de carga das estacas. Alguns se propõem a resolver uma variedade de tipos de estaca com diferentes coeficientes, enquanto outros são destinados apenas a um tipo de fundação profunda.

A primeira proposição de uso de N_{SPT} para avaliar a capacidade de carga de estacas foi a de Meyerhof (1956). No Brasil, a primeira proposição foi a de Aoki e Velloso (1975), atualizada em 1978, com inúmeras contribuições em teses da Coppe/UFRJ (Laprovitera, 1988; Benegas, 1993; Monteiro, 1997).

As propostas de Décourt e Quaresma (1978) e Teixeira (1996) completam o grupo de propostas para vários tipos de estaca e refletem experiências de correlações com ensaios em diversas regiões do país. A proposta do método UFRGS (Lobo, 2009), com base no conceito de energia, propõe a determinação da capacidade de carga de estacas a partir da força dinâmica de reação do solo mobilizada durante a cravação do amostrador. Teve como base um banco de dados de 272 provas de carga à compressão em estacas cravadas pré-moldadas de concreto, estacas hélice contínua, estacas escavadas e estacas metálicas.

As propostas de Alonso (1983) para estacas escavadas, de Cabral (1986) para estacas raiz e de Antunes e Cabral (2000) para estacas hélice contínua completam o panorama brasileiro.

É extremamente importante seguir as limitações de valores de N_{SPT} de cada método (validade da proposição).

É fundamental ressaltar que os métodos apresentam limitações no uso de valores de N_{SPT}, além de indicar sugestões específicas da faixa de variação dos valores que ocorrem abaixo da ponta das estacas.

Correlações com cone

Em algumas circunstâncias, ensaios de cone são realizados, fazendo com que métodos de correlação de resistência sejam referidos a valores de resistência unitários das estacas; valem os mesmos comentários de uso de ensaios SPT.

Referências sobre o tema são DeBeer e Walays (1972) método europeu de projeto (DeRuiter; Beringen, 1979) e método LCPC (Bustamante; Gianeselli, 1982).

Em Velloso e Lopes (2011), Cintra, Aoki e Albiero (2011) e Schnaid e Odebrecht (2012), podem ser encontradas descrições detalhadas dos métodos mencionados referidos de correlações com N_{SPT} e cone.

O caso das estacas helicoidais é uma exceção na prática brasileira. Além das referências clássicas internacionais (Kulhawy, 1985; Mitsch; Clemence, 1985, 1997; Mooney; Adamczak; Clemence, 1985; Hoyt; Clemence, 1989; Ghaly; Hanna, 1991a, 1991b; A. B. Chance, 1994; Clemence; Crouch; Stephenson, 1994; Stephenson, 1997, 2003; Perko; Rupiper, 2000; Perko, 2009; Lutenegger, 2011; Perlow, 2011), existem pesquisas nacionais realizadas em várias universidades (Carvalho, 2007; Tsuha, 2007; Quental, 2008; Carlos et al., 2013) e algumas publicações em anais de congressos e revistas técnicas (Santos; Tsuha; Giacheti, 2012; Tsuha, 2012; Tsuha et al., 2012). Entretanto, considerando o limitado número de ensaios na prática brasileira, a recomendação é sempre fazer ensaios comprobatórios (provas de carga estáticas de compressão e tração), fáceis de executar, para definir de forma segura os ajustes nas formulações usadas para a determinação da capacidade de carga. Usualmente, no Brasil, são utilizadas correlações com ensaios SPT, porém com grande dispersão de valores entre as previsões e os valores de ensaio. Existem referências para a utilização de correlações com ensaios de cone, mas elas ainda são limitadas e devem sempre ser comprovadas em cada obra através de provas de carga para a segurança do projeto. O uso de correlações entre o torque e a capacidade de carga (Ghaly; Hanna, 1991a, 1991b; Stephenson, 1997; Perko; Rupiper, 2000) somente deve ser aceito como controle de execução.

Como em qualquer tipo de estaca, devem ser feitas verificações de resistência estrutural e geotécnica, adotando-se sempre, com os devidos fatores de segurança da normalização, o menor deles.

É relevante também ter presente que o atingimento das profundidades de projeto na execução do estaqueamento é condicionante de atendimento das condições de projeto, devendo sempre ser informadas aos projetistas para que eles aprovem o estaqueamento, juntamente com as demais informações de controle e ensaios.

Métodos analíticos para cálculo em condições drenadas (tensões totais) e tensões efetivas (DNV; Risø, 2016)
– Geral

A capacidade de carga vertical de estacas, como já referido, é composta de duas parcelas: resistência lateral acumulada e resistência de ponta.

Para uma estaca em solo estratificado com N camadas, a capacidade de carga R pode ser expressa como:

$$R = R_S + R_T = \sum_{i=1}^{N} f_{si} A_{si} + q_T A_T$$

em que:

f_{Si} = atrito unitário médio ao longo do fuste na camada de solo i;
A_{Si} = área lateral da estaca na camada de solo i;
q_T = resistência unitária de ponta;
A_T = área da ponta da estaca.

A seguir, serão apresentadas as recomendações do documento DNVGL-ST-0126 (DNV GL, 2016).

– Argilas

Para estacas em solos coesivos, a resistência unitária lateral f_S pode ser calculada utilizando:

- Tensões totais, por exemplo, o método α, que consiste em:

$$f_{si} = \alpha s_u$$

sendo

$$\alpha = \begin{cases} \dfrac{1}{\sqrt[2]{s_u/p_0'}} & \text{para } \dfrac{s_u}{p_0'} \leq 1,0 \\[2ex] \dfrac{1}{\sqrt[2]{s_u/p_0'}} & \text{para } \dfrac{s_u}{p_0'} > 1,0 \end{cases}$$

em que:

s_u = resistência não drenada do solo;
p_0' = tensão efetiva no ponto em questão.

- Tensões efetivas, por exemplo, o método β, que consiste em:

$$f_{si} = \beta p_0'$$

Valores de β entre 0,10 e 0,25 são sugeridos para estacas com comprimento superior a 15 m.

- Método semiempírico λ, onde o solo é tratado como uma única camada, sendo o valor de resistência lateral unitária calculado por:

$$f_s = \lambda \left(p_{0m}' + 2 s_{um} \right)$$

em que:

p'_{0m} = tensão efetiva média entre o topo e a ponta da estaca;

9 Projeto de fundações de aerogeradores | 141

s_{um} = resistência não drenada média ao longo da estaca;
λ = coeficiente adimensional, que depende do comprimento da estaca, conforme mostrado na Fig. 9.8.

Assim sendo, de acordo com esse método, a resistência total lateral é igual a:

$$R_s = f_s \cdot A_s$$

em que A_s é a área lateral da estaca.

Para estacas longas flexíveis, a ruptura solo-estaca deve ocorrer próximo ao nível superior do terreno, mesmo antes de a resistência de ponta da estaca ter sido mobilizada. Isso é consequência da flexibilidade da estaca e das diferenças associadas nos deslocamentos entre solo e estaca ao longo da estaca. Esse é um efeito de comprimento da estaca, que, para um solo *strain-softening*, implica que a capacidade de carga de uma estaca flexível é inferior à de uma estaca rígida.

Para a análise de deformações e tensões de uma estaca flexível carregada verticalmente, a estaca pode ser modelada como um número consecutivo de colunas apoiadas em molas não lineares nos nós de encontro entre os elementos. As molas não lineares são caracterizadas por curvas t-z e representam o deslocamento vertical entre solo e estaca, sendo a tensão t a resistência lateral unitária e z o deslocamento entre solo e estaca necessário para mobilizar essa resistência lateral.

A resistência de ponta unitária para estacas em solos coesivos pode ser calculada por:

$$q_c = N_c S_u$$

em que:
$N_c = 9$;
S_u = resistência não drenada do solo na ponta da estaca.

– Solos granulares

Para estacas em solos não coesivos (areias), a resistência lateral média unitária pode ser calculada por:

$$f_s = Kp_0' \cdot \tan\delta \leq f_1$$

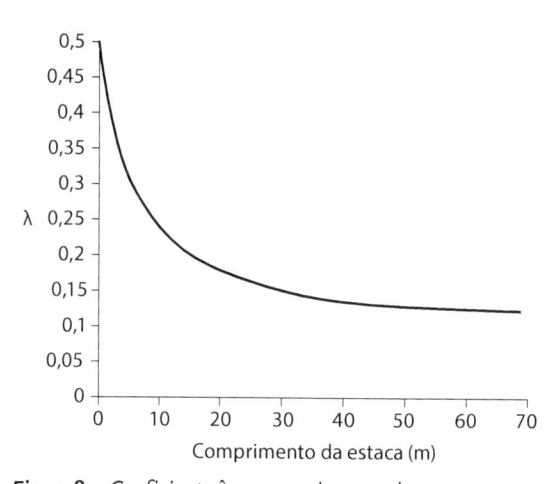

Fig. 9.8 *Coeficiente λ × comprimento da estaca*

em que:
K = 0,8 para estacas tubulares de ponta aberta e 1,0 para estacas de ponta fechada;
p_0' = tensão efetiva;

δ = ângulo de atrito do solo na estaca, conforme indicado na Tab. 9.3;

f_1 = resistência lateral unitária limitante (ver Tab. 9.3).

Tab. 9.3 Parâmetros de projeto para a determinação da resistência à compressão de estacas cravadas em solos granulares silicosos(1)

Densidade	Descrição do solo	δ (graus)	f_1 (kPa)	N_q	q_1 (MPa)
Muito fofo	Areia				
Fofo	Areia-silte(2)	15	48	8	1,9
Med. compacto	Silte				
Fofo	Areia				
Med. compacto	Areia-silte(2)	20	67	12	2,9
Compacto	Silte				
Med. compacto	Areia	25	81	20	4,8
Compacto	Areia-silte(2)				
Compacto	Areia	30	96	40	9,6
Muito compacto	Areia-silte(2)				
Compacto	Pedregulho	35	115	50	12,0
Muito compacto	Areia				

(1) Os parâmetros listados nesta tabela devem servir apenas como indicações. Para a determinação dos dados, devem ser realizados ensaios como CPT, ensaios em amostras representativas coletadas de forma especial ou ensaios em estacas reais ou protótipos.
(2) Areia-silte inclui aqueles solos com frações significativas de areia e silte. Os valores de resistência normalmente crescem com o aumento da fração areia e diminuem com o aumento da fração siltosa.

A resistência de ponta unitária para estacas em solos não coesivos pode ser calculada por:

$$q_p = N_q p_0' \leq q_1$$

em que:

N_q = fator de capacidade, que pode ser obtido na Tab. 9.3;

q_1 = resistência-limite de ponta (ver Tab. 9.3).

9.9.3 Estacas em rocha

Apesar de as resistências características das rochas serem significativamente maiores que as dos solos, existe uma diferença fundamental a considerar ao projetar estacas embutidas em maciço rochoso: a questão das descontinuidades.

É importante, portanto, chamar a atenção para o fato de que as condições dos maciços rochosos (intemperização, fraturamento, descontinuidades), o processo de remoção do material da ponta da estaca e o tipo de ferramenta usado para a escavação, produzindo rugosidades variáveis e muitas vezes afetando a própria integridade das rochas (especialmente as rochas brandas), são fundamentais no desempenho dessas fundações sob carga. Uma referência sobre o tema é Zhang (2004).

O projeto de estacas em rocha usualmente envolve a determinação da resistência última ou da capacidade de carga da estaca e, eventualmente, de seu recalque sob carregamento de trabalho.

A determinação da transferência de carga da estaca ao maciço rochoso pode ocorrer de uma das seguintes formas:

- resistência lateral exclusivamente;
- resistência de ponta exclusivamente;
- combinação de resistência lateral com resistência de ponta da estaca.

A mobilização da resistência lateral de estacas em rocha ocorre geralmente para pequenos deslocamentos (~5 mm), ao passo que a mobilização da resistência de ponta envolve deslocamentos muito maiores. Muitos projetistas não consideram a contribuição da ponta pelas dúvidas de limpeza na construção e pela necessidade de deslocamento maior para sua mobilização.

A capacidade de carga de uma estaca embutida na rocha é o menor valor quando comparada a resistência estrutural da estaca (concreto e armadura) com a habilidade da rocha de suportar as cargas transferidas pela estaca.

A Fig. 9.9 mostra os mecanismos de ruptura de estacas em rocha quando ensaiadas à compressão. É apresentada uma curva típica de ruptura e os pontos correspondentes aos fenômenos físicos observados.

Quando a solução de fundações é a de estacas em rocha, tipicamente estacas raiz, estacas escavadas especiais ou estacas hélice contínua monitorada especiais, o cálculo geotécnico pode ser feito da seguinte maneira, sempre considerando a geometria real da estaca através da identificação do diâmetro externo da ferramenta usada em sua execução:

$$R_t = R_{lat} + R_{base}$$

em que:

R_t = resistência total da estaca;

R_{lat} = resistência lateral da estaca, correspondente a $\sum A_{lat} \cdot q_{lat}$, sendo A_{lat} a área lateral da estaca e q_{lat} a resistência ou tensão lateral unitária;

R_{base} = resistência da base, muitas vezes desconsiderada, correspondente a $\sum A_{base} \cdot q_{base}$, sendo A_{base} a área da base da estaca e q_{base} a resistência ou tensão de ponta unitária.

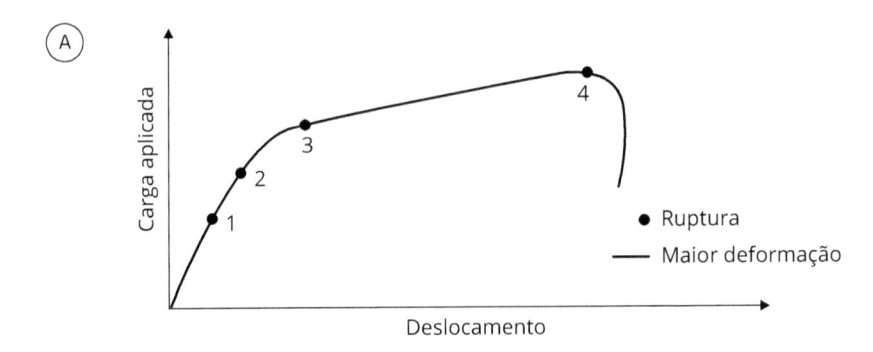

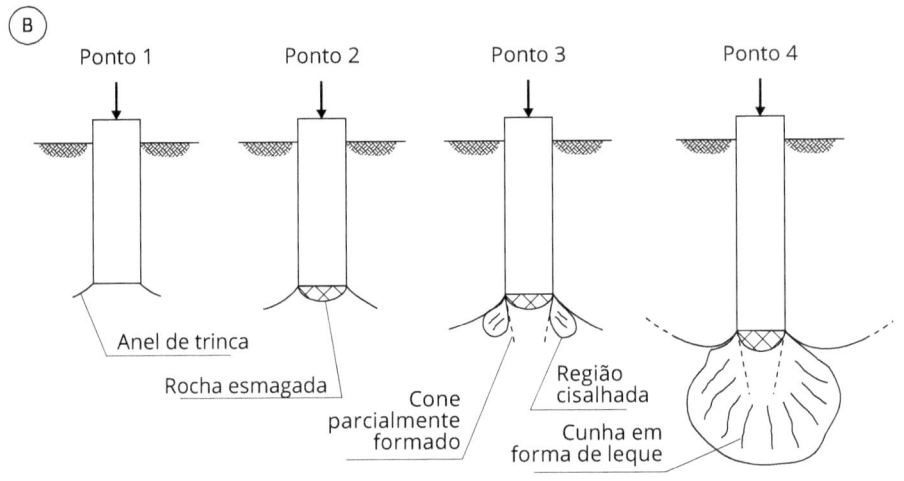

Fig. 9.9 *Formas de ruptura progressiva observadas: (A) curva carga-recalque típica e (B) rupturas correspondentes aos pontos na figura A*
Fonte: Johnston e Choi (1985).

Resistência lateral unitária

Segundo O'Neill et al. (1996), a resistência lateral limite de uma estaca executada em rocha é dependente de inúmeros fatores, a saber:

- Fatores relacionados com a técnica construtiva
    - rugosidade da interface concreto × rocha;
    - limpeza da interface;
    - pressão inicial do concreto;
    - tempo decorrido entre a escavação e a concretagem.
- Fatores relacionados com as propriedades da rocha
    - ângulo de atrito interno da rocha;
    - ângulo de dilatância da interface;
    - rigidez da formação rochosa;
    - coeficiente inicial de pressão do maciço.
- Fatores referentes ao tipo de solicitação no ensaio
    - compressão;
    - tração.

Como nenhum método de cálculo é capaz de incorporar todas essas variáveis, os métodos na prática são de natureza empírica, geralmente baseados em resultados de provas de carga estáticas realizadas em certas formações rochosas, usando determinados equipamentos, com coeficientes de ajustamento (Rosenberg; Journeaux, 1979; Horvath; Kenney, 1+79; Williams, 1980a, 1980b; Williams; Johnson; Donald, 1980; Williams; Pells, 1981; Horvath; Kenney; Kozicki, 1983; Rowe; Armitage, 1987; Reese; O'Neil, 1988; Kulhawy; Phoon, 1993). Uma publicação interessante sobre o tema é o *Foundation design and construction* (GEO, 2006).

No Quadro 9.5 é apresentado um apanhado das correlações para valores de projeto de estacas em rocha.

Quadro 9.5 Correlações para valores de projeto de estacas em rocha

Parâmetro	Correlação	Comentários
Resistência lateral limite, f_s	$f_s = a(q_u)^b$	a geralmente varia entre 0,20 e 0,45 b em várias correlações é 0,50
Resistência de ponta limite, f_b	$f_b = a_1(q_u)^{b_1}$	a_1 geralmente varia entre 3 e 5 b_1 em geral é considerado igual a 1,0, embora Zhang e Einstein (1998) adotem $b_1 = 0,5$ e $a_1 = 4,8$ (média)
	$f_b = 6,39(q_{um})^{0,45}$	$q_{um} = (\alpha_E)0,7q_u$ (Zhang, 2010). α_E é relacionado com RQD conforme: $E_m = \alpha_F \cdot E_r$ em que E_r é o módulo da rocha intacta e α_F é igual a $0,0231 \cdot RQD - 1,32 \geq 0,15$

Fonte: Poulos (2017).

As formas de determinação da resistência lateral de estacas em rocha são: correlações com N_{SPT} para rochas brandas, correlações com a resistência à compressão simples das rochas intactas, e correlações considerando a rugosidade das paredes da estaca depois de escavada. As duas primeiras formas são as mais diretas e práticas, podendo ser utilizadas antes da determinação das características de rugosidade, e serão apresentadas a seguir. O detalhamento de métodos que consideram a rugosidade das paredes (Williams, 1980a, 1980b; Williams; Johnson; Donald, 1980; Williams; Pells, 1981) pode ser visto em Zhang (2004).

Correlações com N_{SPT}

Sondagens SPT são frequentemente executadas em rochas brandas ou intemperizadas. A Tab. 9.4 mostra a resistência lateral medida para estacas escavadas e os correspondentes valores de N_{SPT} em rocha sedimentar intemperizada. Pode ser observado que a relação $\tau_{máx}/N_{SPT}$ é geralmente menor que 2,0 e tende a diminuir à medida que N_{SPT} aumenta.

Tab. 9.4 Resistência lateral unitária a valores de N_{SPT} para rochas sedimentares alteradas

Rocha	N_{SPT} (golpes/ 30 cm)	$\tau_{máx}$ (kPa)	$\tau_{máx}/N_{SPT}$ (kPa)	Referência
Siltito muito alterado	230	>195-226	>0,87-1,0	Buttling (1986)
Siltito muito alterado, arenito e xisto	100-180	100-320	1,0-1,8	Chang e Wong (1987)
Silte arenoargiloso muito denso e siltito altamente alterado	110-127	80-125	0,63-1,14	Buttling e Lam (1988)
Siltito medianamente a muito alterado	200-375	340	0,9-1,7	
Camada intercalada de arenito, siltito, xisto e argilito medianamente a muito alterada	100-150 150-200	- -	1,2-3,7 0,6-2,3	Toh et al. (1989)
Xisto/siltito medianamente a muito alterado	400-1.000	300-800	0,5-0,8	Radhakrishnan e Leung (1989)
Xisto arenoso altamente alterado	150-200	120-140	0,8-0,7	Moh et al. (1993)
Xisto arenoso levemente alterado e arenito	375-430	240-280	média 0,65	

Fonte: Zhang (2004).

Relações empíricas entre resistência lateral e resistência à compressão não confinada de rochas intactas

Relações empíricas entre a resistência lateral e a resistência à compressão não confinada de rochas intactas têm sido sugeridas por muitos pesquisadores, como já referido. O formato dessa relação empírica pode ser generalizado como:

$$\tau_{máx} = \alpha \, \sigma_c^\beta$$

em que:

$\tau_{máx}$ = resistência lateral;

σ_c = resistência à compressão não confinada da rocha intacta (se a rocha intacta é mais resistente que o concreto do fuste, σ_c do concreto é utilizado);

α e β = fatores empíricos.

Os fatores empíricos propostos por diversas pesquisas são resumidos por O'Neill et al. (1996) e apresentados na Tab. 9.5. A maioria dessas relações empíricas foi desenvolvida por conjuntos de dados específicos e limitados, que podem ser bem correlacionados com as equações propostas. Porém, O'Neill et al. (1996) compararam as primeiras nove relações empíricas listadas na tabela com um banco de dados internacional de 137 provas de carga de estacas em rochas de resistência intermediária e concluíram que nenhum dos métodos poderia ser considerado satisfatório para as previsões do banco de dados.

Tab. 9.5   Fatores empíricos α e β para a determinação da resistência lateral

Método de projeto	α	β
Horvath e Kenney (1979)	0,21	0,50
Carter e Kulhawy (1988)	0,20	0,50
Williams et al. (1980)	0,44	0,36
Rowe e Armitage (1984)	0,40	0,57
Rosenberg e Journeaux (1976)	0,34	0,51
Reynolds e Kaderbek (1980)	0,30	1,00
Gupton e Logan (1984)	0,20	1,00
Reese e O'Neill (1987)	0,15	1,00
Toh et al. (1989)	0,25	1,00
Meigh e Wolshi (1979)	0,22	0,60
Horvath (1982)	0,20-0,30	0,50

Fonte: O'Neill et al. (1996).

Kulhawy e Phoon (1993) desenvolveram um extenso banco de dados de provas de carga em estacas escavadas em solos e rochas e apresentaram seus dados tanto para prova de carga individual como para dados médios do local. Os resultados são mostrados nas Figs. 9.10 e 9.12, em termos do fator de adesão, α_c, versus a resistência ao cisalhamento normalizada, c_u/p_a ou $\sigma_c/2p_a$ (assumindo $c_u \approx \sigma_c/2$), em que p_a é a pressão atmosférica ($\approx 0{,}1$ MPa). Pode ser observado que Kulhawy e Phoon (1993) definiram α_c como a relação da resistência ao cisalhamento lateral $\tau_{máx}$ com a resistência não drenada c_u. Compreensivelmente, os resultados de provas de carga individuais se mostraram consideravelmente maiores que os dos dados médios do local. Com base nos dados médios do local, esses autores propuseram as seguintes relações para estacas escavadas em rocha:

$$\alpha_c = \frac{\tau_{máx}}{\sigma_c/2} = 2{,}0\left[\frac{\sigma_c}{2p_a}\right]^{-0{,}5} \text{ (comportamento médio)}$$

$$\alpha_c = \frac{\tau_{máx}}{\sigma_c/2} = 3{,}0\left[\frac{\sigma_c}{2p_a}\right]^{-0{,}5} \text{ (limite superior)}$$

$$\alpha_c = \frac{\tau_{máx}}{\sigma_c/2} = 1{,}0\left[\frac{\sigma_c}{2p_a}\right]^{-0{,}5} \text{ (limite inferior)}$$

Essas equações podem ser reescritas de forma geral como:

$$\alpha_c = \frac{\tau_{máx}}{\sigma_c/2} = \psi\left[\frac{\sigma_c}{2p_a}\right]^{-0{,}5}$$

Isso leva a uma expressão genérica para a resistência ao cisalhamento lateral:

$$\tau_{máx} = \psi \left[\frac{p_a \sigma_c}{2} \right]^{0,5}$$

É muito importante notar que as equações empíricas são dadas pelos limites superior e inferior dos dados médios do local e não necessariamente representam limites de comportamento de estacas individuais. O coeficiente de determinação (r^2) é de aproximadamente 0,71 para dados da média local, mas de apenas 0,46 para dados individuais, mostrando a variabilidade muito maior dos resultados individuais (Seidel; Haberfield, 1995).

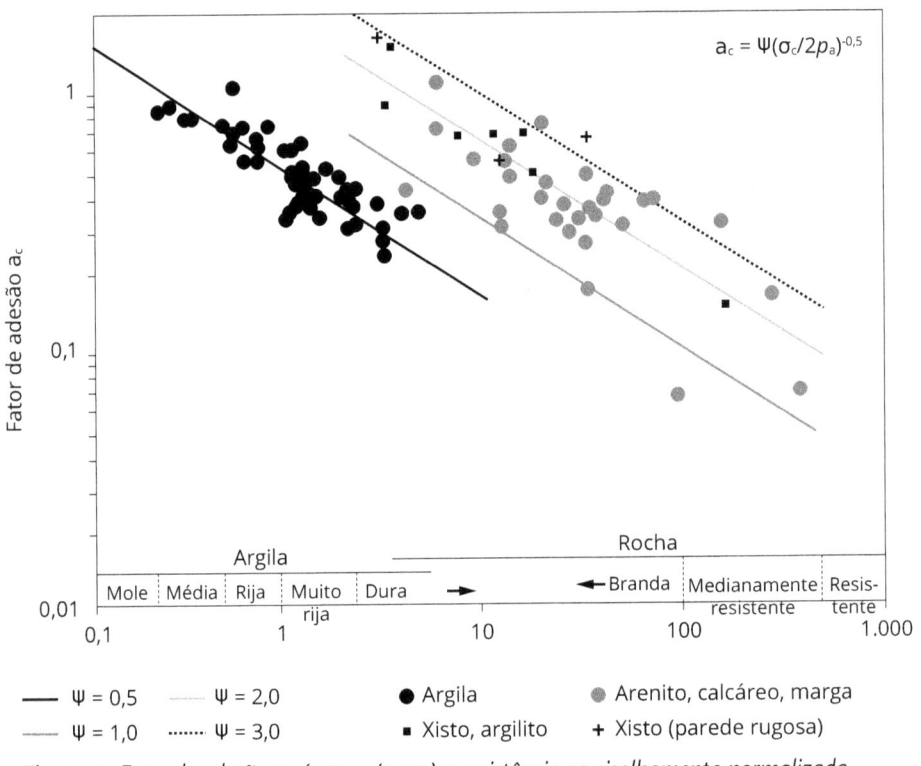

Fig. 9.10 *Fator de adesão* α_c (= $\tau_{máx}/0,5\sigma_c$) × *resistência ao cisalhamento normalizada para dados médios do local*
Fonte: Kulhawy e Phoon (1993).

A Fig. 9.11 apresenta o fator de redução α_w de resistência ao cisalhamento lateral. Por sua vez, a Fig. 9.13 mostra a variação das medições da resistência lateral com a resistência à compressão não confinada de rochas intactas respectivamente de provas de carga à compressão e de provas de carga à tração. Os dados foram coletados na literatura. Pode-se observar que as medições da resistência lateral de provas de carga ao arrancamento são praticamente iguais ou até mais altas que aquelas das provas de carga à compressão. Para projetos preliminares, a resistência lateral para cargas de tração pode ser simplificada considerando os mesmos valores que para carregamentos à compressão e estimada usando os mesmos métodos.

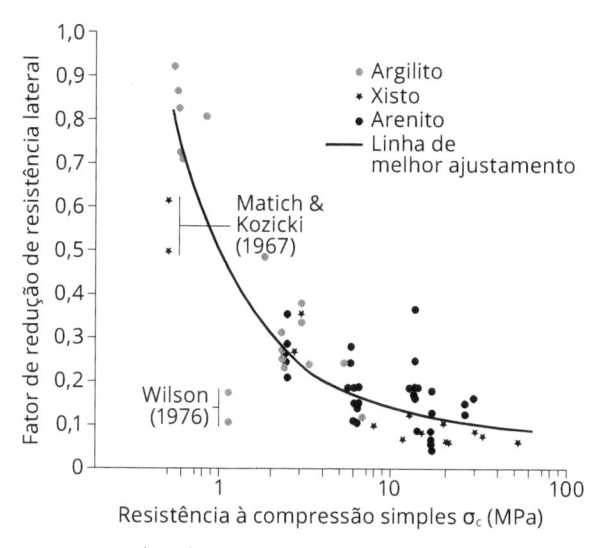

Fig. 9.11 *Fator de redução* α_w *de resistência ao cisalhamento lateral*
Fonte: Williams e Pells (1981).

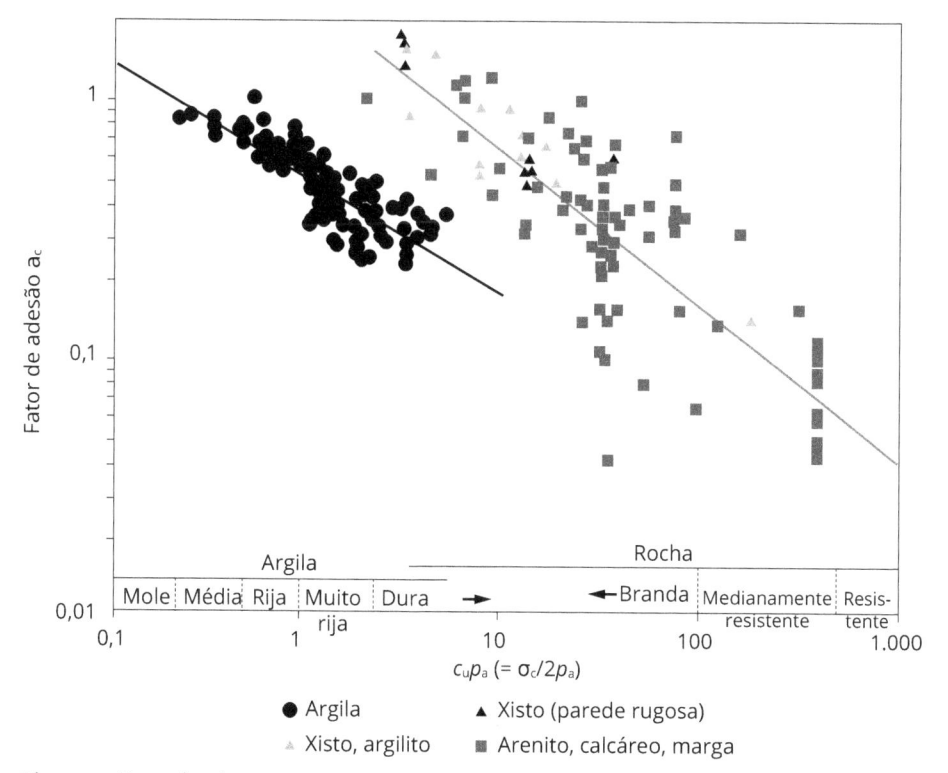

Fig. 9.12 *Fator de adesão* α_c $(= \tau_{máx}/0{,}5\sigma_c)$ × *resistência ao cisalhamento normalizada para dados individuais*
Fonte: Kulhawy e Phoon (1993).

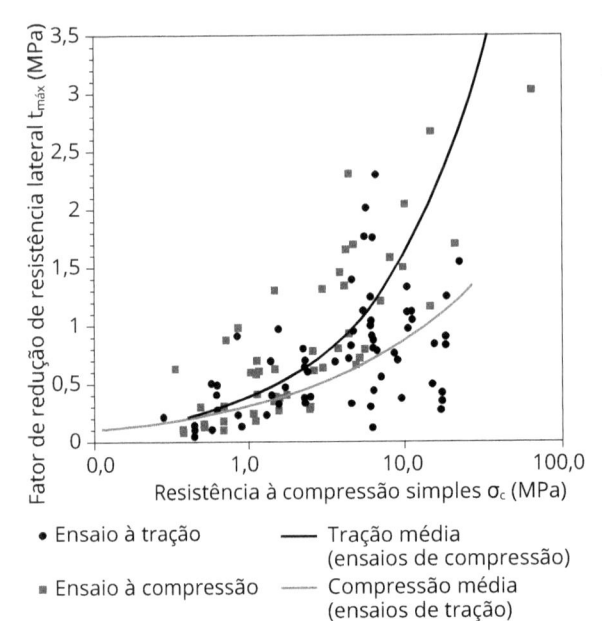

Fig. 9.13 *Medições da resistência lateral de provas de carga à compressão e à tração*

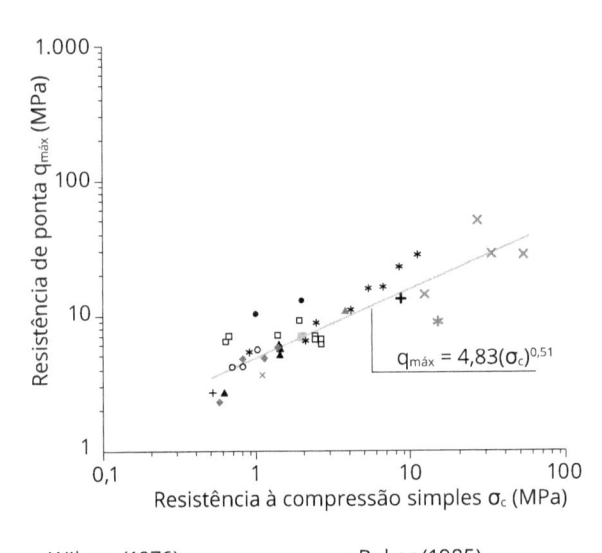

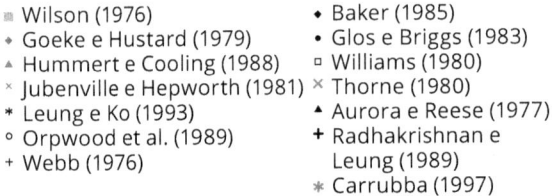

- Ensaio à tração
- Ensaio à compressão
- —— Tração média (ensaios de compressão)
- —— Compressão média (ensaios de tração)

$q_{máx} = 4,83(\sigma_c)^{0,51}$

- Wilson (1976)
- Goeke e Hustard (1979)
- Hummert e Cooling (1988)
- Jubenville e Hepworth (1981)
- Leung e Ko (1993)
- Orpwood et al. (1989)
- Webb (1976)
- Baker (1985)
- Glos e Briggs (1983)
- Williams (1980)
- Thorne (1980)
- Aurora e Reese (1977)
- Radhakrishnan e Leung (1989)
- Carrubba (1997)

Fig. 9.14 *Resistência à compressão simples de rochas × capacidade de carga unitária na base de estacas em rocha*
Fonte: Zhang (2004).

Resistência de ponta unitária

A resistência da base de estacas em rocha é um tema mais controverso que a resistência lateral. A mobilização dessa componente de resistência depende das condições de limpeza da base no processo construtivo, de seu diâmetro, de seu embutimento no maciço rochoso e do nível de deslocamento admissível. Nenhuma proposição de determinação inclui todos esses aspectos. Zhang (2004) detalha todos os aspectos referidos em sua influência na capacidade de carga.

A Fig. 9.14 apresenta um apanhado das relações entre a resistência à compressão simples de rochas e a capacidade de carga unitária na base de estacas em rocha de diversas publicações, destacando que os valores de capacidade de carga foram obtidos para diferentes valores de deslocamento (6 mm a 210 mm).

Tal como feito para a resistência lateral, foram propostos diversos métodos que correlacionam a resistência de ponta, $q_{máx}$, com a resistência à compressão simples não confinada, σ_c, de rochas sãs. Algumas correlações são apresentadas no Quadro 9.6.

9.9.4 Tração

A resistência à tração de estacas é normalmente computada: (a) como a soma da resistência lateral das estacas com seu peso próprio, quando relevante e significativo, ou (b) utilizando o método simplificado do cone.

Soma da resistência lateral das estacas com seu peso próprio

O cálculo da resistência lateral à tração de fundações profundas utiliza os mesmos procedimentos que aqueles definidores da resistência à compressão. Na medida em que a maioria dos métodos de correlação entre ensaios de campo e resistência de estacas foi obtida com o uso de ensaios não instrumentados – ou seja, nos quais a divisão de resistência mobilizada pelo fuste das estacas e por sua base foi obtida de forma sujeita a incertezas –, a resistência lateral calculada pode não ser correta. Existe também alguma discussão teórica sobre a questão das tensões atuantes nas diferentes condições de tração e compressão. Diante desses aspectos, alguns autores preconizam o uso de 70% da resistência lateral obtida em compressão para a resistência à tração. Somos da opinião de que os mesmos valores (tração = compressão) podem ser empregados, com a adoção de um fator de segurança maior em tração que aqueles utilizados em compressão.

Quadro 9.6 Correlações da resistência de ponta com a resistência à compressão simples não confinada de rochas sãs

Autores	Correlação
Coates (1967)	$q_{máx} = 3,0\sigma_c$
Rowe e Armitage (1987)	$q_{máx} = 2,7\sigma_c$
Argema (1992)	$q_{máx} = 4,5\sigma_c \leq 10$ MPa
Findlay et al. (1997)	$q_{máx} = (1 - 4,5)\sigma_c$

Deve-se tomar cuidado quanto à presença de nível freático, que caracteriza a condição de submersão do peso da estaca ($\Upsilon = 1,4$ t/m³).

Método simplificado do cone

Essa forma simplificada de obtenção de valores de capacidade de carga à tração é discutida na seção 10.2.1 e apresentada nas Figs. 9.15 e 9.16 para estacas e grupos de estacas.

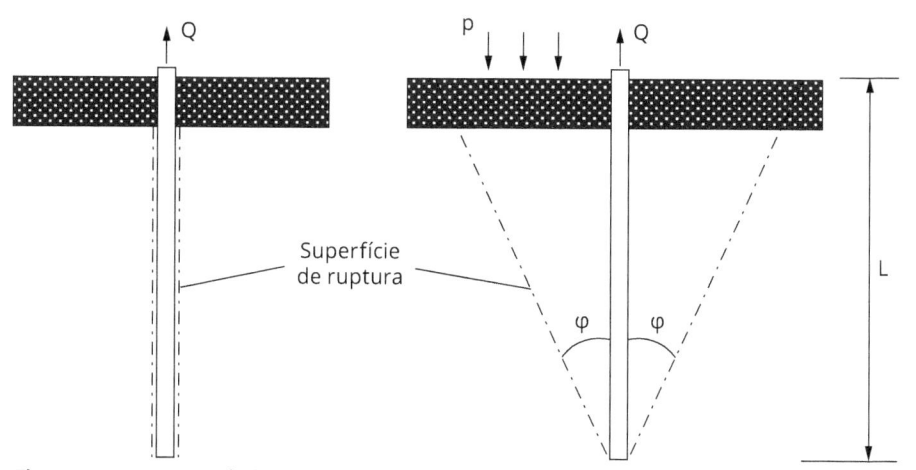

Fig. 9.15 *Estaca ou tubulão isolado tracionado: (A) ruptura na interface solo-estaca e (B) ruptura segundo uma superfície cônica*
Fonte: Velloso e Lopes (2011).

A questão de sobreposição de volumes envolvidos nessa cinemática para grupos de estacas, caso das bases de aerogeradores, deve ser considerada no cálculo.

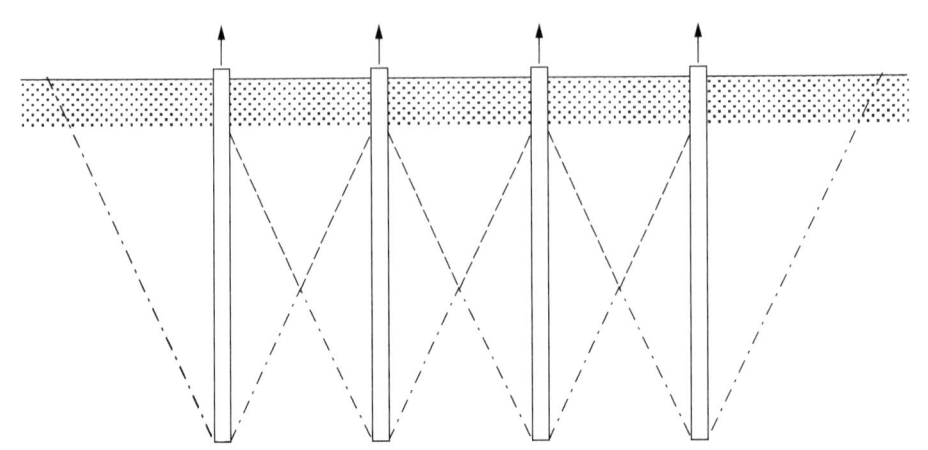

Fig. 9.16 *Grupo de estacas tracionadas*
Fonte: Velloso e Lopes (2011).

9.9.5 Esforços horizontais
Carregamento horizontal de estacas

Uma vez definida a opção de solução de fundações por estacas, o projeto continua com a análise das componentes de carregamento sobre as estacas. No caso geral de carregamento axial, lateral e momentos, o projetista deve assegurar que cada uma delas cumpra com os critérios de aceitabilidade quanto à segurança contra a ruptura e de desempenho (deslocamentos compatíveis com a função da superestrutura).

A solução para os esforços horizontais atuantes nas fundações de aerogeradores tem usualmente como prática o cálculo das estacas submetidas a essas solicitações, sendo explicitada na recomendação francesa (CFMS, 2011) a restrição ao uso do empuxo passivo resistente ao deslocamento do bloco ou eventualmente ao atrito bloco × solo na base do bloco.

Os esforços horizontais atuantes nas fundações podem ser resolvidos de duas maneiras, dependendo do tipo de estaca utilizado: uso de elementos inclinados formando um cavalete, com estacas comprimidas e tracionadas, ou dimensionamento de estacas verticais com solicitações horizontais. Alguns fabricantes de turbinas exigem a utilização de estacas inclinadas como solução.

O cálculo do comportamento das estacas verticais com carregamento lateral envolve aspectos de segurança contra a ruptura, que é a condição crítica em casos de estacas esbeltas com horizontes superficiais de baixa resistência, com deslocamentos horizontais compatíveis com as tolerâncias do equipamento (verificação necessária para todos os casos) e a segurança contra a ruptura do elemento estaca.

A ruptura do solo que suporta a estaca foi descrita por Broms (1964a, 1964b) como *ruptura de estaca curta* (*short-pile failure*). Já a ruptura estrutural da estaca foi descrita pelo mesmo autor como *ruptura de estaca longa* (*long pile failure*).

O dimensionamento estrutural das estacas deve ser realizado levando em conta as condições de carregamento acopladas, as cargas de compressão e os esforços horizontais e as cargas de tração e os esforços horizontais, considerando os momentos atuantes nos elementos.

Enquanto o carregamento axial é usualmente resolvido através da solução de um problema de equilíbrio estático, o carregamento lateral mais rigoroso requer o emprego de sistemas de equações diferenciais não lineares. Nos métodos modernos, esses sistemas são resolvidos mediante o uso de programas de computador, fazendo-se também simplificações quanto às não linearidades das propriedades do material da estaca e do solo ao redor.

Mecanismo

Considere-se uma estaca de fuste circular instalada idealmente e carregada horizontalmente com uma carga P_t. Em uma profundidade z_1, o estado de tensões normais horizontais, inicialmente axissimétrico, é modificado em decorrência dos deslocamentos no topo da estaca, de forma a reduzi-las a montante do carregamento e aumentá-las a jusante. O novo estado de tensões, resultado de uma combinação de tensões normais e cisalhantes, é apresentado na Fig. 9.17.

Do ponto de vista geotécnico, a principal variável para o caso de carregamento lateral de estacas é a relação entre as pressões (ou reações) horizontais do solo e as deflexões para cada ponto ao longo do fuste. Na Fig. 9.18, ilustra-se a resposta reação-deslocamento observada para carregamento monotônico.

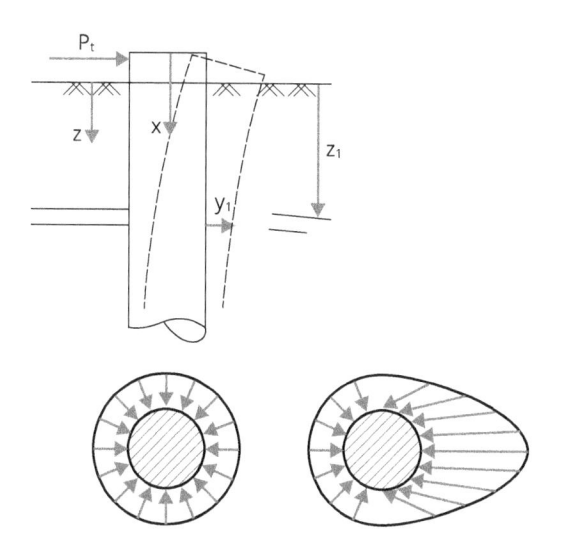

Fig. 9.17 *Tensões ao redor do fuste e da estaca antes e depois do carregamento*

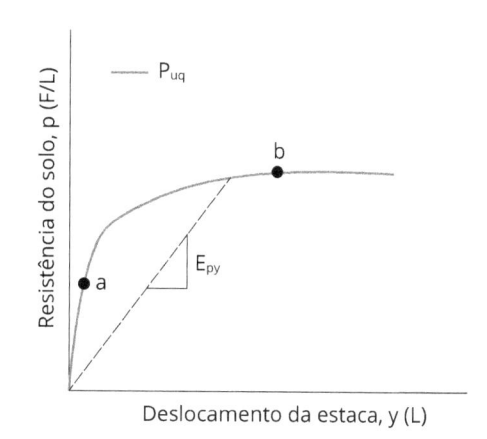

Fig. 9.18 *Não linearidade da resposta reação do solo × deslocamento*

A resposta do solo pode ser idealizada considerando dois pontos característicos: o fim do comportamento elástico (*a*) e o ponto a partir do qual a resistência permanece constante (*b*).

Tipos de carregamento

A natureza do carregamento e o tipo de solo ao redor compõem os fatores que comandam a resposta da estaca isolada ou do grupo carregado lateralmente. As cargas podem ser estáticas ou cíclicas, permanentes ou dinâmicas (Reese; Cox; Koop, 1974).

O carregamento estático corresponde ao carregamento monotônico ideal. A Fig. 9.19 mostra os resultados desse tipo de carregamento em um solo homogêneo para vários níveis no fuste da estaca. Nota-se o comportamento inicial linear com rigidez crescente e o aumento da resistência última (assíntota horizontal nas curvas) com a profundidade.

No caso de estruturas reais, o carregamento estático é pouco frequente, mas apresenta simplicidade para o desenvolvimento de modelos teóricos de análise a partir de propriedades geotécnicas.

Já o carregamento cíclico ocorre nas estruturas de aerogeradores. Nesse caso, nas argilas rijas abaixo do nível d'água, a redução da resistência é considerável em comparação com o carregamento estático: os resultados experimentais mostram que o material permanece afastado nas camadas próximas à superfície do terreno quando ocorre a reversão do carregamento (ver Fig. 9.20), e a subsequente aplicação do carregamento permite que a água penetre no espaço, criando um processo progressivo de perda de resistência lateral.

As diferenças de comportamento para os carregamentos estático e cíclico são nítidas no caso de materiais argilosos rijos. Ao comparar as Figs. 9.19 e 9.21, nota-se que até baixos níveis de deslocamento há uma moderada queda de resistência. Com o aumento dos deslocamentos horizontais, ocorre uma queda abrupta dos valores de pressão horizontal.

O modelo de comportamento para carregamento monotônico é ilustrado na Fig. 9.22, em que é possível observar que a pressão horizontal

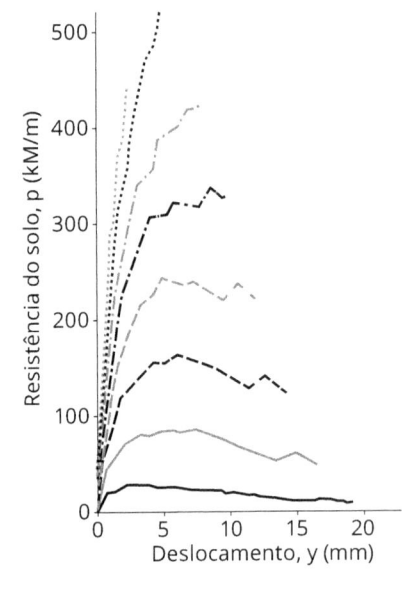

Fig. 9.19 *Resposta típica do solo ao carregamento estático*
Fonte: Reese, Cox e Koop (1974).

permanece constante a partir do deslocamento indicado no ponto b. A região hachurada mostra a perda de resistência decorrente dos ciclos de carregamento.

As curvas são idênticas durante a fase inicial até o ponto (a) e até um ponto intermediário próximo (c) no trecho não linear. Para deflexões além de (c), os valores de pressão horizontal decrescem abruptamente com o número de ciclos até um valor constante (d).

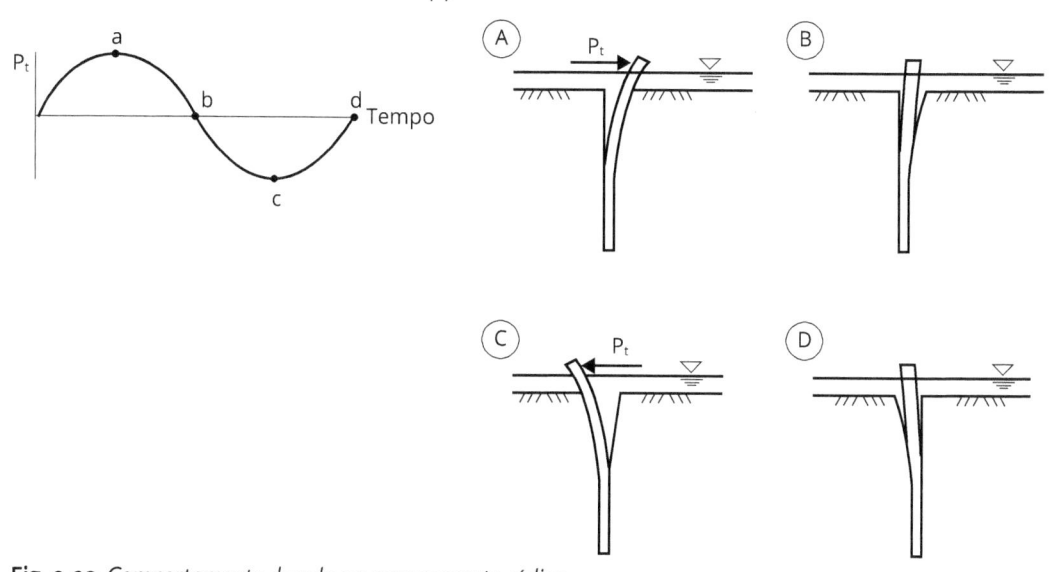

Fig. 9.20 *Comportamento do solo ao carregamento cíclico*

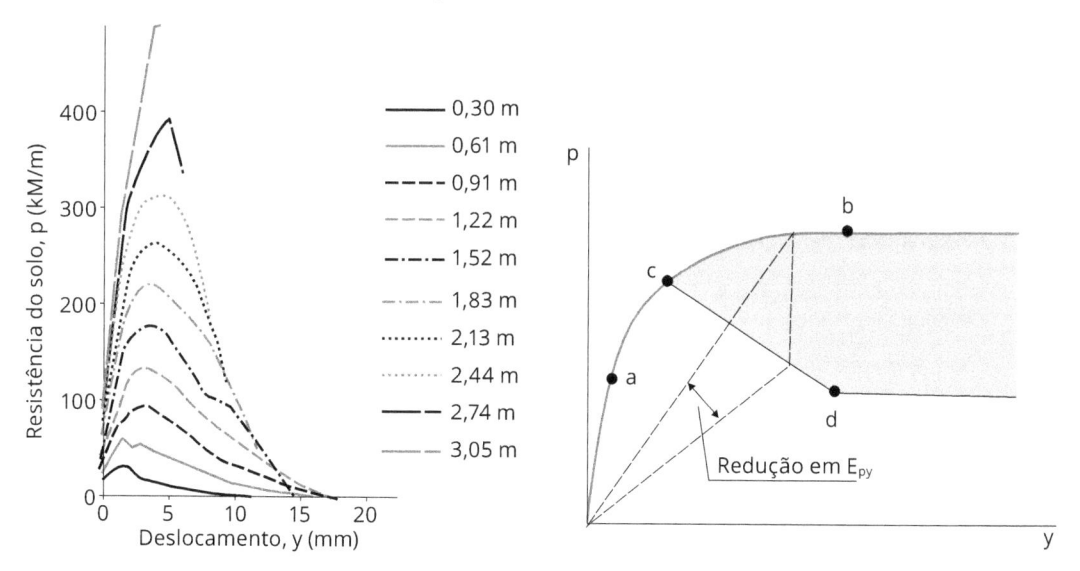

Fig. 9.21 *Resposta típica do solo ao carregamento cíclico*

Fig. 9.22 *Efeito do número de ciclos no comportamento pressão × deslocamento*

Por sua vez, no carregamento permanente, há diferenças nas respostas de solos granulares ou argilas pré-adensadas quando comparadas a argilas NA, como pode ser visto na Fig. 9.23.

No caso de argilas normalmente adensadas, há um aumento das deflexões horizontais sob carga constante, produto da diminuição da pressão horizontal nas camadas superficiais. Esse processo ocorre com o tempo em decorrência do adensamento horizontal. Não há modelos analíticos de cálculo e deve ser resolvida a teoria de adensamento tridimensional. Nos casos práticos usuais, pode-se adotar um critério simplificado de aumentar os deslocamentos em uma percentagem adicional ao caso do carregamento estático convencional.

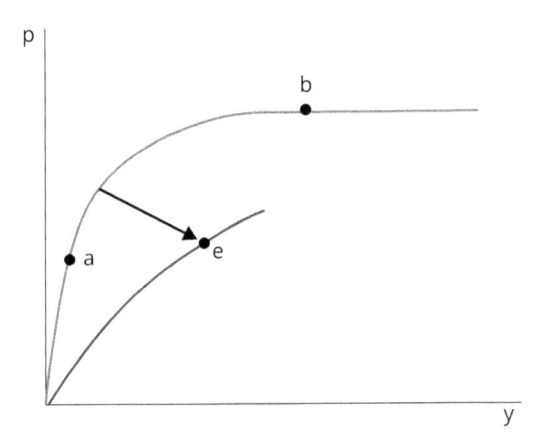

Fig. 9.23 *Comportamento pressão × deslocamento para carregamento permanente (argilas NA)*

Métodos de cálculo

A solução matemática do carregamento horizontal de estacas tem sido tratada por muitos autores (Hansen, 1961; Poulos; Davis, 1980; Broms, 1964; Bowles, 1997; entre outros) através de distintas abordagens e envolvendo diferentes hipóteses quanto à dependência entre as propriedades de resistência e a deformabilidade do solo: trata-se de um caso em que a reação do solo ao redor é proporcional ao deslocamento da estaca, o que é dependente da resposta do solo. Nesse modo de carregamento, dois grupos de parâmetros geotécnicos são considerados cruciais: a resistência lateral última e o módulo de reação horizontal do solo. Sendo essas variáveis não lineares, é necessário empregar algoritmos iterativos nos modelos mais recentes.

Na previsão de comportamento, os métodos de cálculo levam em consideração também a rigidez do elemento e o vínculo com a superestrutura, já que estes governam sua deformação sob carga. No caso de estacas rígidas, as deflexões do eixo são desprezíveis e há a contribuição da resistência de ponta. Já no caso de estacas flexíveis, a deformada do eixo implica uma contribuição nula da ponta, ocorrendo também uma redução da resistência lateral ao longo do fuste. A Fig. 9.24 ilustra os dois mecanismos.

As hipóteses dos diferentes métodos serão comentadas sucintamente a seguir.

– Método de Brinch Hansen

Trata-se de um método baseado no equilíbrio-limite, considerando a variação da resistência com a profundidade e com o tipo de solo (coesivo ou granular).

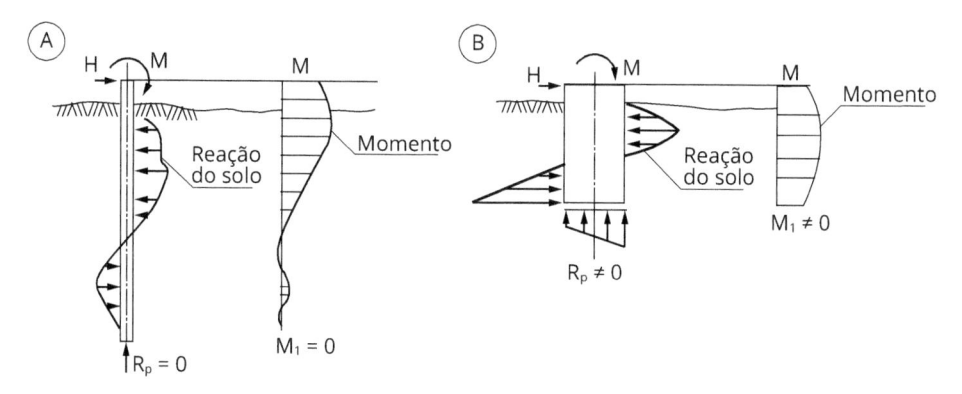

Fig. 9.24 *Classificação das estacas por rigidez relativa*

Por meio de um processo iterativo, com o uso dos coeficientes da Fig. 9.25, permite estabelecer o comprimento da estaca e o ponto de rotação.

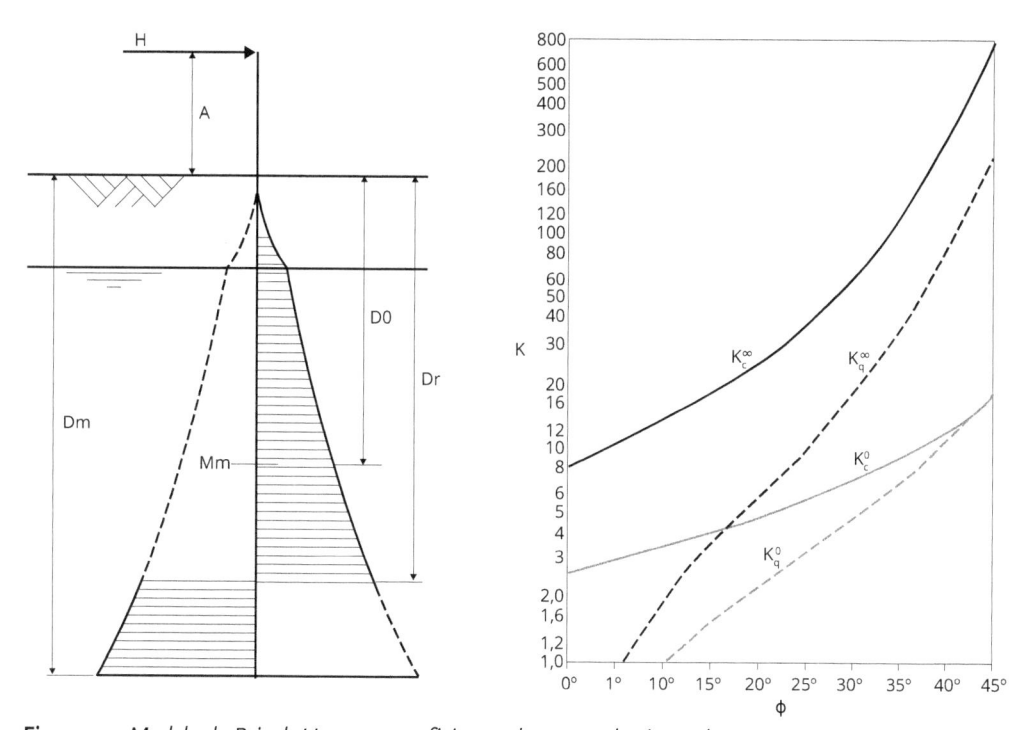

Fig. 9.25 *Modelo de Brinch Hansen e coeficientes de pressão horizontal*

Esse método considera as pressões ativas e passivas, calculando o valor resultante para cada profundidade. Em sua formulação original, não é possível calcular as deflexões para a carga de ruptura do solo.

– **Método de Broms**
Esse método foi inicialmente desenvolvido para estacas curtas em materiais coesivos e posteriormente expandido para estacas longas em materiais

granulares. Através dele, a resistência lateral última pode ser estimada: no caso de estacas curtas, é governada pela resistência passiva do solo, e, no caso de estacas longas, pela resistência estrutural da estaca.

A Fig. 9.26 mostra as reações do subsolo e os mecanismos de ruptura para estacas curtas e longas.

Broms elaborou uma série de gráficos adimensionais para calcular o comprimento de uma estaca no caso em que a carga, o diâmetro e a resistência do solo sejam conhecidos. Não é incorporado um formulário para o cálculo de deslocamentos. No que tange à resistência, fornece resultados conservadores em materiais granulares e razoavelmente precisos em materiais coesivos.

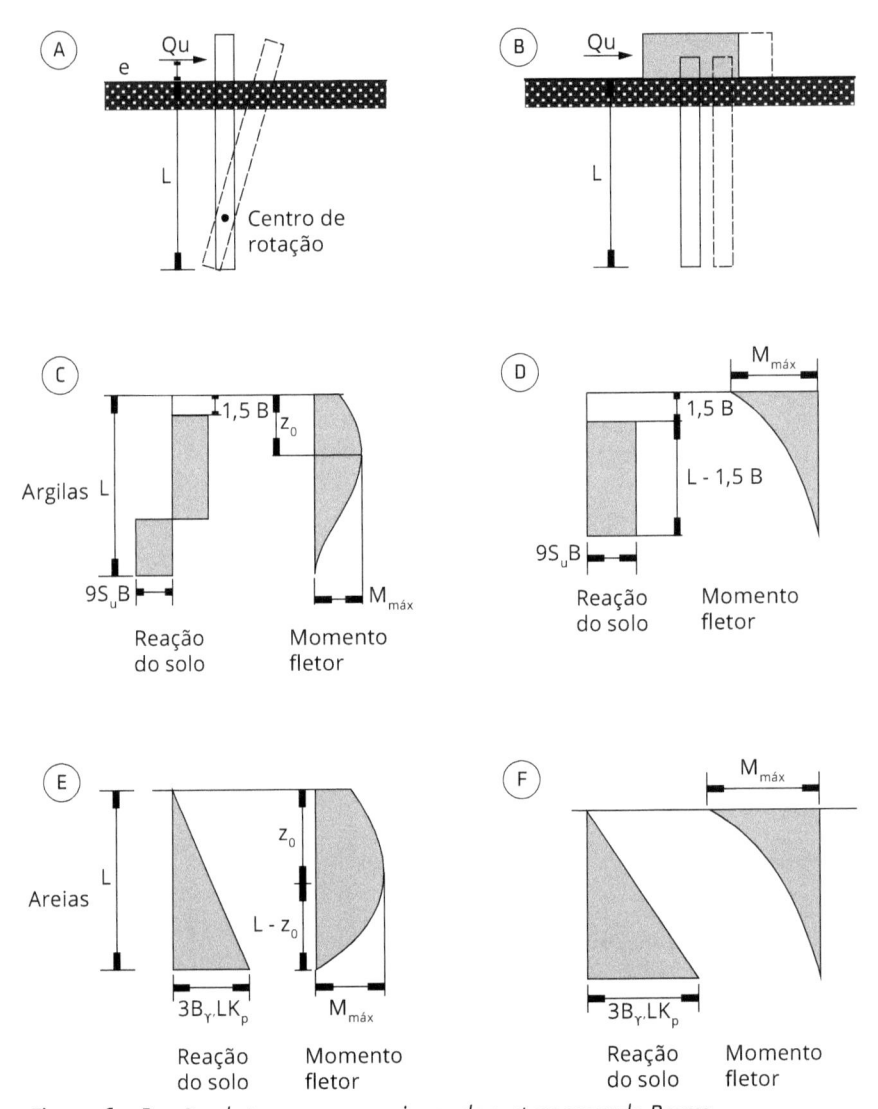

Fig. 9.26 *Reações do terreno e mecanismos de ruptura segundo Broms*

Para estimativas preliminares de resistência lateral na interface estaca × solo, Broms (1964) indica as tensões de ruptura p_y a seguir.

- *Para argilas saturadas, condição não drenada*

$$p_y = N_c \cdot S_u$$

em que:
N_c = fator de capacidade lateral;
S_u = resistência não drenada.

Os valores de N_c aumentam a partir de 2 na superfície, sendo adotadas na prática variações entre 9 e 12 a partir de três a quatro diâmetros de profundidade. O valor usualmente empregado é 9.

- *Para solos granulares*

$$p_y = N_s \cdot p_p$$

em que:
N_s = fator de multiplicação, adotado na prática como 3;
p_p = tensão correspondente à condição de empuxo passivo de Rankine.

Kulhawy e Chen (1993 apud Poulos, 2017) conduziram uma série de ensaios de campo e de laboratório e concluíram que, apesar de conservador (tipicamente 15% a 20% inferiores no caso de estacas escavadas), esse método constitui uma ferramenta valiosa para o cálculo do carregamento horizontal de estacas.

É importante ter conhecimento das limitações do método, quais sejam:
- considera o solo homogêneo em profundidade;
- considera o solo ou puramente friccional (areias), ou puramente coesivo, com resistência constante em profundidade;
- considera a estaca de forma isolada, não abordando a questão de grupo.

O Quadro 9.7 mostra expressões propostas por Fleming et al. (1992 apud Poulos, 2017) e obtidas por simplificações da proposta de Broms, devendo ser utilizado o menor dos valores obtidos para estacas curtas e estacas longas. O quadro considera as estacas como *single fixed head* (engaste).

Essas soluções consideram uma camada única de solo de forma a ter limitações em suas aplicações para os seguintes casos:
- perfis de solos estratificados com variabilidade de resistência;
- perfis com intercalações de areias e argilas;
- camadas granulares em que o nível d'água não se localiza nem no topo da camada, nem abaixo da base das estacas;
- grupos de estacas.

Quadro 9.7 Expressões aproximadas para capacidade-limite de estaca com o topo engastado

Tipo de solo	Modo de ruptura	Equação	Definições	
Coesivo	Estaca curta	$H_1 = 0{,}5x_1^2 + 4{,}25x_1$	$H_1 = H/c_u d^2$	$x_1 = L/d$
Coesivo	Estaca longa	$H_2 = 4{,}08x_2^{0{,}544}$	$H_2 = H/c_u d^2$	$x_2 = M_y/c_u d^3$
Granular	Estaca curta	$H_3 = 0{,}495x_3^2 + 0{,}010x_3$	$H_3 = H/K_p^2 \gamma d^3$	$x_3 = L/d$
Granular	Estaca longa	$H_4 = 1{,}652x_4^{0{,}668}$	$H_4 = H/K_p^2 \gamma d^3$	$x_4 = M_y/K_p^2 \gamma d^4$

Nota: H = carga-limite última; c_u = resistência não drenada (coesão); M_y = momento de plastificação da seção da estaca; K_p = coeficiente de empuxo passivo de Rankine; γ = peso específico do solo; L = comprimento da estaca; d = diâmetro da estaca.
Fonte: Poulos (2017).

– **Métodos computacionais (MSHEET)**

O solo é modelado como molas bilineares até atingir a resistência horizontal máxima. Para isso, os coeficientes de empuxo ativos e passivos, bem como o módulo de reação do solo, são indicados pelo usuário para cada camada, como mostrado na Fig. 9.27.

Como resultado, as pressões horizontais contra o fuste resultam proporcionais aos deslocamentos em cada profundidade, como apresentado na Fig. 9.28.

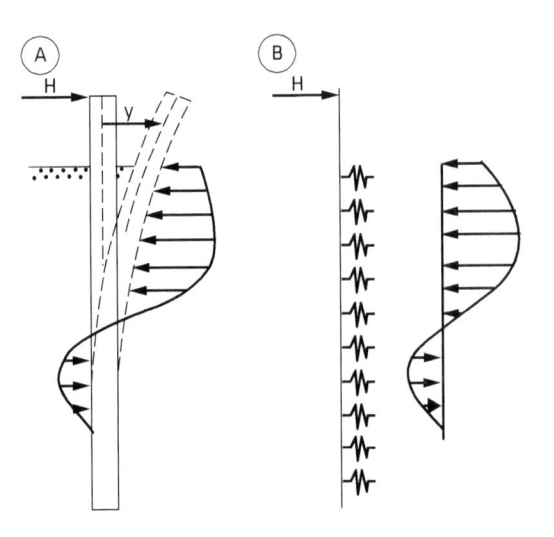

Fig. 9.27 Reações do solo idealizadas

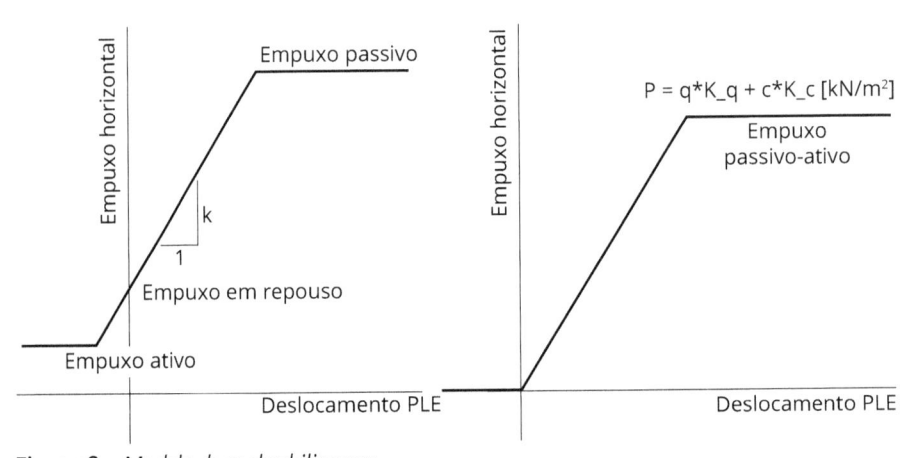

$P = q*K\_q + c*K\_c \ [kN/m^2]$

Fig. 9.28 Modelo de molas bilineares

Nesse modelo, a rigidez flexural da estaca pode ser variada com a profundidade, mas continua idealizando o solo como bilinear, hipótese que não é realística, já que a rigidez do solo é dependente da deformação.

– Métodos computacionais (P-Y)

O método é baseado num modelo de molas não lineares para representar a resposta do solo (Fig. 9.29). A forma das curvas depende da resistência (solos coesivos ou granulares) e do nível de tensões do material nessa profundidade. A norma API emprega esse modelo como método de cálculo e recomenda as relações matemáticas entre pressão e deslocamento para todo o processo de carregamento em cada tipo de solo.

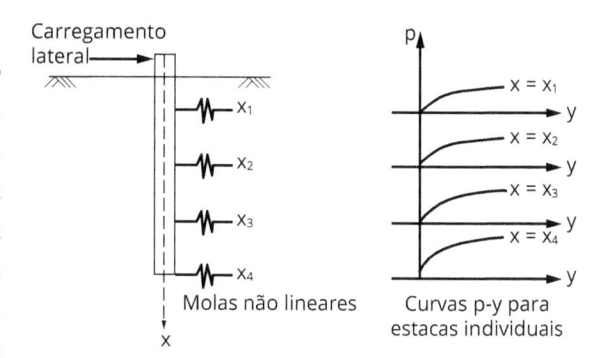

Fig. 9.29 Modelo P-Y
Fonte: FHWA (2010).

Além da não linearidade do solo, nesse modelo é possível incorporar seções de fuste com diferentes rigidezes, bem como a aplicação de carregamento vertical. Os cálculos podem ser executados para condições de estado último (ruptura) ou de serviço. A versatilidade do modelo fez com que ele fosse incorporado também na versão francesa do Eurocode 7 como procedimento de projeto.

Alguns de seus detalhes gerais serão apresentados resumidamente a seguir.

- *Solos coesivos*

Para carregamento estático, Reese e Van Impe (2011) apresentaram um método para a construção da curva P-Y. A deformação característica correspondente a 50% da resistência de pico no ensaio triaxial (ε_{50}) serve como base para estimar o deslocamento relativo (y_{50}) na forma:

$$y_{50} = 2{,}5\varepsilon_{50} D$$

O valor da resistência última, P_{ult}, é calculado como o menor valor entre:

$$P_{ult} = 9s_u$$

e

$$P_{ult} = [3 + \gamma' z/s_u + J z/D]\, s_u\, D$$

em que:
s_u = resistência não drenada do material;
γ' = peso específico efetivo na profundidade considerada;
z = profundidade considerada;
D = diâmetro da estaca;
J = fator experimental (0,5 para argilas NA e 0,25 para argilas PA).

A curva P-Y pode então ser calculada com a fórmula presente na Fig. 9.30, adotando um valor constante a partir de $y/y_{50} = 8$.

- **Solos granulares**

Reese, Cox e Koop (1974) apresentaram um procedimento para a construção da curva P-Y para materiais granulares carregados estaticamente a partir do ângulo de atrito φ' do material e considerando o estado de tensões efetivas verticais ao redor do fuste.

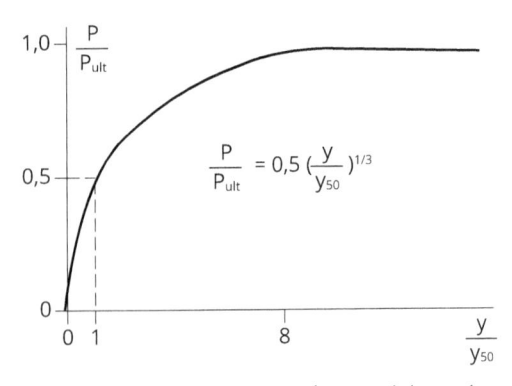

Fig. 9.30 Curvas P-Y típicas de materiais coesivos

$$\frac{P}{P_{ult}} = 0{,}5 \left(\frac{y}{y_{50}}\right)^{1/3}$$

Sendo definidas as variáveis auxiliares:

$$\alpha = \varphi'/2; \; \beta = 45 + \varphi'/2; \; K_o = 0{,}4; \; K_a = \tan 2\,(45 - \varphi'/2)$$

Determinam-se as resistências últimas P_s por unidade de comprimento de fuste e emprega-se o menor dos valores calculados a seguir:

$$P_{st} = \gamma z \left(\frac{K_o z \, \tan\varphi' \, \mathrm{sen}\beta}{\tan(\beta-\varphi')\cos\alpha}\right) + \frac{\tan\beta}{\tan(\beta-\varphi')}$$

$$\left(D + z\tan\beta\tan\alpha + K_o z \, \tan\beta(\tan\varphi'\,\mathrm{sen}\beta - \tan\alpha) - K_a D\right)$$

$$P_{sd} = K_a D \gamma z (\tan 8\beta - 1) + K_o D \gamma z \tan\varphi' \tan 4\beta$$

Determina-se o deslocamento horizontal y_u como $y_u = 3D/80$.

Dependendo do tipo de carregamento, os valores dos coeficientes A_c e A_s para os carregamentos cíclico e estático são obtidos na Fig. 9.31 em função da posição Z/D.

O valor da pressão horizontal máxima P_u é calculado de acordo com o tipo de carregamento por:

$$P_u = A_c P_s \text{ (estático)}$$
$$P_u = A_c P_s \text{ (cíclico)}$$

Determina-se o deslocamento horizontal y_m como $y_m = D/60$.

Dependendo do tipo de carregamento, os valores dos coeficientes B_c e B_s para os carregamentos cíclico e estático são obtidos na Fig. 9.32 em função da posição Z/D.

O valor da pressão horizontal P_m é calculado de acordo com o tipo de carregamento por:

$$P_m = B_c P_s \text{ (estático)}$$

9 Projeto de fundações de aerogeradores | 163

$$P_m = B_c\, P_s \text{ (cíclico)}$$

O trecho inicial linear da curva P-Y é obtido usando valores de referência kpy segundo as Tabs. 9.6 e 9.7.

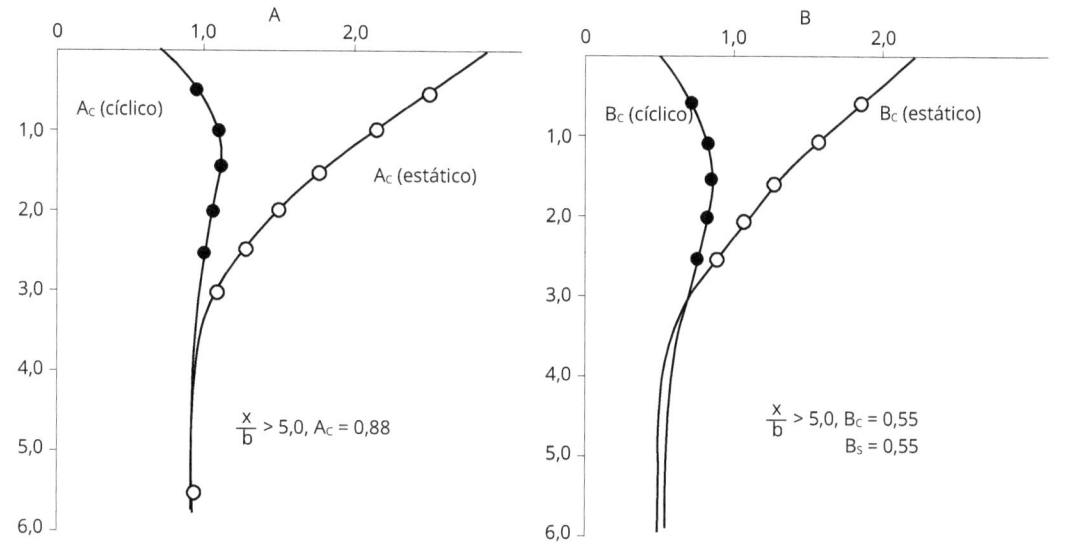

Fig. 9.31 Valores de A_c e A_s

Fig. 9.32 Valores de B_c e B_s

Tab. 9.6 Valores de kpy para areia submersa

Densidade relativa	Fofa	Média	Densa
kpy (MN/m³)	5,4	16,3	34

Tab. 9.7 Valores de kpy para areia acima NA

Densidade relativa	Fofa	Média	Densa
kpy (MN/m³)	6,8	24,4	61

Finalmente, o trecho entre os pontos m e u é ajustado com uma parábola da forma:

$$P = C\, y^{\left(\frac{1}{n}\right)}$$

A partir das variáveis auxiliares m e u:

$$m = \frac{p_u - p_m}{y_u - y_m}$$

$$n = \frac{p_m}{n\, y_m}$$

$$C = \frac{p_m}{y_m^{\left(\frac{1}{n}\right)}}$$

$$y_k = \left(\frac{c}{kpy\,y}\right)\left(\frac{n}{n-1}\right)$$

Com esse procedimento, é possível então construir as curvas para cada nível ao longo do fuste da estaca, conforme ilustrado na Fig. 9.33.

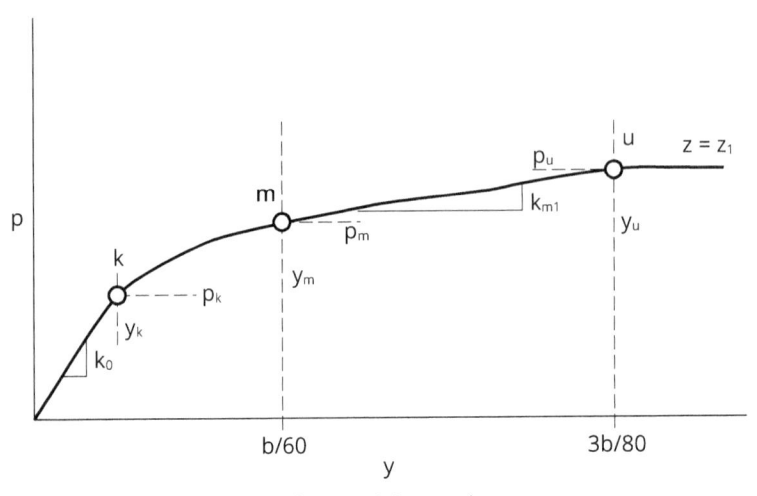

Fig. 9.33 *Curvas P-Y típicas de materiais granulares*

- *Rochas brandas*

Nos casos em que a rocha se encontra coberta por uma espessa camada de solo sedimentar, os deslocamentos do fuste são desprezíveis, resultando em uma ínfima contribuição, independentemente do tipo de material. Já nos casos em que há carregamentos horizontais significativos e a ocorrência de rochas na superfície, a profundidade de embutimento será comandada pelos esforços laterais, uma vez que a capacidade axial é geralmente elevada. Os métodos P-Y para rochas brandas guardam semelhança matemática com os métodos para solos coesivos, admitindo, porém, comportamento não linear desde o início da curva.

Como característica comum a todos os cenários geotécnicos, a necessidade de uma investigação geotécnica adequada é fundamental para a definição das propriedades das camadas: nos casos envolvendo solos coesivos, a resistência não drenada, ou, nos casos das areias, o ângulo de atrito efetivo. Já no que diz respeito às propriedades de deformabilidade a adotar, a natureza não linear delas obriga a encaminhar o processo de cálculo de forma paramétrica e, dependendo da sensibilidade da resposta, a realizar um ajustamento a partir de provas de carga horizontais.

– **Métodos numéricos tridimensionais 3D MEF**

O programa de elementos finitos *Plaxis 3D foundation* foi desenvolvido para prever o comportamento da interação solo-estrutura empregando vários modelos constitutivos. Incorpora o modelo elástico perfeitamente plástico Mohr-Coulomb (cujas variáveis de entrada são c', φ', E, ν), onde a resistência do solo cresce linearmente com as deformações até atingir o critério de plastificação. Modelos mais avançados, como o *hardening soil* (HS), consideram a dependência da rigidez do solo (E) com o nível de tensões.

Do ponto de vista da prática de engenharia, os programas geotécnicos tridimensionais têm poucas limitações e uma grande flexibilidade para modelar geometrias complexas. Requerem, no entanto, cuidadosas análises para a escolha dos parâmetros geotécnicos representativos do solo envolvido.

O Quadro 9.8 apresenta as principais características dos métodos desenvolvidos para o cálculo do carregamento horizontal de fundações profundas.

Quadro 9.8 Características dos modelos de cálculo de carregamento horizontal

Modelo	Brinch Hansen	Broms	MSHEET	P-Y	3D MEF
Carga última	Sim	Sim	Sim	Sim	Sim
Base em testes	Não	Não	Não	Sim	Não
Base analítica	Sim	Sim	Sim	Sim	Sim
Base analítica P-Y	Não	Não	Não	Sim	Não
Tipo de solo					
Coesivo	Sim	Sim	Sim	Sim	Sim
Granular	Sim	Sim	Sim	Sim	Sim
Estratificado	Sim	Não	Sim	Sim	Sim
Não linear	Não	Não	Bilinear	Sim	Sim
Tipo de carregamento					
Horizontal	Sim	Sim	Sim	Sim	Sim
Momento	Sim	Sim	Sim	Sim	Sim
Axial	Não	Não	Não	Sim	Sim
Cíclico	Não	Não	Não	Sim	Sim
Estaca					
Não linear[1]	Não	Não	Não	Sim	Sim
EJ constante[2]	Não	Não	Não	Sim	Sim

[1] *Estaca não linear significa que EJ da estaca é função do momento fletor (EJ = rigidez da estaca).*
[2] *EJ não constante significa que a estaca pode ser dividida em trechos de diferente rigidez.*

9.9.6 Recalques de estacas

Os recalques de estacas quando submetidas a carregamento axial dependem, entre outras variáveis, da forma de transferência de carga ao solo (mobilização da resistência lateral e da resistência da base da estaca) (Vesic, 1977).

O cálculo de recalques em fundações por estacas pode ser realizado com a utilização de várias ferramentas. Os métodos disponíveis de cálculo são os métodos baseados na teoria da elasticidade, os métodos numéricos e os métodos dos elementos finitos.

Entre aqueles que utilizam a teoria da elasticidade, os mais conhecidos são os decorrentes das contribuições de Poulos e Davis (1980). No Brasil, tem-se a contribuição de Aoki e Lopes (1975). O detalhamento desses métodos pode ser encontrado nas publicações de Poulos e Davis (1980) e Velloso e Lopes (2011).

Quanto aos métodos numéricos, as proposições de Randolph (1977) e Randolph e Wroth (1978) são as adotadas. Já o uso de elementos finitos tem atualmente abrangência disseminada.

As curvas T-Z, introduzidas pela prática da indústria *offshore* (API, 2000), passam a ser utilizadas na prática.

Modelo T-Z

Da mesma forma que o modelo de análise para carregamento horizontal P-Y, o modelo T-Z permite prever a curva carga-recalque de estacas.

Nesse método, a estaca é discretizada em segmentos de forma a compatibilizar os deslocamentos do fuste com o atrito lateral (Fig. 9.34).

A estaca é considerada linear elástica-perfeitamente plástica sob carregamento axial. A rigidez de cada elemento no regime elástico é calculada por meio de:

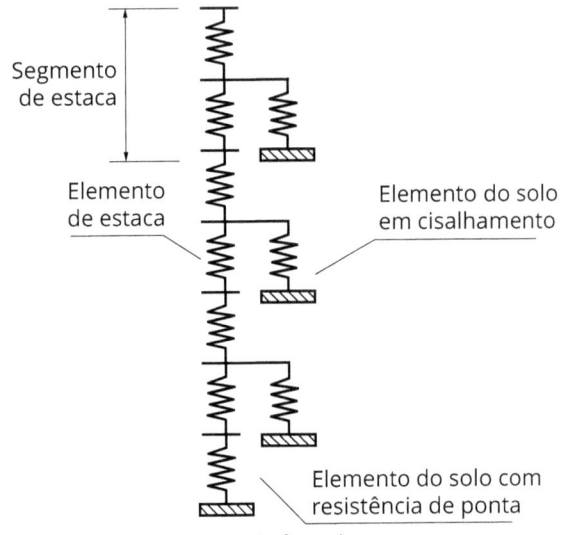

Fig. 9.34 *Discretização do fuste da estaca*

$$k_{estaca,axial} = \frac{E_{estaca} A_{estaca}}{L_{estaca}}$$

em que:

$k_{estaca,axial}$ = rigidez de cada elemento;
E_{estaca} = módulo elástico da estaca;
A_{estaca} = seção transversal da estaca;
L_{estaca} = comprimento do elemento.

A transferência de carga lateral entre o elemento de fuste e o solo é calculada por:

$$T = \tau A_z$$

em que:

T = transferência de carga lateral;
τ = resistência lateral unitária do solo;
A_z = área lateral do elemento de estaca.

9 Projeto de fundações de aerogeradores | 167

Assim, a rigidez da mola ideal que representa o contato do elemento solo-fuste é definida como:

$$k_z = \frac{\tau A_z}{L_{segmento}}$$

Para diferentes tipos de solo, há padrões típicos da variação (τ/τ_{ult}) para representar a não linearidade das molas. A norma API fornece recomendações para o cálculo da resistência lateral última.

Para estacas cravadas em solos coesivos:

$$\tau_{ult} = \alpha \, s_u$$

em que α é um fator adimensional calculado em função do pré-adensamento, sendo:

$$\alpha = 0{,}5 \left(\frac{\sigma'v}{s_u} \right)^{0{,}5}, \text{ quando } \frac{s_u}{\sigma'v} < 1$$

$$\alpha = 0{,}5 \left(\frac{\sigma'v}{s_u} \right)^{0{,}25}, \text{ quando } \frac{s_u}{\sigma'v} > 1$$

Na Fig. 9.35, apresenta-se τ/τ_{ult} para o caso das argilas.

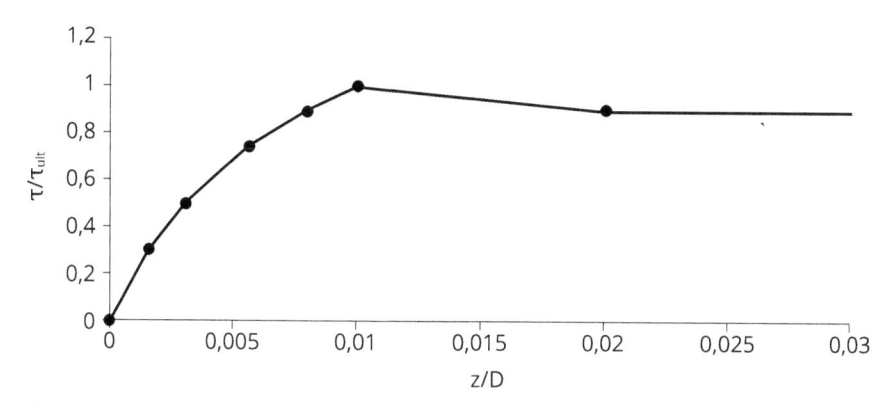

Fig. 9.35 τ/τ_{ult} *para argilas*

Para estacas cravadas em solos granulares:

$$\tau_{ult} = K \, \sigma'v \, \tan\delta$$

em que:
K = coeficiente de pressão lateral;
δ = ângulo de atrito entre solo e estaca.

Na Fig. 9.36, apresenta-se τ/τ_{ult} para o caso das areias.

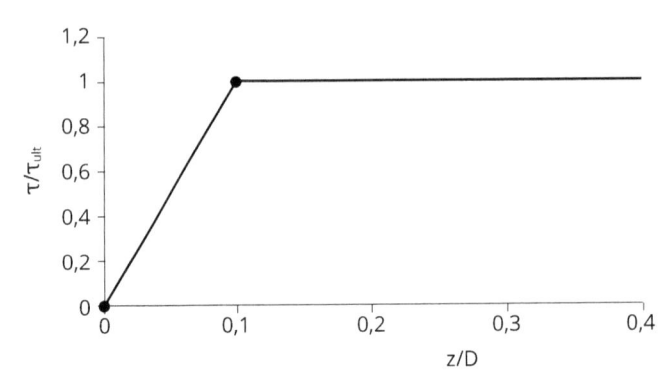

Fig. 9.36 τ/τ_{ult} *para areias*

Da mesma forma, a norma API fornece modelos para a previsão do comportamento da base da estaca (curvas Q-Z) até a ruptura.

No caso de materiais coesivos, a resistência de ponta última (Q_{ult}) é calculada como:

$$Q_{ult} = 9s_u$$

Para materiais granulares, essa resistência vale:

$$Q_{ult} = \sigma'v\, N_q$$

em que N_q é o fator de capacidade de carga adimensional.

A Fig. 9.37 mostra a relação Q/Q_{ult} para argilas e areias.

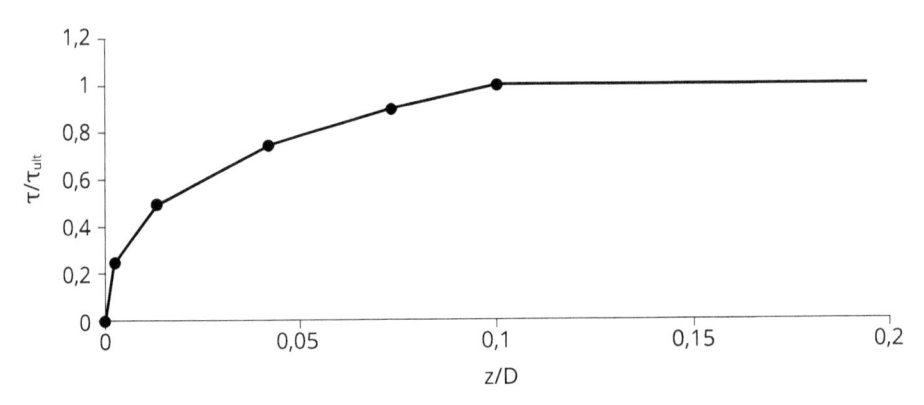

Fig. 9.37 Q/Q_{ult} *para argilas e areias (API)*

Assim, o comportamento carga-recalque de uma estaca carregada axialmente pode ser descrito mediante dois mecanismos geotécnicos não lineares: o atrito lateral ao longo do fuste e a resposta da base.

Cálculo de deformações: método clássico de Poulos e Davis × métodos numéricos

O cálculo dos recalques de estacas isoladas através do método de Poulos e Davis é extremamente útil, porém tem implícitas as limitações inerentes aos métodos analíticos fechados, quando comparado com as soluções que empregam o método dos elementos finitos:

9 Projeto de fundações de aerogeradores

- Não é possível incorporar perfis de solo estratificados, uma vez que o modelo foi formulado para semiespaços homogêneos.
- Os efeitos da compressibilidade da base são considerados apenas em casos discretos (as soluções publicadas compreendem apenas algumas ordens de grandeza da relação entre as rigidezes das camadas atravessadas pelo fuste e onde a base fica apoiada).
- As soluções clássicas são de natureza elástica. O contato entre fuste e solo apenas sofre distorções cisalhantes. Na prática, dependendo da estratigrafia do perfil, podem ocorrer deslocamentos relativos na direção do eixo do fuste.
- No caso de grupos de estacas, o método dos elementos finitos permite calcular, dependendo das rigidezes relativas entre estaqueamento e superestrutura, a real distribuição de cargas num caso onde há solicitações de flexão.
- O método dos elementos finitos possibilita incorporar também o comportamento plástico de elementos estruturais.
- Uma forma de uso dos métodos de previsão de recalques é sua retroanálise após a realização de provas de carga estáticas, com o ajuste das variáveis utilizadas no método de previsão (calibração do método).

9.9.7 Análise de carregamento cíclico em estacas (fadiga)

A consideração dos efeitos do carregamento cíclico no desempenho de fundações de aerogeradores foi recentemente incorporada aos itens de projeto na publicação BSH (2007), de forma que não há uma grande variedade de métodos práticos de análise. Uma combinação de métodos baseados no carregamento estático com modelos de transferência de carga que incorporam a degradação da resistência lateral constitui uma alternativa prática para a análise do problema (algoritmo RATZ; Randolph, 2003). Em um solo estratificado, a estaca é dividida em segmentos em que as propriedades mecânicas do solo (resistência ao cisalhamento e rigidez) possam ser consideradas constantes, conforme ilustra a Fig. 9.38.

A avaliação da capacidade de carga da estaca sob carregamento cíclico contempla a contribuição das parcelas de resistências laterais e de ponta, desconsiderando-se esta última para cargas de tração.

O modelo $\tau \times w$ (tensão cisalhante × deslocamento) empregado não tem uma base teórica precisa, apenas é um dado experimental ou de ajuste através de métodos semiempíricos derivados de ensaios de campo ou laboratório.

A curva de transferência de carga (Fig. 9.39) é composta de três estágios:
- Na trajetória de carregamento, entre os pontos A e B, essa curva é caracterizada por um trecho linear inicial onde as tensões τ são diretamente proporcionais ao deslocamento (w). Esse trecho se estende entre A e

uma fração $\xi\,\tau_p$ (com $0 < \xi < 1$) da tensão cisalhante máxima (τ_p) e tem uma declividade k definida como uma fração do módulo de cisalhamento operacional do solo. Tipicamente, $k = G/4$, e o valor operacional de G pode ser adotado como $G_o/3$.

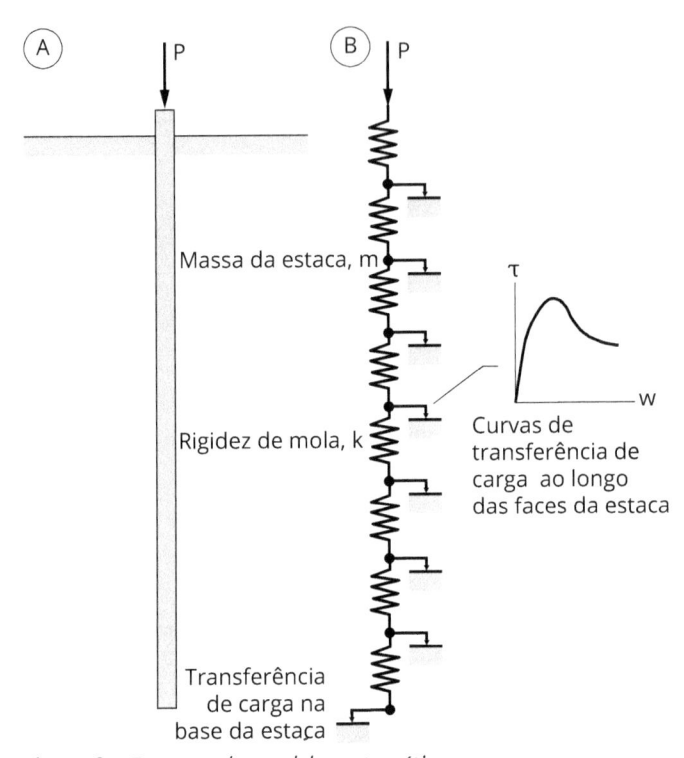

Fig. 9.38 *Estaca real e modelo matemático*

- Em seguida, ocorre um trecho parabólico até o ponto B, com declividade inicial k e declividade final igual a zero quando $\tau_o = \tau_p$. O valor máximo do atrito lateral ocorre tipicamente para valores da ordem de 1% do diâmetro da estaca.
- Há então um trecho final de amolecimento a partir do ponto B onde o valor do atrito lateral é função do deslocamento da estaca pós-pico, Δw:

$$\tau_o = \tau_p - 1,1\left(\tau_p - \tau_r\right)\left\{1 - e\left[-2,4\left(\frac{\Delta w}{\Delta w_{res}}\right)\eta\right]\right\}$$

em que:
τ_p = atrito lateral máximo;
τ_r = atrito lateral residual;
Δw = deslocamento pós-pico;
Δw_{res} = deslocamento pós-pico necessário para atingir o valor τ_r;

η = expoente que controla a forma do amolecimento, variável entre 0,7 (degradação acentuada) e 1,3 (degradação suave).

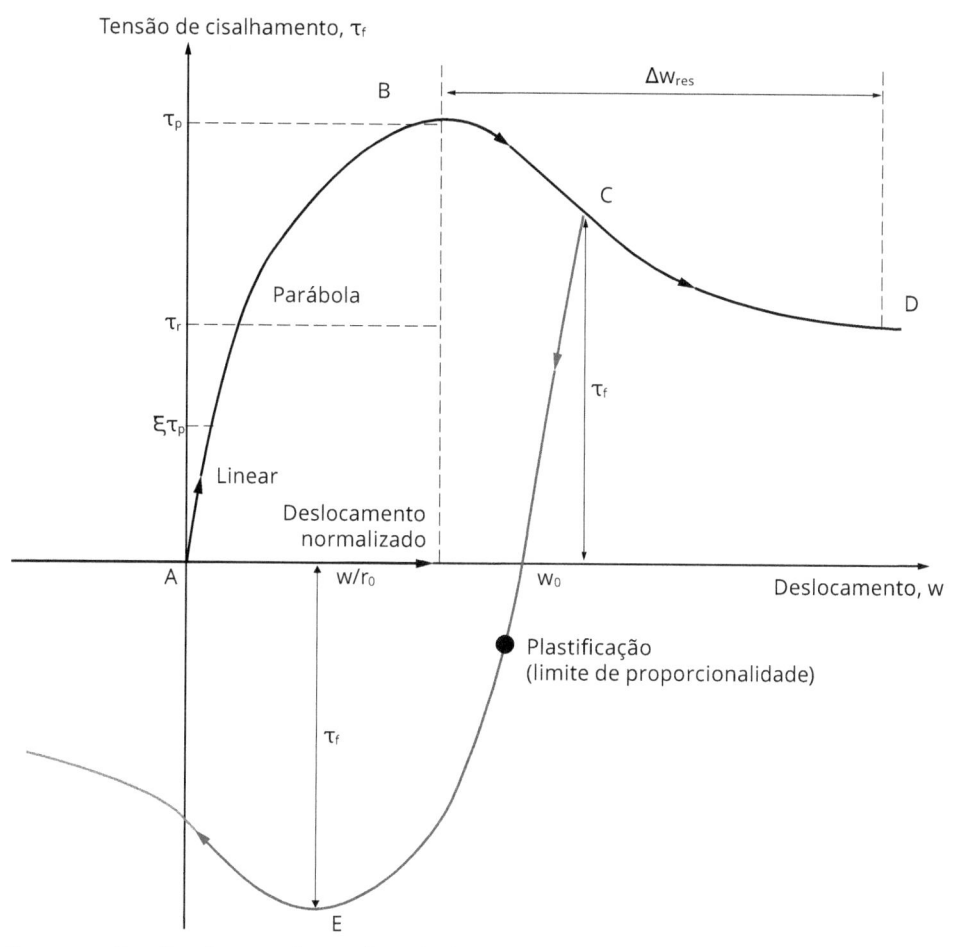

Fig. 9.39 *Detalhes da curva de transferência de carga*

No caso de carregamento cíclico com reversão de tensões cisalhantes, a plastificação primária ocorre no mesmo ponto que no carregamento (no ponto $-\xi\tau$). No caso de recarregamento e posterior descarregamento, o modelo proposto por Randolph estabelece:

$$\tau_c = \tau_{min} + 0,5(1+\xi)\left[\tau_{(c-1)} - \tau_{min}\right]$$

em que:
ξ = limiar de plastificação;
τ_c = valor instantâneo do atrito lateral;
$\tau_{(c-1)}$ = valor anterior do atrito lateral;
τ_{min} = valor mínimo do atrito lateral.

Como recomendação geral, o método ICP (método de estimativa de capacidade de carga de estacas desenvolvido no Imperial College) sugere que, para carregamento estático, o módulo de cisalhamento G seja calculado como 30% do módulo dinâmico $G_{máx}$.

A Tab. 9.8 completa os valores sugeridos para as variáveis do modelo.

Tab. 9.8 Valores sugeridos para as variáveis do modelo

Parâmetro	Símbolo	Valor	Comentário
Limiar plástico	ξ	0,1	Valor conservador. Em areias, Poulos (1988a, 1988b) sugere adotar valores maiores
Resistência lateral residual	τ_r	$0,70\, \tau_p$	70% do valor de resistência lateral de pico, de acordo com Poulos (1988a, 1988b)
Deslocamento até o residual	Δw_{res}	0,10 m	Valor realista, porém de influência relativamente pequena
Parâmetro de amolecimento	η	0,70	Valor conservador
Resistência lateral cíclica residual	$\tau_{r,cyc}$	$0,10\, \tau_p$	Valor conservador para areias

A base da estaca, finalmente, é modelada a partir dos valores adotados para a pressão última, qbf, e o deslocamento necessário para atingi-la, wbf. A evolução é parabólica, com declividade inicial $2qbf/wbf$ e declividade zero no deslocamento wbf.

O procedimento de análise é composto de cinco etapas:

- Determinar os valores de resistência lateral de pico ao longo da estaca, assim como de ponta, de acordo com os métodos usuais de capacidade de carga.
- Importar os valores de resistência obtidos ao algoritmo do programa RATZ e executar os cálculos de acordo com o tipo de carregamento (deformação controlada ou carregamento definido, ou monotônico ou cíclico).
- Determinar a redução da capacidade lateral ($\Delta Q_{f,cyc}$) a partir da curva de degradação obtida no RATZ (a Fig. 9.40 ilustra conceitualmente as resistências inicial e final após o carregamento cíclico).
- Recalcular a capacidade de carga com os métodos usuais a partir do perfil de valores reduzidos.
- Importante: a redução da capacidade por carregamento cíclico deve ser realizada apenas para cargas características, ou seja, não são aplicados fatores de majoração nesse estágio.

Conforme a normativa alemã BSH (2007), a carga de projeto da estaca, Q_d, pode ser calculada por:

$$Q_d = \frac{Q_r - \Delta Q_{f,cyc}}{\gamma_{R,Pe}}$$

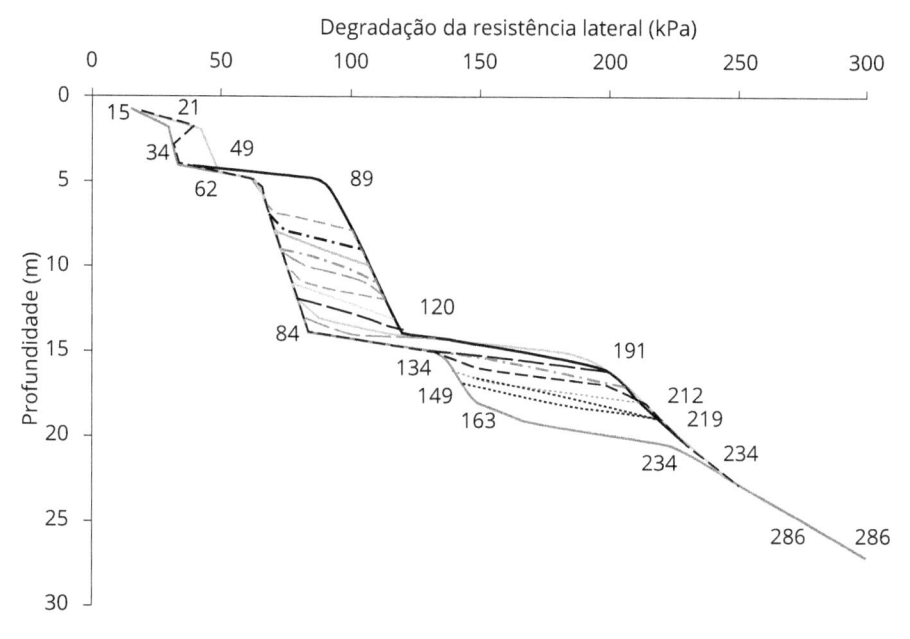

Fig. 9.40 *Exemplo da degradação da resistência lateral*

em que $\gamma_{R,Pe}$ é um coeficiente de segurança parcial igual a 1,25, de acordo com a ISO 19902.

Admitida a degradação da resistência lateral com a amplitude dos ciclos de carregamento, Poulos (2017) sugere limitar o valor da amplitude média (para solicitações máximas), E_c, de forma que:

$$\eta R_{gs} > E_c$$

em que:
R_{gs} = resistência última do fuste da estaca;
η = razão de carregamento cíclico (máxima carga cíclica/resistência lateral última).

Dessa forma, evita-se a mobilização total da resistência lateral ao longo do fuste, reduzindo o risco de que o carregamento cíclico a degrade.

A Fig. 9.41 mostra os valores de η sugeridos em função das rigidezes relativas estaca/solo e a razão comprimento do fuste/diâmetro.

Na ausência de dados específicos, o autor sugere adotar η = 0,5 como valor razoável de projeto.

9.9.8 Fatores de segurança

Cuidado especial deve ser tomado quando da definição dos fatores de segurança geotécnicos a serem adotados para previsões de carga de ruptura, considerando os seguintes aspectos:

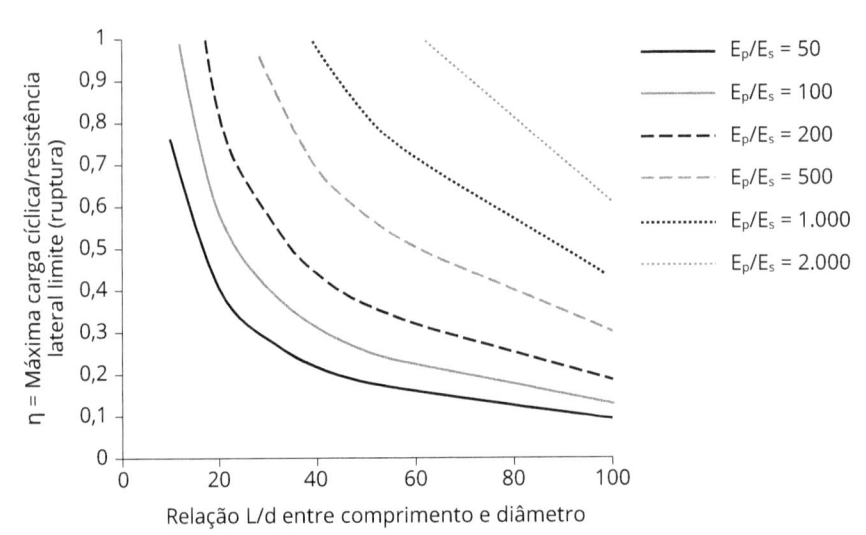

Fig. 9.41 *Máxima razão de carregamento cíclico para estacas*
Fonte: Poulos (2017).

- Para estacas moldadas *in situ* (escavadas e hélice contínua), a confiabilidade da resistência de ponta é discutível por ser altamente dependente de detalhes construtivos. Por esse motivo, recomenda-se a adoção de fatores de segurança maiores para a resistência de ponta do que aquela adotada para a resistência lateral.
- A mobilização da resistência de ponta para estacas de maior diâmetro é diferente e maior do que aquela necessária para a mobilização da resistência lateral, o que constitui mais um motivo para a adoção da recomendação anterior.

Como indicação inicial, para as parcelas de resistência lateral e de ponta para diversos tipos de estaca, sugerem-se os fatores de segurança listados a seguir para a condição de carregamento ELS quando o cálculo é realizado por correlação direta com N_{SPT} sem comprovação através de ensaios estáticos.

- *Estacas escavadas*
  - FS lateral > 2,0 compressão, > 2,5 tração;
  - FS ponta > 3 a 5, dependendo das condições construtivas;
  - FS global – mínimo de 2,50.
- *Estacas hélice contínua*
  (1ª opção)
  - FS lateral > 2,0 compressão, > 2,5 tração;
  - FS ponta > 3 a 5, dependendo das condições construtivas;
  - FS global – mínimo de 2,50.
  (2ª opção)
  - FS lateral > 2 compressão, > 2,5 tração;
  - FS ponta > não considerar a parcela;

- FS global – mínimo de 2,00.
- Estacas pré-moldadas de concreto *(comprovar sempre com ensaio de PDA)*
  - FS lateral > 1,5 compressão, > 2,5 tração;
  - FS ponta > 2;
  - FS global – mínimo de 2,00.
- *Estacas raiz*
  - FS lateral > 2,0 compressão, > 2,5 tração;
  - FS ponta > 3 a 4, dependendo das condições construtivas;
  - FS global – mínimo de 2,50.
- *Estacas metálicas (comprovar sempre com ensaio de PDA)*
  - FS lateral > 2,0 compressão, > 2,5 tração;
  - FS ponta > 2,5;
  - FS global – mínimo de 2,50.

O Boxe 9.1 apresenta os valores indicados pela NBR 6122 (ABNT, 2010) para coeficientes de segurança nas diferentes formulações.

Boxe 9.1 Valores para coeficientes de segurança indicados pela NBR 6122

6 SEGURANÇA NAS FUNDAÇÕES

6.1 Generalidades

As situações de projeto a serem verificadas quanto aos estados-limites últimos (ELU) e de serviço (ELS) devem contemplar as ações e suas combinações e outras solicitações conhecidas e previsíveis. Deve ser considerada a sensibilidade da estrutura às deformações das fundações. Estruturas sensíveis a recalques devem ser analisadas considerando-se a interação solo-estrutura.

6.1.1 Região representativa do terreno

O resultado das investigações geotécnicas deve ser interpretado de forma a identificar espacialmente a composição do solo ou da rocha, suas propriedades mecânicas, profundidades das diversas camadas de solo ou características da rocha. Dependendo das características geológicas e das dimensões do terreno, pode ser necessário dividi-lo em regiões representativas que apresentem pequena variabilidade nas suas características geotécnicas.

O projetista das fundações deve definir essas regiões para a eventual programação de investigações adicionais, elaboração do projeto e programação dos ensaios de desempenho das fundações.

6.2 Estados-limites

O projeto deve assegurar que as fundações apresentem segurança quanto aos:
- estado-limite último (associados a colapso parcial ou total da obra);
- estado-limite de serviço (quando ocorrem deformações, fissuras etc. que comprometem o uso da obra).

6.2.1 Verificação dos estados-limites últimos (ELU)

Os estados-limites últimos representam os mecanismos que conduzem ao colapso da fundação.

Os seguintes mecanismos podem caracterizar o estado-limite último:

a) perda de estabilidade global;
b) ruptura por esgotamento da capacidade de carga do terreno;
c) ruptura por deslizamento (fundações rasas);
d) ruptura estrutural em decorrência de movimentos da fundação;
e) arrancamento ou insuficiência de resistência por tração;
f) ruptura do terreno decorrente de carregamentos transversais;
g) ruptura estrutural (estaca ou tubulão) por compressão, flexão, flambagem ou cisalhamento.

Para fundações superficiais, o estado-limite último deve ser determinado conforme o disposto em 7.3, e para fundações profundas conforme o disposto em 8.2.

6.2.1.1 Fatores de segurança de fundação rasa (direta ou superficial)

6.2.1.1.1 Fatores de segurança na compressão

A verificação da segurança pode ser feita por fator de segurança global ou por fatores de segurança parciais, devendo ser obedecidos os valores da Tabela 1.

Tabela 1 Fundações rasas – Fatores de segurança e coeficientes de minoração para solicitações de compressão

Métodos para determinação da resistência última	Coeficiente de minoração da resistência última	Fator de segurança global
Semiempíricos[a]	Valores propostos no próprio processo e no mínimo 2,15	Valores propostos no próprio processo e no mínimo 3,00
Analíticos[b]	2,15	3,00
Semiempíricos[a] ou analíticos[b] acrescidos de duas ou mais provas de carga, necessariamente executadas na fase de projeto, conforme 7.3.1	1,40	2,00

[a] Atendendo ao domínio de validade para o terreno local.
[b] Sem aplicação de coeficientes de minoração aos parâmetros de resistência do terreno.

6.2.1.1.2 Fatores de segurança parciais para verificação de tração

6.2.1.1.2.1 Carregamento dado em termos de valores característicos

Devem ser adotados fatores de segurança parciais de minoração da resistência de $\gamma_m = 1,2$ para a parcela de peso e $\gamma_m = 1,4$ para a parcela de resistência do solo. Essa composição resistente deve ser comparada com o esforço característico atuante majorado pelo fator $\gamma_f = 1,4$.

6.2.1.1.2.2 Carregamento dado em termos de valores de projeto

Devem ser adotados somente fatores de segurança parciais de minoração da resistência de $\gamma_m = 1,2$ para a parcela de peso e $\gamma_m = 1,4$ para a parcela de resistência do solo para a comparação com o esforço de projeto.

6.2.1.1.3 Fatores de segurança parciais para verificação de deslizamento

6.2.1.1.3.1 Carregamento dado em termos de valores característicos

Devem ser adotados fatores de segurança parciais de minoração da resistência de $\gamma_m = 1,2$ para a parcela de peso e $\gamma_m = 1,4$ para a parcela de resistência do solo. Esta composição resistente deve ser comparada com o esforço característico atuante majorado pelo fator $\gamma_f = 1,4$.

6.2.1.1.3.2 Carregamento dado em termos de valores de projeto

Devem ser adotados somente fatores de segurança parciais de minoração da resistência de $\gamma_m = 1{,}2$ para a parcela de peso e $\gamma_m = 1{,}4$ para a parcela de resistência do solo para a comparação com o esforço de projeto.

6.2.1.1.4 Fator de segurança global para verificação de flutuação

Consideradas todas as combinações mais desfavoráveis (por exemplo, a elevação do lençol freático), tanto nos esforços atuantes quanto nos resistentes, deve ser observado um fator de segurança global mínimo de 1,1.

6.2.1.2 Fatores de segurança de fundações profundas

6.2.1.2.1 Resistência calculada por método semiempírico

O fator de segurança a ser utilizado para determinação da carga admissível é 2,0 e para carga resistente de projeto é de 1,4. Quando se reconhecerem regiões representativas, o cálculo da resistência característica de estacas por métodos semiempíricos baseados em ensaios de campo pode ser determinado pela expressão:

$$R_{c,k} = \text{Mín} \left[(R_{c,cal})_{med}/\xi_1 ; (R_{c,cal})_{mín}/\xi_2 \right]$$

onde

$R_{c,k}$ é a resistência característica;

$(R_{c,cal})_{med}$ é a resistência característica calculada com base em valores médios dos parâmetros;

$(R_{c,cal})_{mín}$ é a resistência característica calculada com base em valores mínimos dos parâmetros;

ξ_1 e ξ_2 são fatores de minoração da resistência (Tabela 2).

Tabela 2 Valores dos fatores ξ_1 e ξ_2 para determinação de valores característicos das resistências calculadas por métodos semiempíricos baseados em ensaios de campo

n[a]	1	2	3	4	5	6	≥ 10
ξ_1	1,42	1,35	1,33	1,31	1,29	1,27	1,27
ξ_2	1,42	1,27	1,23	1,20	1,15	1,13	1,11

[a] n = número de perfis de ensaios por região representativa do terreno.

Os valores de ξ_1 e ξ_2 podem ser multiplicados por 0,9 no caso de execução de ensaios complementares à sondagem a percussão. Aplicados os fatores da Tabela 2, para determinar a carga admissível deve ser empregado um fator de segurança global de no mínimo 1,4. Se a análise for feita em termos de fatores de segurança parciais (carga resistente de projeto), não pode ser aplicado fator de minoração da resistência.

6.2.1.2.2 Resistência obtida por provas de carga executadas na fase de elaboração ou adequação do projeto

Para que se obtenha a carga admissível (ou carga resistente de projeto) de estacas, a partir de provas de carga, é necessário que:

a) a(s) prova(s) de carga seja(m) estática(s);

b) a(s) prova(s) de carga seja(m) especificada(s) na fase de projeto e executada(s) no início da obra, de modo que o projeto possa ser adequado para as demais estacas;

c) a(s) prova(s) de carga seja(m) levada(s) até uma carga no mínimo duas vezes a carga admissível prevista em projeto.

O fator de segurança a ser utilizado para determinação da carga admissível é 1,6 e para carga resistente de projeto é de 1,14. Quando em uma mesma região representativa for realizado um número maior de provas de carga, a resistência característica pode ser determinada pela expressão:

$$R_{c,k} = \text{Mín} \left[(R_{c,cal})_{med}/\xi_3;\ (R_{c,cal})_{mín}/\xi_4 \right]$$

onde

$R_{c,k}$ é a resistência característica;

$(R_{c,cal})_{med}$ é a resistência característica calculada com base em valores médios dos parâmetros;

$(R_{c,cal})_{mín}$ é a resistência característica calculada com base em valores mínimos dos parâmetros;

ξ_3 e ξ_4 são fatores de minoração da resistência (Tabela 3).

Tabela 3 Valores dos fatores ξ_3 e ξ_4 para determinação de valores característicos das resistências obtidas por provas de carga estáticas

n^a	1	2	3	4	≥ 5
ξ_3	1,14	1,11	1,07	1,04	1,00
ξ_4	1,14	1,10	1,05	1,02	1,00

[a] n = número de provas de carga em estacas de mesmas características, por região representativa do terreno.

Aplicados os fatores indicados na Tabela 3, para determinar a carga admissível deve ser empregado um fator de segurança global de no mínimo 1,4. Se a análise for feita em termos de fatores de segurança parciais, não deve ser aplicado fator de minoração da carga.

6.2.2 Verificação dos estados-limites de serviço (ELS)

6.2.2.1 Generalidades

A verificação dos estados-limites de serviço em relação ao solo de fundação ou ao elemento estrutural de fundação deve atender a:

$$E_k \leq C$$

onde

E_k é o valor do efeito das ações (por exemplo, o recalque estimado), calculado considerando-se os parâmetros característicos e ações características;

C é o valor-limite de serviço (admissível) do efeito das ações (por exemplo, recalque aceitável).

O valor-limite de serviço para uma determinada deformação é o valor correspondente ao comportamento que cause problemas como, por exemplo, trincas inaceitáveis, vibrações ou comprometimentos à funcionalidade plena da obra.

Fonte: ABNT (2010).

9.9.9 Dimensionamento estrutural das estacas – norma brasileira

A questão do dimensionamento estrutural das estacas também é abordada em detalhe pela NBR 6122 (ABNT, 2010), conforme apresentado no Boxe 9.2.

Boxe 9.2 Dimensionamento estrutural das estacas segundo a NBR 6122

8.6.3 Estacas de concreto moldadas *in loco*

As estacas ou tubulões, quando solicitados a cargas de compressão e tensões limitadas aos valores da Tabela 4, podem ser executados em concreto não armado, exceto quanto à armadura de ligação com o bloco. Estacas ou tubulões com solicitações que resultem em tensões superiores às indicadas na Tabela 4 devem ser dotadas de armadura que deve ser dimensionada de acordo com a ABNT NBR 6118.

À resistência característica do concreto f_{ck} deve ser aplicado um fator redutor de 0,85, para levar em conta a diferença entre os resultados de ensaios rápidos de laboratório e a resistência sob a ação de cargas de longa duração.

O traço especificado nos anexos normativos pode resultar em concreto com f_{ck} superior ao utilizado para o cálculo estrutural das estacas. A especificação dos traços apresentada nos anexos normativos visa obter concreto que garanta qualidade e propriedades como trabalhabilidade, durabilidade, baixa permeabilidade, porosidade, baixa segregação etc., levando em consideração as condições particulares de concretagem, como, por exemplo, o lançamento de grande a grande altura.

Tabela 4 Estacas moldadas *in loco*: parâmetros para dimensionamento

Tipo de estaca	f_{ck}^{d} máximo de projeto MPa	γ_f	γ_c	γ_s	Comprimento útil mínimo (incluindo trecho de ligação com o bloco) e porcentagem de armadura mínima		Tensão média atuante abaixo da qual não é necessário armar (exceto ligação com o bloco) MPa
					Armadura %	Comprimento m	
Hélice/hélice de deslocamento[a]	20	1,4	1,8	1,15	0,5	4,0	6,0
Escavadas sem fluido	15	1,4	1,9	1,15	0,5	2,0	5,0
Escavadas com fluido	20	1,4	1,8	1,15	0,5	4,0	6,0
Strauss[b]	15	1,4	1,9	1,15	0,5	2,0	5,0
Franki[b]	20	1,4	1,8	1,15	0,5	Armadura integral	-
Tubulões não encamisados	20	1,4	1,8	1,15	0,5	3,0	5,0
Raiz[b,c]	20	1,4	1,6	1,15	0,5	Armadura integral	-
Microestacas[b,c]	20	1,4	1,8	1,15	0,5	Armadura integral	-
Estaca trado vazado segmentado	20	1,4	1,8	1,15	0,5	Armadura integral	-

[a] Neste tipo de estaca o comprimento da armadura é limitado devido ao processo executivo.

b Neste tipo de estaca o diâmetro a ser considerado no dimensionamento é o diâmetro externo do revestimento.

c No caso destas estacas, deve-se observar que quando for utilizado aço com resistência até 500 MPa e a porcentagem de aço for ≤ 6% da seção da estaca, a estaca deve ser dimensionada como pilar de concreto armado. Quando for utilizado aço com resistência ≥ 500 MPa ou a porcentagem de aço for ≥ 6% da seção real, toda carga deve ser resistida pelo aço. Esta limitação está relacionada com a garantia de preenchimento pleno do furo com argamassa ou calda de cimento.

d O f_{ck} máximo de projeto desta Tabela é aquele que deve ser empregado no dimensionamento estrutural da peça.

[...]

8.6.5 Estacas pré-moldadas de concreto

Nas estacas de concreto pré-moldadas ou pré-fabricadas, o dimensionamento estrutural deve ser feito utilizando-se as ABNT NBR 6118 e ABNT NBR 9062, limitando o f_{ck} a 40,0 MPa.

Nas duas extremidades da estaca, deve ser feito um reforço da armadura transversal, para levar em conta as tensões de cravação. As emendas metálicas devem obedecer ao disposto na Tabela 5.

O fabricante deve apresentar curvas de interação flexo-compressão e flexo-tração do elemento estrutural.

[...]

8.6.7 Estacas metálicas

As estacas devem ser dimensionadas de acordo com a ABNT NBR 8800, considerando-se a seção reduzida da estaca.

As estacas de aço que estiverem total e permanentemente enterradas, independentemente da situação do lençol d'água, dispensam tratamento especial, desde que seja descontada a espessura indicada na Tabela 5.

Tabela 5 Espessura de compensação de corrosão

Classe	Espessura mínima de sacrifício (mm)
Solos em estado natural e aterros controlados	1,0
Argila orgânica; solos porosos não saturados	1,5
Turfa	3,0
Aterros não controlados	2,0
Solos contaminados[a]	3,2

[a] Casos de solos agressivos devem ser estudados especificamente.

Nas estacas em que a parte superior ficar desenterrada, é obrigatória a proteção com camisa de concreto ou outro recurso de proteção do aço, ou aumento de espessura de sacrifício definida em projeto.

As emendas das estacas de aço, realizadas por meio de talas soldadas ou parafusadas, devem resistir às solicitações que possam ocorrer durante o manuseio, a cravação e o trabalho do componente estrutural. As emendas devem obedecer ao disposto na Tabela 5.

Fonte: ABNT (2010).

Projeto de fundações de linhas de transmissão 10

10.1 Requisitos de desempenho – escolha do tipo de solução

Como requisitos de desempenho das fundações de linhas de transmissão, a questão da segurança à ruptura prevalece. Essas estruturas normalmente têm limitação de deslocamentos pouco rigorosa (1%) como elemento a ser considerado no cálculo. A Fig. 10.1 mostra a recomendação de Trautmann e Kulhawy (1988) para o projeto de fundações rasas sujeitas ao arrancamento.

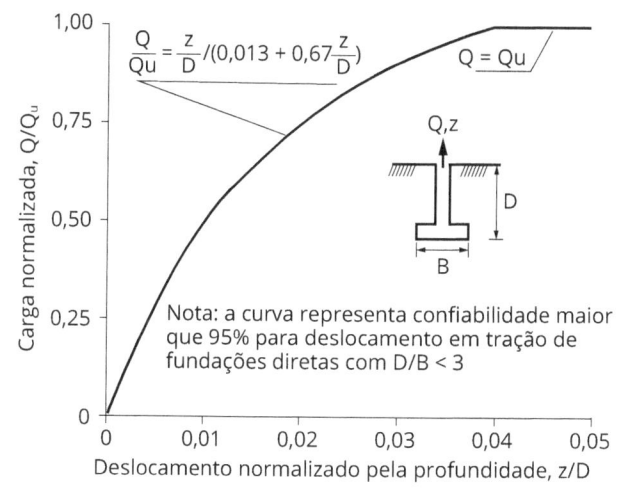

$$\frac{Q}{Q_u} = \frac{z}{D} / (0{,}013 + 0{,}67 \frac{z}{D})$$

Nota: a curva representa confiabilidade maior que 95% para deslocamento em tração de fundações diretas com D/B < 3

Fig. 10.1 *Recomendação de Trautmann e Kulhawy (1988) para arrancamento de fundações diretas*

As fundações são submetidas a esforços de tração, de compressão e horizontais e devem apresentar condições adequadas de segurança.

A escolha do tipo de solução, como em qualquer caso de fundações de estruturas, depende das condições do subsolo, das cargas, da prática regional e das condições de acesso ao local das torres, além da disponibilidade de materiais e técnicas. Como o número de elementos que requerem fundações para cada torre é limitado – usualmente quatro –, a questão de instalação de equipamento condiciona muitas vezes o custo. Pela localização usual das linhas de transmissão, muitas vezes a condição de acesso acaba condicionando a escolha do tipo de solução.

Um aspecto a ser avaliado na escolha do tipo de solução é a condição de estabilidade do maciço onde a torre será implantada. A Fig. 10.2 mostra uma condição de problema de estabilidade de talude nas proximidades da implantação de torre em fundações por tubulões, com repercussão na segurança e deslocamento da estrutura.

A solução em fundações diretas é sempre a primeira opção, pelas facilidades já referidas.

Fig. 10.2 *Instabilidade de talude englobando a fundação por tubulão de uma torre de linha de transmissão*

10.2 Cálculo

A condição ideal de cálculo seria aquela em que, após a investigação do subsolo, fossem realizados ensaios adequados para a melhor caracterização das propriedades relevantes para o cálculo. Alternativamente, mas com enormes vantagens, ensaios em elementos de fundações anteriores ao início da execução das fundações, realizados com as mesmas condições da obra, em horizontes característicos, poderiam confirmar de maneira adequada as premissas de cálculo, com mais segurança e eventualmente economia.

10.2.1 Fundações diretas

Compressão

Para mais informações sobre esse tema, ver seção 9.4.

Tração

O cálculo da capacidade de carga à tração de fundações diretas e tubulões não tem a mesma frequência de ocorrência na engenharia de fundações que aquele da capacidade de compressão. Existem diversas abordagens do problema, muitas vezes utilizando simplificações ou abordagem empírica.

A única forma segura de determinar a capacidade de carga à tração é a realização de ensaios em verdadeira grandeza, uma vez que as condições construtivas referentes à compactação adequada do reaterro e o rigoroso controle executivo, no caso de sapatas e grelhas, são elementos dominantes no formato da cinemática de ruptura.

Mecanismos

Tipicamente uma fundação direta é executada com escavação de cava, na dimensão da sapata, execução ou colocação da sapata e reaterro da cava. Os métodos analíticos apresentam a solução do problema como existindo uma homogeneidade dos materiais (solo natural externo à cava e reaterro), tendo sido experimentalmente demonstrada a influência das condições não somente do solo natural, mas também da colocação do reaterro no desempenho da fundação sob carga (Kulhawy; Stewart; Trautmann, 2003).

A descrição da cinemática de ruptura inicia-se com uma massa de solo submetida a um estado inicial de tensões. Com a escavação ocorre uma relaxação de tensões, e com o reaterro atinge-se o estado de tensões que vai governar o fenômeno. O reaterro pode variar desde a simples colocação do material sem compactação, resultando na condição fofa deste, até a colocação do material com grau de compactação elevado. O solo original não escavado pode ficar com sua condição inicial de tensões reduzida, retornar ao estado original ou aumentar sua compacidade, como indicado na Fig. 10.3 (Kulhawy; Stewart; Trautmann, 2003).

Em nenhum método de cálculo são consideradas essas possíveis variações no estado de tensões, correspondentes a diferentes comportamentos. Na Fig. 10.4 é apresentado um exemplo experimental da necessidade dessa consideração. A figura mostra padrões de curvas carga × deslocamento associadas a diferentes graus de compactação do reaterro da cava. Fica clara a variação de rigidez e de resistência-limite como função da condição de compactação empregada.

Na Fig. 10.5 são apresentados resultados da influência da resistência do solo natural para os mesmos graus de compactação dos reaterros. Finalmente, na Fig. 10.6 são exibidos, para diferentes condições de resistência do solo natural, os efeitos da eficiência da compactação do reaterro. Fica evidente que, para solos naturais de baixa resistência, os efeitos de compactação dos reaterros são importantes, mas menos significativos que para solos naturais de alta resistência.

Apesar de intuitivos, os experimentos confirmam a extrema importância da compactação dos reaterros nesse tipo de solução de fundações. A condição final do aterro compactado na prática pode conduzir ao sucesso ou ao fracasso da solução projetada. Nos experimentos realizados por Dias (1987) para grandes deslocamentos nos ensaios de tração, a ruptura do solo no caso de compactação ineficiente ocorre dentro do reaterro, ao passo que as trincas de tração na massa de solo para os casos de compactação rigorosa ocorrem fora da cava, dentro do material natural ensaiado.

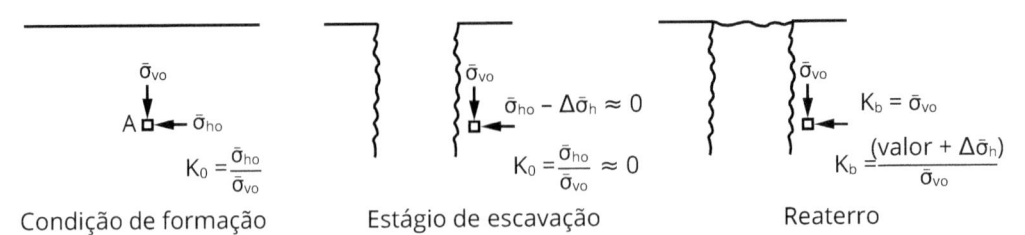

Fig. 10.3 *Variação das tensões horizontais para diferentes estágios da construção*

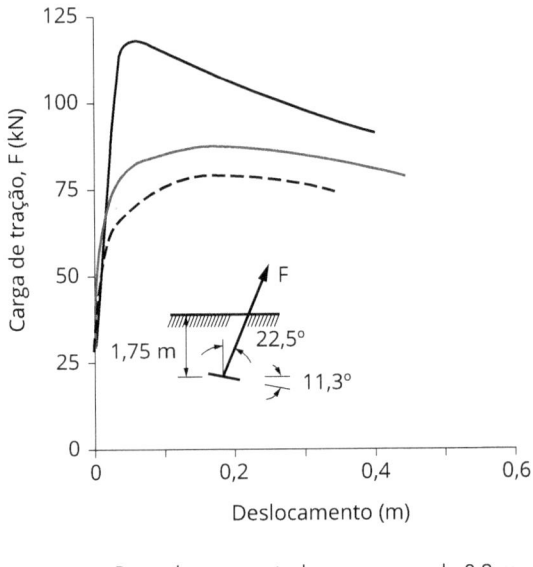

Condição de formação:
$$K_0 = \frac{\bar{\sigma}_{ho}}{\bar{\sigma}_{vo}}$$

Estágio de escavação:
$$\bar{\sigma}_{ho} - \Delta\bar{\sigma}_h \approx 0$$
$$K_0 = \frac{\bar{\sigma}_{ho}}{\bar{\sigma}_{vo}} \approx 0$$

Reaterro:
$$K_b = \bar{\sigma}_{vo}$$
$$K_b = \frac{(valor + \Delta\bar{\sigma}_h)}{\bar{\sigma}_{vo}}$$

— Camada compactada, espessura de 0,8 m
— Camada compactada, espessura de 0,4 m
---- Reaterro sem compactação

Fig. 10.4 *Efeito da compactação do reaterro no comportamento à tração*
Fonte: Heikkilä e Laine (1964).

Reaterro compacto
D/B = 3, quadrado
1 N = 0,0255 lb
1 mm = 0,039 in

Densidade do solo natural
— D - compacto
— M - medianamente compacto
---- L - fofo

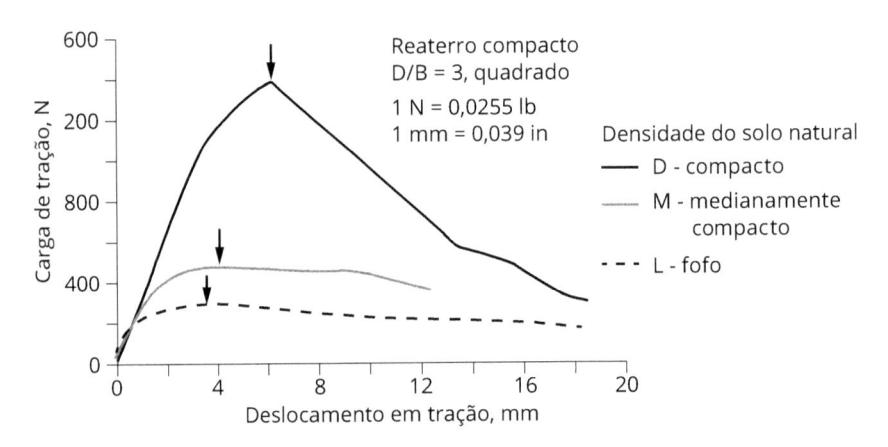

Fig. 10.5 *Comportamento ilustrativo para densidade do solo natural variada*
Fonte: Kulhawy, Trautmann e Nicolaides (1987) e Kulhawy et al. (1991).

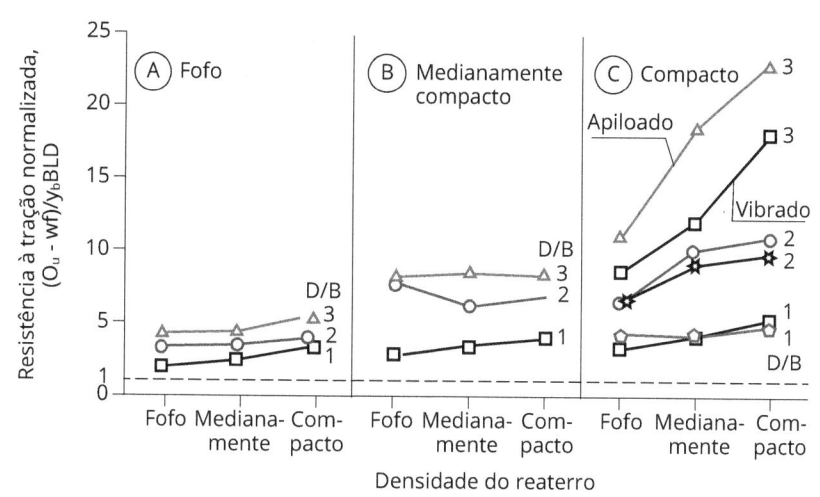

Fig. 10.6 *Relação entre a resistência à tração e a densidade do aterro*
Fonte: Kulhawy et al. (1991).

No Quadro 10.1 são indicados tentativamente os valores estimados das tensões horizontais resultantes no material original, devido a diferentes graus de compactação dos reaterros.

Quadro 10.1 Indicações estimadas para a estimativa das tensões horizontais em reaterros de escavações

Compactação do reaterro	K/K_o no solo natural	K no reaterro
Fofo	2/3	K_a a K_{onc}
Medianamente compacto	1	K_{onc} a K_o (natural)
Compacto	5/4	K_o (natural) a K_p

Nota: $K_{onc} = 1 - \text{sen } \varphi'$; $K_a = \tan^2(45 - \varphi'/2) = 1/K_p$.
Fonte: Kulhawy et al. (1991).

Métodos de cálculo

Em razão da pouca experiência brasileira na determinação da capacidade de carga à tração de elementos superficiais, pela necessidade de construção de um grande número de linhas de transmissão na década de 1980, inúmeras dissertações e teses foram desenvolvidas sobre o tema nas universidades brasileiras (Danziger, 1983; Pereira Pinto, 1985; Santos, 1985; Orlando, 1985; Oliveira, 1986; Dias, 1987; Santos, 1999). Além dessas investigações, inúmeros trabalhos de autores brasileiros foram apresentados, entre os quais se pode mencionar: Ashcar et al. (1989, 1997), Barata et al. (1978), Danziger e Pereira Pinto (1979), Grupo de trabalho – Cigré (1999) e Pereira Pinto et al. (1986).

– **Métodos empíricos**

- **Método do tronco de cone**

  O método do tronco de cone é empírico, utilizado em geral na etapa de anteprojeto, e supõe que a resistência ao arrancamento da fundação seja fornecida pelo peso de um tronco de cone (ou de pirâmide) invertido, assente sobre a base da fundação, acrescido do peso próprio desta (Fig. 10.7).

  O grande problema da aplicação desse tipo de método é a escolha do ângulo α de inclinação da diretriz externa do cone com a vertical. Alguns profissionais usam apenas o peso próprio do solo sobre as sapatas, quando a escavação ocorre exatamente na mesma dimensão em planta delas (método do cilindro). No caso de tubulões, também é utilizada pelos projetistas a simplificação de considerar apenas o peso do cilindro gerado para a área da base alargada do tubulão.

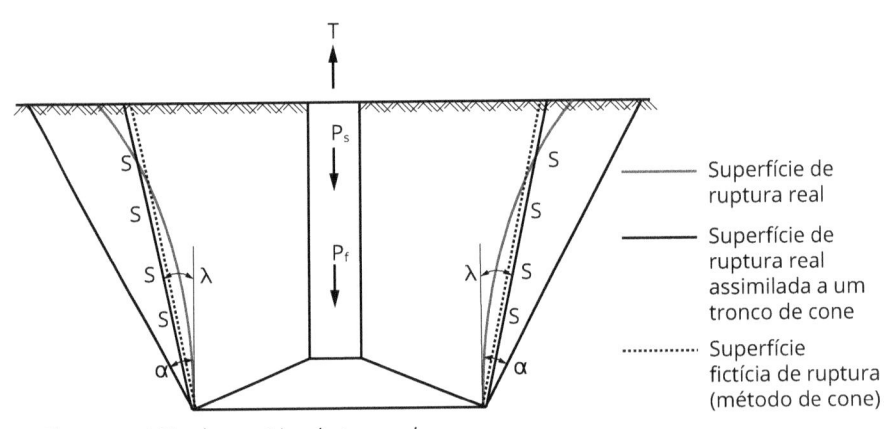

Fig. 10.7 *Método empírico do tronco de cone*

Uma variedade de valores sugeridos para o ângulo α pode ser encontrada na literatura: Downs e Chieruzzi (1966) indicam α igual a φ (ângulo de atrito interno do solo); Poulos e Davis (1980) sugerem 30°; Paladino (1985) indica faixas de variação para solos fofos ou moles (10° a 15°) e para solos resistentes (20° a 25°).

Davison Dias (1987) mostrou, em sua tese, a discrepância entre valores de α de projeto e aqueles obtidos em provas de carga realizadas em verdadeira grandeza de até 54% contra a economia e de 13% contra a segurança. Tais considerações demonstram a baixa confiabilidade desse método, conforme relatado por vários autores (citados em Santos, 1985), com resultados ora conservativos, ora contrários à segurança. Certamente a falta de consideração da cinemática de ruptura decorrente da condição de reaterro é a origem fundamental de tais divergências.

- **Método do cilindro de atrito**

  Nesse método simplificado, a capacidade de carga é considerada como a soma do peso próprio da fundação com o peso do solo do interior do cilindro de base idêntica à fundação e da resistência ao cisalhamento do solo por aderência ao longo dessa superfície de ruptura estabelecida geometricamente, como mostrado na Fig. 10.8.

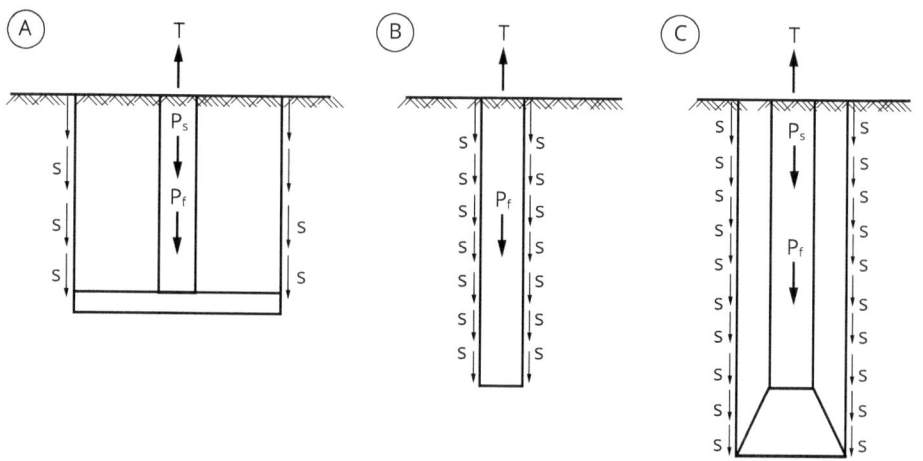

Fig. 10.8 *Método do cilindro de atrito*

– Métodos analíticos

Existem na literatura inúmeras propostas de métodos analíticos para a solução do problema de tração em fundações diretas, como as de Balla (1961), Heikkilä e Laine (1964), Meyerhof e Adams (1968), Duke University (Esquivel-Diaz, 1967; Ali, 1968; Bhatnagar, 1969; Vesic, 1969), Martin (1966, 1978), conhecida como método de Grenoble, Das (1980), Das, Moreno e Dallo (1985), Rowe e Davis (1982), Tagaya, Tanaka e Aboshi (1983) e Tanaka, Scott e Aboshi (1988).

Usualmente, as escavações para a execução de fundações diretas são feitas na dimensão da futura sapata, e então realiza-se a colocação da sapata e o reaterro. A solução desse problema considera um material homogêneo, na condição do existente previamente à execução. Foi verificado experimentalmente através de ensaios em verdadeira grandeza que o comportamento dessa solução depende significativamente das condições de colocação do reaterro.

Entre os métodos disponíveis na literatura, é usual na prática brasileira o método de Grenoble (Martin, 1966, 1978). Na Fig. 10.9 são identificadas as cinemáticas de ruptura para placas em solos de baixa resistência e em solos de alta resistência, forma indicada pelos autores para a aplicação do método.

É necessário conhecer (determinar) os parâmetros de resistência e a densidade do material para aplicar esse método. A simplificação existente entre os dois modelos de ruptura (solos de baixa resistência × solos resistentes) exige a escolha da condição de modelo. Na dúvida, os projetistas fazem os dois cálculos e definem aquele que mais pode se aproximar da forma de ruptura.

Sempre é necessário comprovar os resultados obtidos através de ensaios de arrancamento nas fundações, para que não haja surpresas no desempenho das fundações. O fato de o método ser analítico não garante sua acuidade.

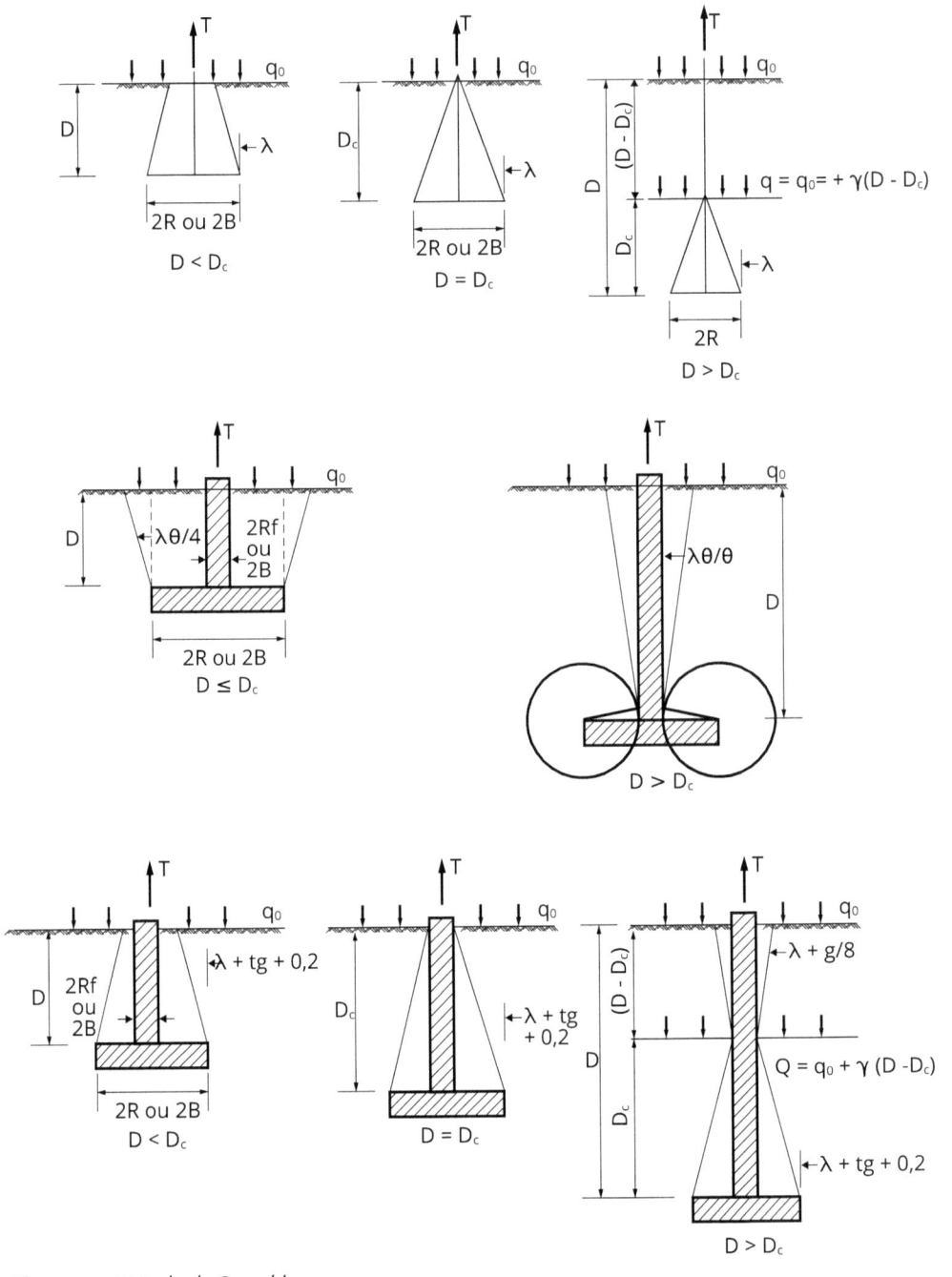

Fig. 10.9 *Método de Grenoble*

– Avaliação do desempenho dos métodos
- *Recomendação para projeto*

  Considerando que tanto para métodos que impõem cinemática de ruptura simples quanto para métodos analíticos ocorre a mesma discrepância entre valores previstos e valores resultantes de ensaios de arrancamento, além da dificuldade de determinação de valores representativos de resistência dos geomateriais, nossa recomendação para projeto é a adoção de modelo simples (cone ou cilindro de atrito), conforme avaliação da possível cinemática de ruptura, realização de ensaios de arrancamento, preferencialmente nas diferentes unidades geotécnicas ou na preponderante em extensão ou na de menor expectativa de resistência, a critério, e finalmente o ajuste do método para os resultados obtidos para cargas diferentes daquelas ensaiadas com sucesso.

10.2.2 Fundações profundas (estacas)

Compressão

A capacidade de carga à compressão das fundações por estacas pode ser vista na seção 9.9.2.

Tração

A capacidade de carga à tração das fundações por estacas pode ser vista na seção 9.9.4.

Esforços horizontais

Ver seção 9.9.5.

10.2.3 Fundações em tubulões

Compressão

    Tubulões apoiados no solo

Na prática brasileira, o cálculo de tubulões, no que se refere às cargas de compressão, é realizado com a determinação da tensão admissível da base através de correlação direta com o resultado das sondagens, como se fosse uma fundação direta. Alguns projetistas correlacionam os valores de N_{SPT} com características de resistência do solo e usam formulação analítica, considerando o efeito de embutimento.

    Tubulões apoiados em rocha

Para os casos de tubulões apoiados em rocha, valem as considerações da seção 9.3.3, com alguns projetistas utilizando valores de tensão admissível típicos da região ou do material, ou seja, valores de referência.

Tração

Para as cargas de tração, aplicam-se os métodos indicados para as fundações diretas.

Esforços horizontais

A solução de cálculo de tubulões com esforços horizontais é feita pela aplicação dos mesmos modelos utilizados para estacas, quando os tubulões são longos.

Para tubulões curtos, as aplicações são feitas usando um dos seguintes métodos: método russo (Darkov; Kusnezow, 1953), método de Sulzberger, método de equilíbrio-limite ou método dos elementos finitos.

Fundações carregadas lateralmente – método russo

No caso de estacas ou tubulões curtos, o método russo (Darkov; Kusnezow, 1953) considera o elemento rígido com contenção lateral segundo o modelo de Winkler com módulo de reação crescente com a profundidade. O carregamento no topo geral H, V, M é equilibrado pelas pressões no fuste e na base, calculadas assumindo a hipótese de rotação α do eixo vertical do fuste. Assim, a translação do fuste é composta dos deslocamentos v e w e da rotação α, calculados a partir de:

$$v = \frac{2H}{kLBL} + \frac{2L\alpha}{3}$$

$$w = \frac{V}{kV\ Ab}$$

$$\alpha = \frac{2HL + 3M}{\frac{1}{12}kL\ L3 + \frac{3}{16}kV\ Ab\ Bb2}$$

Em decorrência da rotação do eixo, as pressões horizontais contra o fuste são calculadas ao longo do fuste para cada profundidade z como:

$$\sigma h = -\frac{kL}{L}z\ v + \frac{kL}{L}z2\ \alpha$$

Deve-se checar se as pressões horizontais encontram-se suficientemente afastadas da diferença das pressões passiva e ativa com um adequado coeficiente de segurança FS:

$$\sigma h < \frac{\sigma h\ (passivo) - \sigma h\ (ativo)}{FS}$$

Finalmente, na base, as pressões verticais são calculadas como:

$$\sigma v = \frac{V}{Ab} \pm \frac{kV\ Bb}{2}\alpha$$

10 Projeto de fundações de linhas de transmissão | 191

A Fig. 10.10 mostra conceitualmente esse modelo.

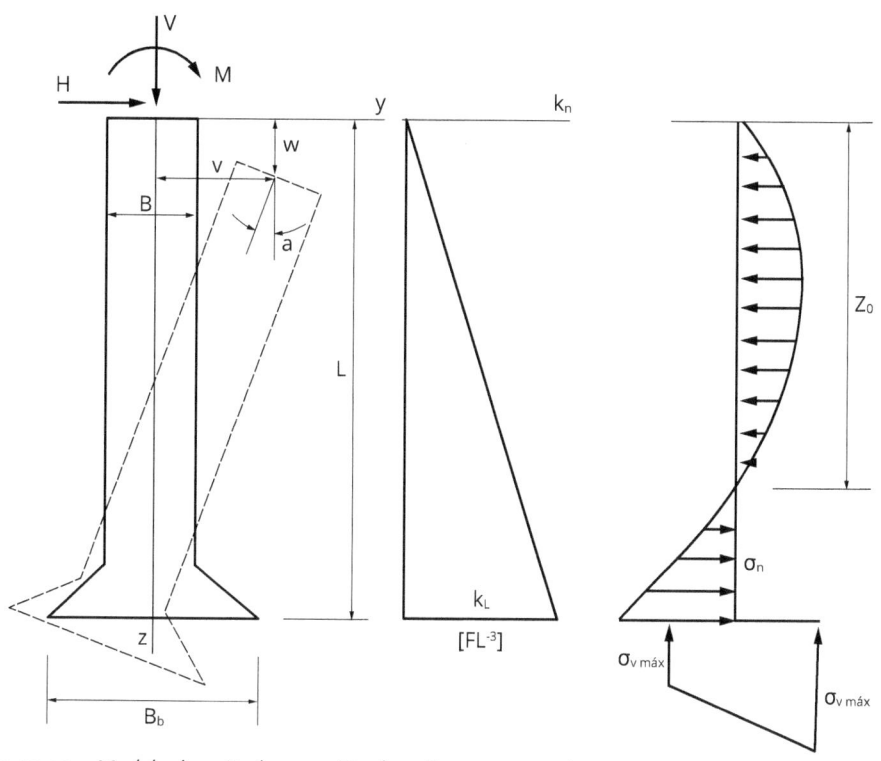

Fig. 10.10 *Modelo do método russo (Darkov; Kusnezow, 1953)*

Tubulões curtos submetidos a carregamento horizontal

Nos casos em que há a predominância do carregamento horizontal (isto é, onde o carregamento vertical não irá produzir a ruptura por capacidade de carga vertical), qualquer combinação de cargas horizontais e momentos fletores pode ser resolvida com uma única carga horizontal (P) atuante em um ponto acima no eixo do fuste (H), como mostrado na Fig. 10.11.

Em decorrência do carregamento horizontal, desenvolvem-se reações horizontais Fxa, Fxb, Fzd, Vxd, Vza, Vzb, conforme ilustrado na Fig. 10.12.

Na Fig. 10.13 são apresentadas as pressões resultantes do movimento do fuste.

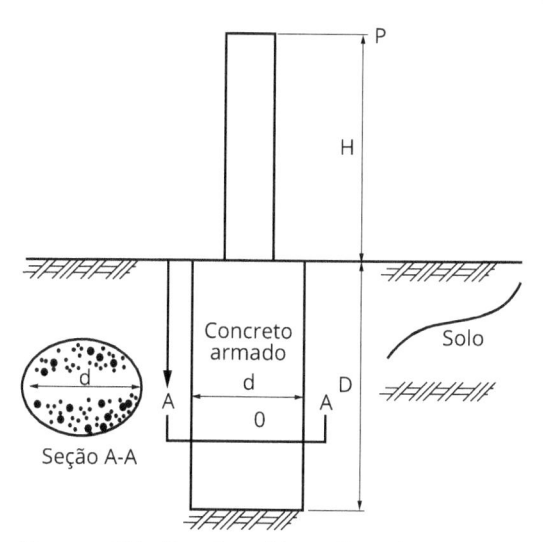

Fig. 10.11 *Tubulão submetido a esforços horizontais*

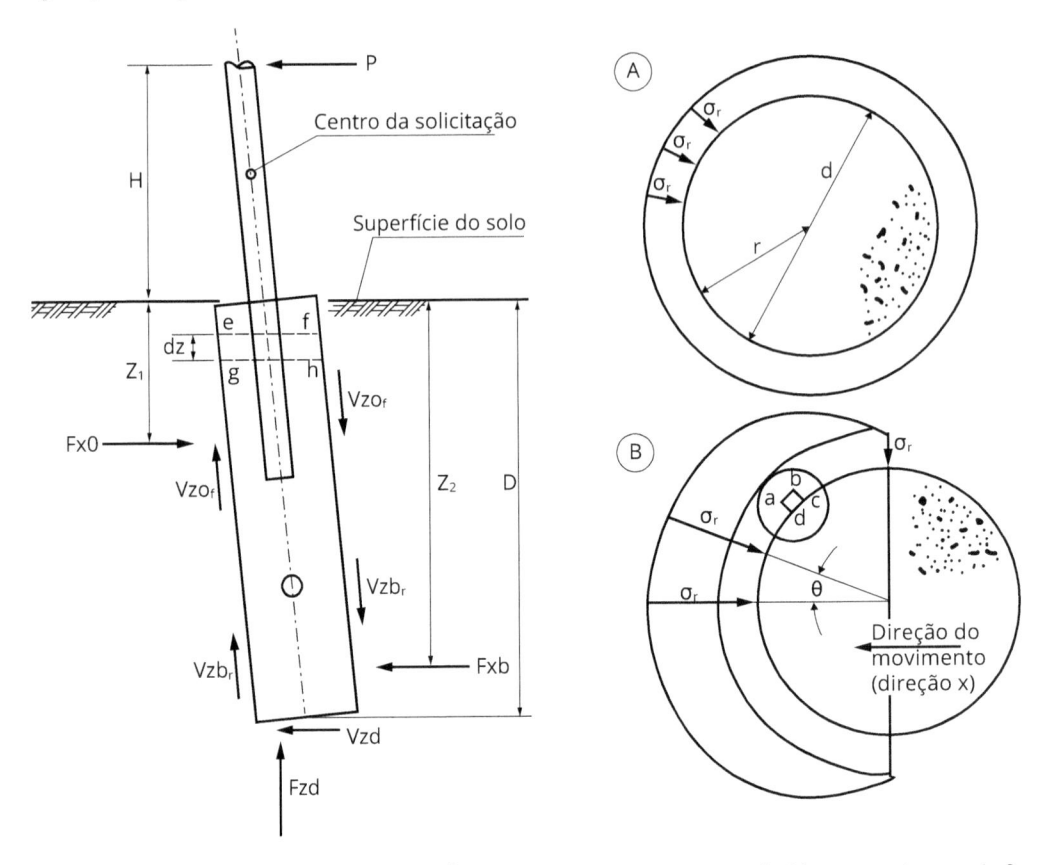

Fig. 10.12 *Esforços desenvolvidos contra o fuste*   **Fig. 10.13** *Pressões devidas ao movimento do fuste*

Após a deformação e a partir do modelo de Rankine, a pressão horizontal σ_r, ao redor do fuste deslocado e em função do ângulo θ, é calculada como:

$$\sigma r = Ko\, \gamma z + \left[(K1 = Ko)\gamma z + K2c\right]\cos\theta$$

em que:
Ko = coeficiente de empuxo em repouso;
K1 = Kp = tan 2(45 + φ/2);
K2 = 2 tan (45 + φ/2).

Em virtude do deslocamento vertical, são geradas também tensões cisalhantes ($\tau r\theta$) ao redor do perímetro do fuste:

$$\tau r\theta = (\sigma r \tan\phi + c)\,sen\theta$$

a) As forças horizontais resultantes Fxa e Fxb são calculadas como:

$$Fxa = 2r\left[\gamma E \frac{a\,a}{2} + c\,G\,a\right]$$

10 Projeto de fundações de linhas de transmissão | 193

$$Fxb = 2r\left[\gamma E\frac{DD-aa}{2} + cG(D-a)\right]$$

em que:

$$E = Ko\left[1 + \frac{\pi}{4}\tan\varphi - \frac{\tan\varphi}{3} - \frac{\pi}{4}\right] + K1\left[\frac{\pi}{4} + \frac{\tan\varphi}{3}\right]$$

$$G = \frac{\pi}{4} + K2\left[\frac{\pi}{4} + \frac{\tan\varphi}{3}\right]$$

b) O equilíbrio de momentos das resultantes horizontais em relação ao ponto de rotação (Fxa z1 e Fxb z2) é:

$$Fxa\ z1 = 2r\left[\gamma E\frac{aaa}{3} + cG\frac{aa}{2}\right]$$

$$Fxb\ z2 = 2r\left[\gamma E\frac{DDD-aaa}{3} + cG\frac{DD-aa}{2}\right]$$

c) O equilíbrio das forças verticais Fv, Vza e Vzb, após a integração das tensões tangenciais verticais, resulta em:

$$Fv = 2r\left[\tan\varphi\left(\frac{\pi}{2}\gamma Ko + (K1-Ko)\left(aa - \frac{DD}{2}\right)\right) + \left(k2c\ \tan\varphi + c\frac{\pi}{2}\right)(2a-D)\right]$$

d) O momento resistente gerado pelas tensões cisalhantes no solo é:

$$Mv = 2\ r\ r\ [\gamma U + cW]$$

em que:

$$U = \frac{\tan\varphi\ DD}{8}\left[Ko(4-\pi) + K1\pi\right]$$

$$W = D\left[\frac{\pi}{4}K2\ \tan\varphi + 1\right]$$

e) Os esforços na base do tubulão são calculados por meio de:

$$Fzd = Fs - Fv = Fs + Vzb - Vza$$

em que Fs é o peso da estrutura apoiada na fundação mais o peso próprio do tubulão.

f) Força horizontal tangente no plano de apoio Vxd.
Tendo calculado a força vertical Fzd, a resistência tangencial na base do tubulão pode chegar a um valor máximo de:

$$Vxd <= Fzd\ \tan\varphi + c\frac{\pi rr}{2}$$

Como a rotação é consideravelmente inferior àquela associada à carga última vertical, é introduzido um fator de minoração J2:

$$Vxd = J2\left[Fzd\ \tan\phi + c\frac{\pi rr}{2}\right]$$

Finalmente são desenvolvidas duas equações de equilíbrio para resolver as três incógnitas do problema: a máxima carga horizontal, Pm admissível e a posição do centro de rotação, a.

Pelo equilíbrio das forças horizontais:

$$Fxa = Pm + Fxb + Vxd$$

Pelo equilíbrio dos momentos:

$$Pm\ H + Fxa\ z1 = Mv + Fxb\ zb + Vxd\ D$$

As contribuições de Fzd e Fs na equação de momentos dependem do ângulo de rotação α. À medida que a carga horizontal se aproxima de seu valor máximo, as linhas de ação de Fzd e Fs se aproximam e, dessa forma, Pm resulta independente de α.

A substituição das variáveis previamente definidas nas equações de equilíbrio permite estimar a posição (a) do ponto de rotação e a carga última (Pm).

11 Confiabilidade da previsão da capacidade de carga de estacas – valores previstos × medidos

A questão da confiabilidade da previsão da capacidade de carga de estacas será discutida por meio dos seguintes aspectos: comparações de valores previstos pelos diferentes métodos de cálculo com valores medidos de capacidade de carga (resistência), resultados de previsões de desempenho com a participação de especialistas internacionais, verificação da variabilidade de resposta de estacas supostamente idênticas e variabilidade de subsolo que pode ser encontrada nesse tipo de projeto.

11.1 Comparações de valores previstos com valores medidos de capacidade de carga

O projeto de fundações envolve sempre graus de incerteza variáveis e significativos, que necessariamente precisam ser levados em conta nos projetos.

As fontes de incerteza podem ser identificadas nas seguintes categorias:
- incertezas na estimativa das cargas e seus efeitos;
- incertezas associadas à variabilidade natural do solo;
- incertezas na avaliação das propriedades dos geomateriais;
- incertezas associadas com o grau de acuidade dos métodos de análise dos reais comportamentos da fundação, da estrutura e do solo ao qual as cargas serão transferidas.

Os métodos de cálculo, ou suas abordagens, levam esses aspectos em conta por meio da adoção de fatores de segurança adequados. A quantificação dessas incertezas é feita pela adoção de fatores de segurança globais, ou, no caso de cálculo pelos estados-limites, usam-se fatores de segurança parciais nas cargas.

De forma geral, a variabilidade natural do subsolo e a determinação das propriedades das camadas para uso no cálculo constituem as maiores fontes de incerteza.

A questão dos erros humanos ou das omissões que podem ocorrer na prática não é considerada ou coberta pelos fatores de segurança do projeto. Esses erros são resolvidos por meio do controle de qualidade, necessariamente realizado de forma independente dos executantes ou autores.

Possivelmente, erros dessa natureza são responsáveis pelo maior número de problemas em engenharia de fundações.

Um aspecto importante a ser enfatizado é aquele que caracteriza os chamados métodos de determinação ou cálculo de capacidade de carga de estacas quanto à sua confiabilidade.

Ao contrário de métodos teóricos bem estabelecidos (mecânica dos meios contínuos), todos os métodos utilizados na previsão de capacidade de carga de estacas são resultado de correlações empíricas entre valores de características ou propriedades (ou contagem de valores de N_{SPT}) medidos através de ensaios de campo ou de laboratório e resultados de ensaios de carregamento (em geral, provas de carga estáticas).

Esses métodos resultam de experiências e práticas regionais e estão relacionados, entre outros, com as seguintes variáveis ou aspectos:

- propriedades características dos materiais locais;
- métodos de investigação do subsolo;
- métodos e detalhes executivos dos diferentes tipos de estaca;
- efeitos desses métodos executivos nas propriedades e condições dos solos anteriores à execução das estacas;
- tipo de ensaio de carregamento e definição de "carga de ruptura" adotada (diferente nas diversas normas e práticas).

Todos os métodos, inclusive aqueles desenvolvidos em regiões cuja prática é de utilização de propriedades de comportamento obtidas em laboratório com ensaios em amostras coletadas no local, até aqueles correlacionando ensaios de campo (cone, SPT, pressiômetro), incluem fatores de "ajustamento" empíricos.

Para que não haja dúvidas quanto à variabilidade dos efeitos da execução de fundações nas propriedades dos solos e quanto à variabilidade das relações entre essas propriedades e as parcelas de resistência das estacas, apresenta-se como exemplo o caso de estacas hélice contínua (CFA) executadas em solos argilosos saturados, em que a prática, em muitos países, é de relacionar a resistência lateral das estacas Fs ao valor da resistência não drenada S_u por meio de:

$$Fs = \alpha\, Su$$

em que:

Fs = resistência lateral unitária;

α = fator de correlação;

S_u = resistência não drenada da argila (coesão).

Na Fig. 11.1, são apresentados valores de α resultantes de ensaios em estacas hélice contínua que devem ser utilizados na equação para que sejam obtidos os valores adequados aos resultados das provas de carga. Nos métodos de cálculo, estão presentes valores de α constantes, o que não corresponde aos resultados experimentais.

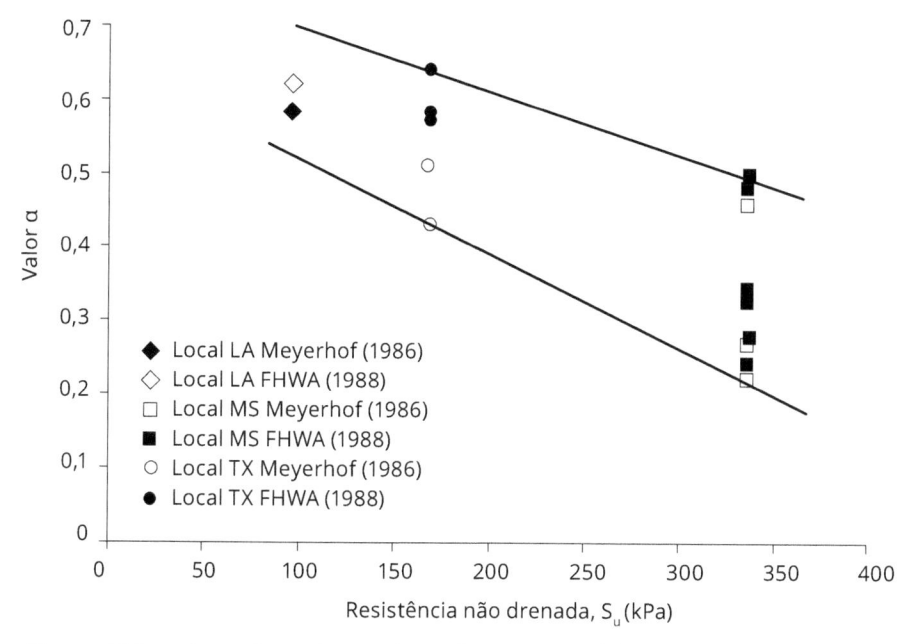

Fig. 11.1 *Valores de $\alpha \times S_u$ resultantes de ensaios em estacas hélice contínua (CFA)*
Fonte: Clemente, Davie e Senapathy (2000).

Já na Fig. 11.2 mostra-se a variação obtida por Coleman e Arcement (2002) na relação entre α e S_u para resultados de ensaios em estacas hélice contínua, com a gama de valores de resistência não drenada, usada para estabelecer um método de cálculo dessas estacas em solos argilosos saturados.

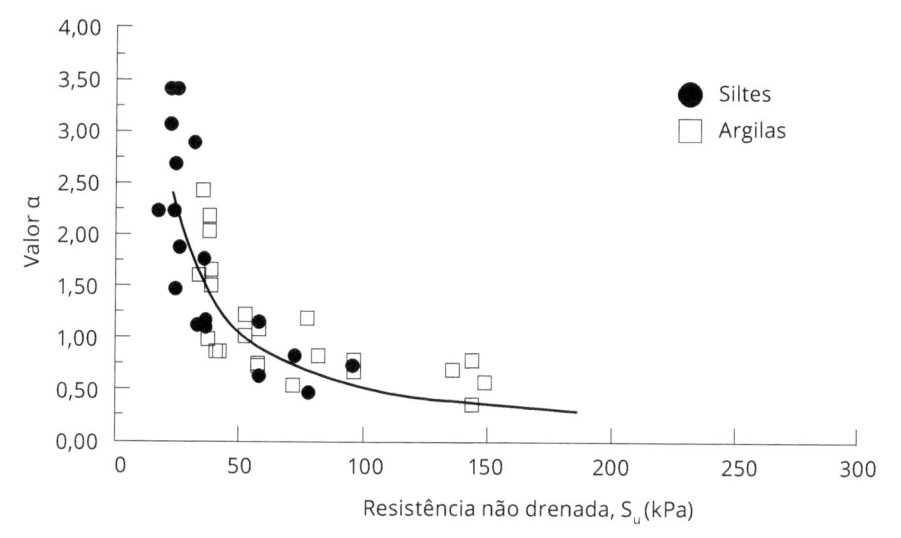

Fig. 11.2 *Relação entre α e S_u para o estabelecimento de um método de cálculo dessas estacas em solos argilosos saturados*
Fonte: Coleman e Arcement (2002).

A dispersão obtida em ensaios em estacas quando comparados valores de N_{SPT} para South California Limestone, de acordo com Frizzi e Meyer (2000), é apresentada na Fig. 11.3. Fica clara a variabilidade das relações entre resistências mobilizadas e valores de N_{SPT}.

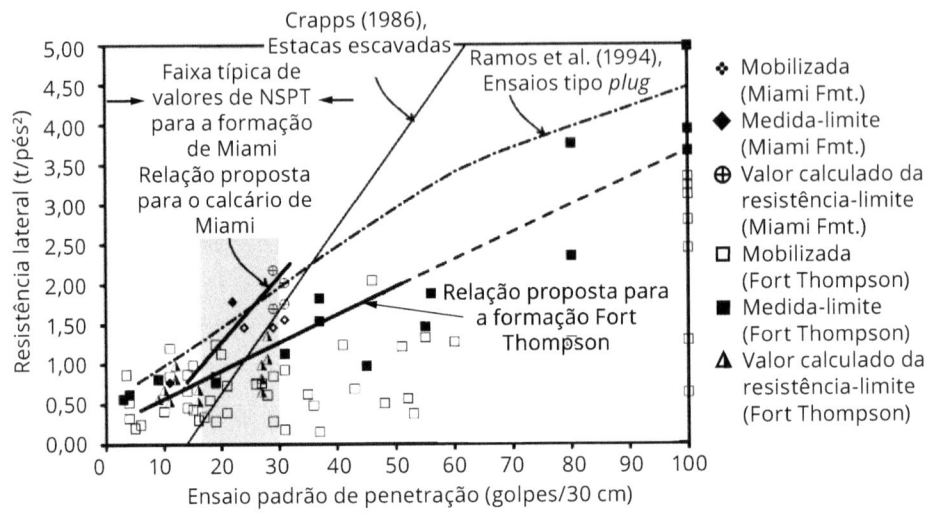

Fig. 11.3 *Relações entre valores de N_{SPT} e resistência lateral para South California Limestone*
Fonte: Frizzi e Meyer (2000).

Existem inúmeras propostas de métodos na prática profissional, com fatores de ajuste e coeficientes de segurança indicados por seus autores. Quando os métodos são utilizados em projeto, as previsões obtidas são diversas para um mesmo perfil de sondagem. Dependendo do tipo de solo e de estaca, alguns mostram resultados mais conservadores, e outros, resultados mais otimistas. Não existem métodos melhores ou piores; eles são resultantes da experiência de seus autores em determinado universo e devem ser avaliados por provas de carga para o ajuste de representatividade.

Quando os métodos são utilizados em um universo de resultados de provas de carga que não foram usadas em sua determinação, é significativa a variabilidade entre os valores medidos nos ensaios e os valores previstos. As figuras a seguir apresentam resultados de publicações nacionais e internacionais mostrando esses efeitos ou condição.

Na Fig. 11.4, são exibidos resultados de previsão × desempenho obtidos em provas de carga estáticas usando o método preconizado por FHWA (1999).

Na prática brasileira, são utilizados métodos de correlação entre N_{SPT} e resistência lateral e de ponta para vários tipos de estaca. As Figs. 11.5 a 11.8 mostram comparações para diferentes tipos de estaca e a variabilidade dos métodos de previsão.

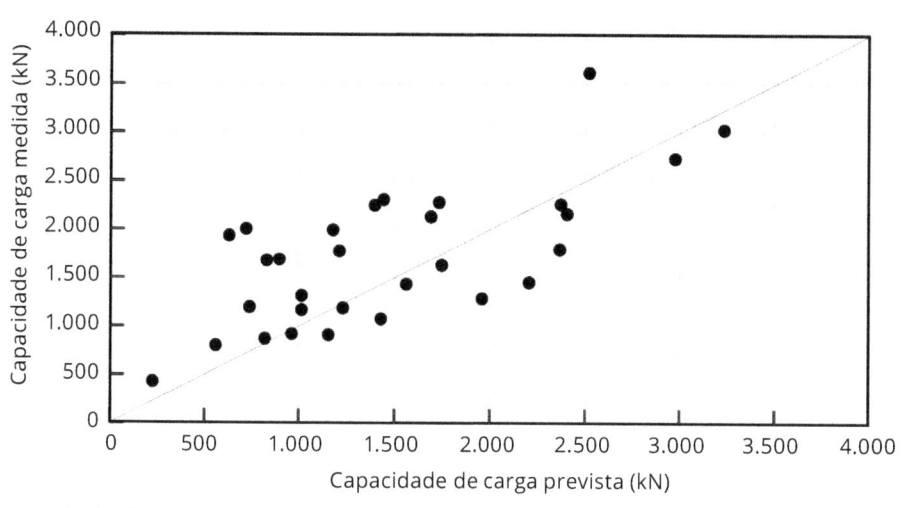

Fig. 11.4 *Resultados de previsão × desempenho obtidos em provas de carga estáticas usando o método preconizado por FHWA (1999) para estacas hélice contínua*
Fonte: Coleman e Arcement (2002).

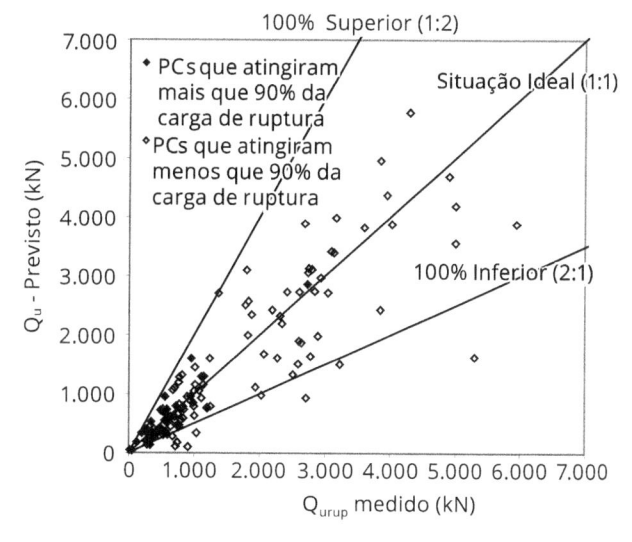

Fig. 11.5 *Diagrama de dispersão de carga total medida × carga total prevista para estacas cravadas pré-moldadas*
Fonte: Lobo (2005).

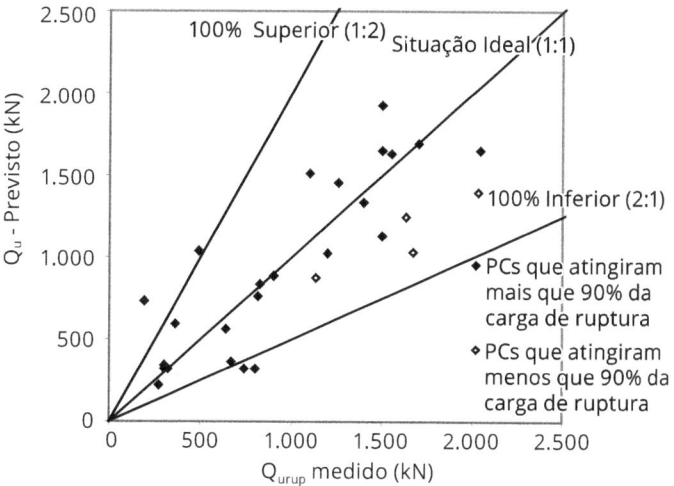

Fig. 11.6 *Diagrama de dispersão de carga total medida × carga total prevista para estacas cravadas metálicas*
Fonte: Lobo (2005).

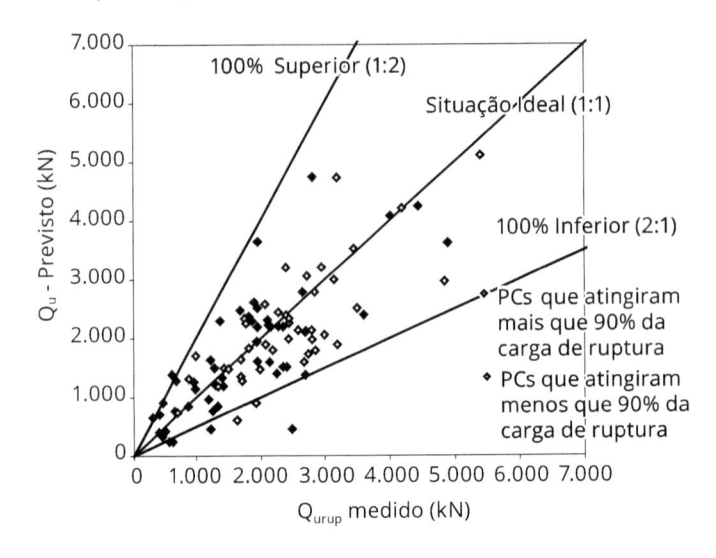

Fig. 11.7 *Diagrama de dispersão de carga total medida × carga total prevista para estacas hélice contínua*
Fonte: Lobo (2005).

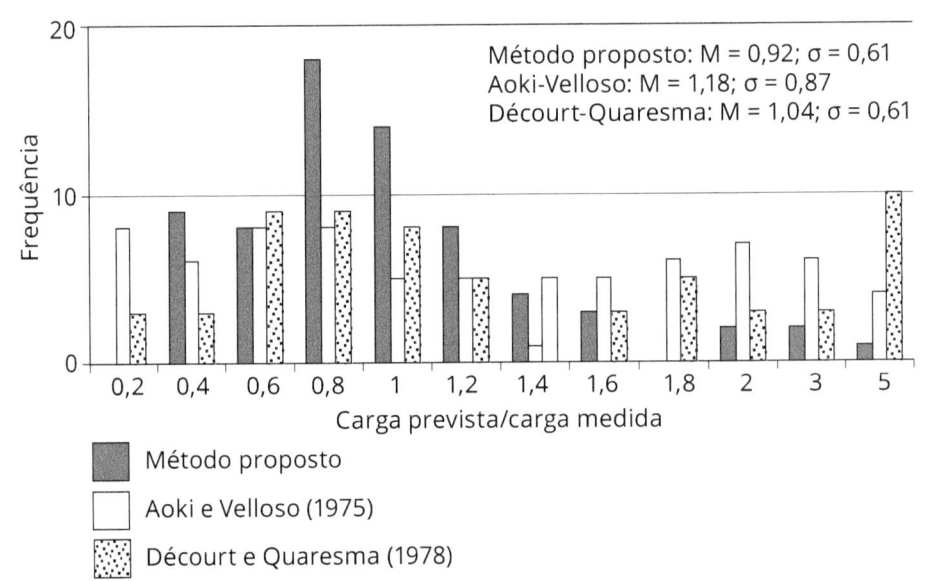

Fig. 11.8 *Comparação entre métodos para estacas escavadas*
Fonte: Lobo (2005).

11.2 Evento de previsões internacional – Araquari (SC)

Em um evento internacional de previsão de desempenho em um ensaio de prova de carga estática lenta (Alves, 2014) de uma estaca escavada instrumentada, executada no Campo Experimental de Araquari (SC), com o uso de polímero em solos granulares, mostrou-se a variabilidade de métodos e valores das estimativas de previsão da curva carga × recalque da estaca, bem como a variabilidade da distribuição da mobilização da resistência ao longo do fuste e da base com o carregamento. A estaca ensaiada tinha 100 cm de diâmetro e 24 m de comprimento, e participaram do evento 72 equipes das mais variadas naturezas e países de origem. Os métodos e variáveis empregados nas previsões, bem como as metodologias para a obtenção das características do subsolo, são identificados nas Figs. 11.9 a 11.13.

O campo de provas de Araquari (SC) foi profundamente investigado quanto às características de comportamento do subsolo, com sondagens na vertical de execução das fundações, ficando, portanto, excluída a questão da variabilidade de ocorrência de materiais e de suas propriedades.

Pela análise das figuras, fica evidente a variabilidade de processos utilizados por geotécnicos de diferentes regiões do mundo e atividade nos cálculos, de dados utilizados por cada um deles e, finalmente, a ampla dispersão de previsões quando os resultados são comparados com os valores medidos em uma estaca escavada com o auxílio de um polímero, em um horizonte arenoso.

Os métodos de previsão não são ferramentas exatas ou processos que determinam com certeza o desempenho das fundações profundas. No entanto, são extremamente úteis quando calibrados através de provas de carga, tornando-se mais confiáveis.

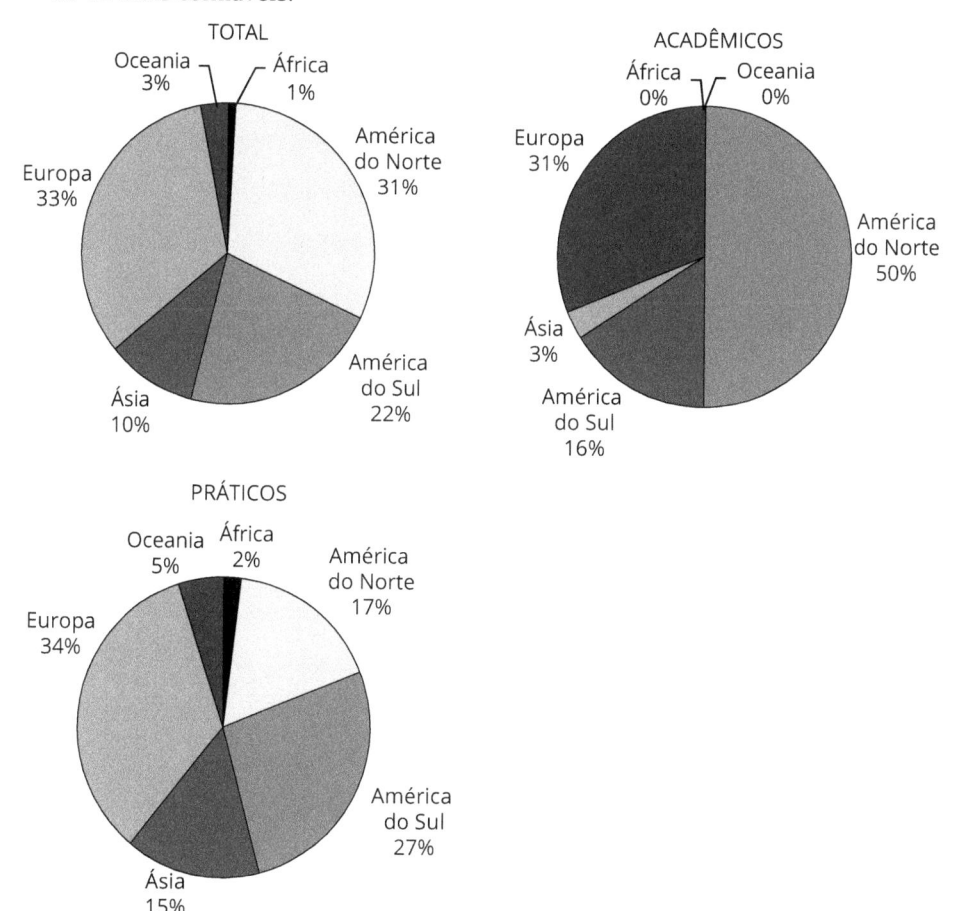

Fig. 11.9 *Continentes de origem das previsões recebidas*

ENSAIOS UTILIZADOS

- CPT: 37%
- SPT: 10%
- CPT + DMT: 19%
- CPT + SPT: 19%
- CPT + DMT + SPT: 15%

ENSAIOS UTILIZADOS (ACADÊMICOS)

- CPT: 29%
- SPT: 13%
- CPT + DMT: 22%
- CPT + SPT: 13%
- CPT + DMT + SPT: 23%

ENSAIOS UTILIZADOS (PRÁTICOS)

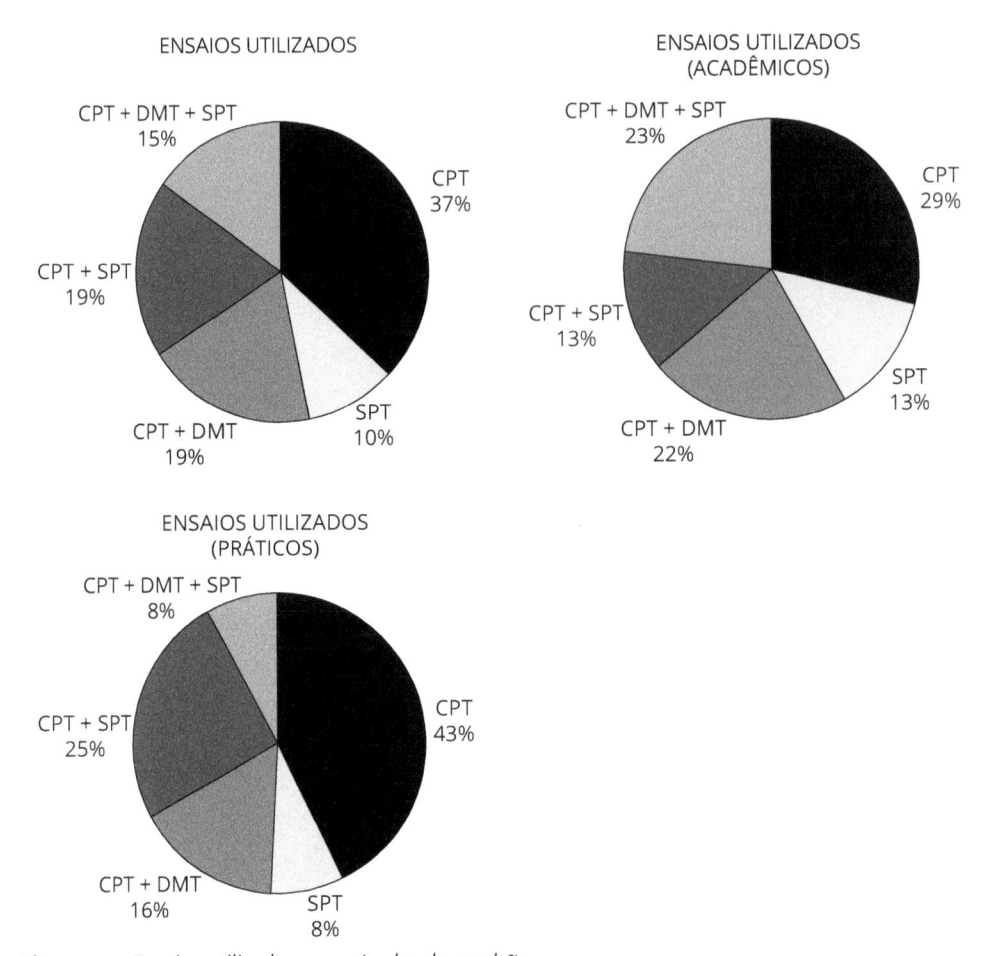

- CPT: 43%
- SPT: 8%
- CPT + DMT: 16%
- CPT + SPT: 25%
- CPT + DMT + SPT: 8%

Fig. 11.10 Ensaios utilizados nos métodos de previsão

ENSAIOS UTILIZADOS POR MÉTODOS DIRETOS

- CPT: 44%
- SPT: 15%
- CPT + DMT: 15%
- CPT + SPT: 19%
- CPT + DMT + SPT: 7%

ENSAIOS UTILIZADOS POR MÉTODOS INDIRETOS

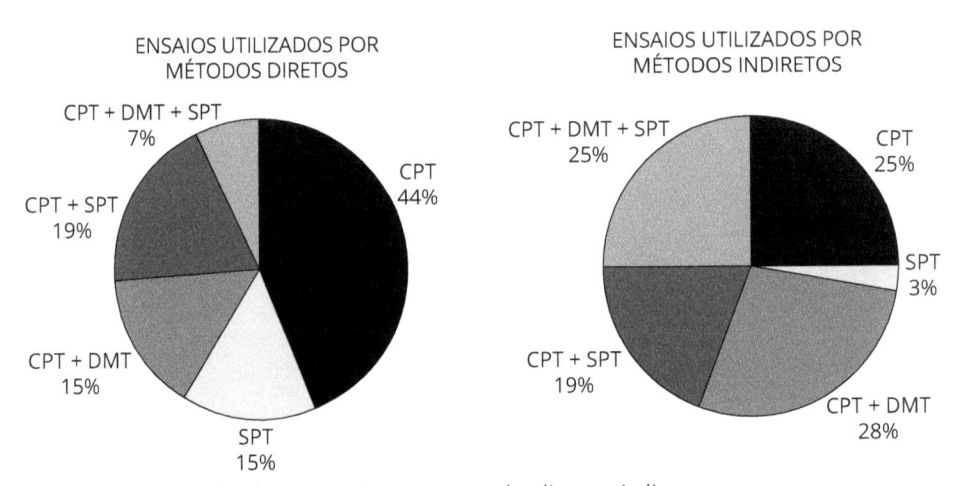

- CPT: 25%
- SPT: 3%
- CPT + DMT: 28%
- CPT + SPT: 19%
- CPT + DMT + SPT: 25%

Fig. 11.11 Ensaios utilizados nas previsões por métodos diretos e indiretos

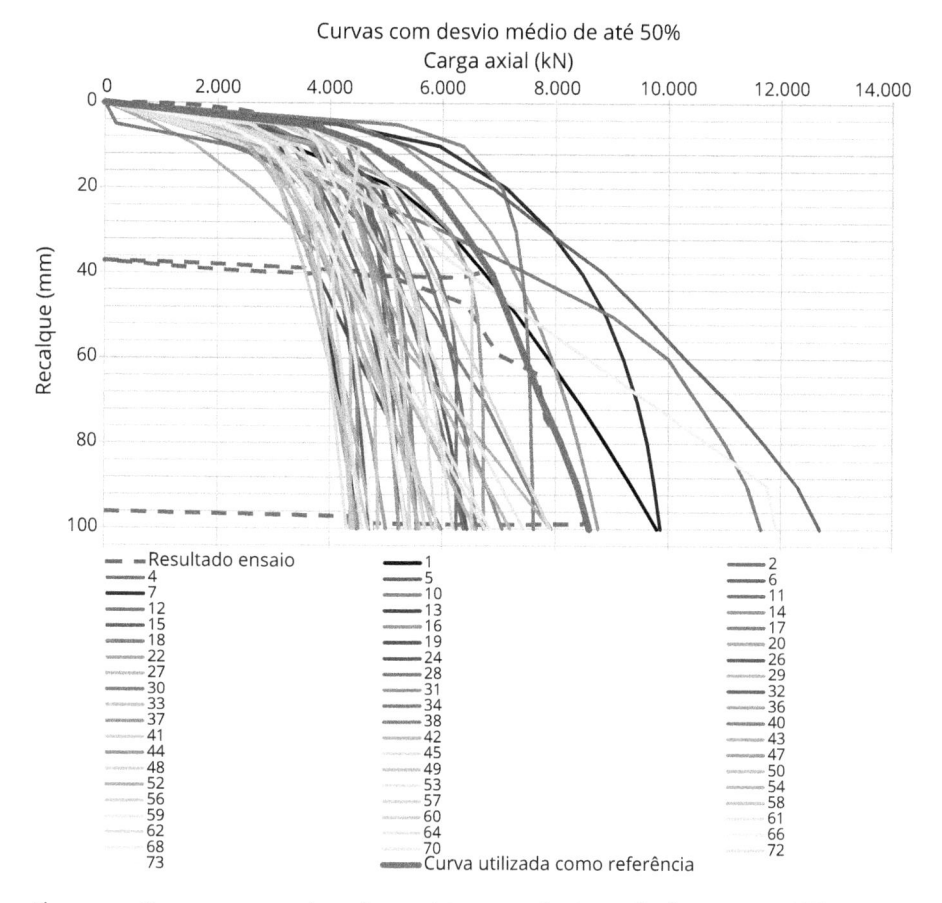

Fig. 11.12 *Curvas carga-recalque das previsões, com desvio médio de até 50%*

11.3 Variabilidade de respostas de estacas supostamente idênticas

É também relevante observar que, quando são ensaiadas estacas consideradas idênticas, executadas pelo mesmo processo, equipamento e local e com a mesma geometria, dependendo do tipo de estaca os resultados também apresentam variabilidade. Diferenças de comportamento resultam não somente da variabilidade natural do solo, mas também dos efeitos de detalhes construtivos não controláveis no desempenho das estacas sob carga. A Fig. 11.14 mostra a variabilidade de comportamento entre estacas tipo hélice contínua monitorada supostamente idênticas em uma obra de grande porte na Itália, quando ensaiadas em provas de carga estáticas.

No projeto de grandes obras, com um universo de dados referentes aos solos a serem utilizados nas fórmulas de cálculo, é usual a adoção de um perfil característico de projeto, com valores mínimos ou médios de ocorrência. O desempenho das fundações executadas terá uma variabilidade decorrente dessas condições de propriedades de comportamento original dos materiais

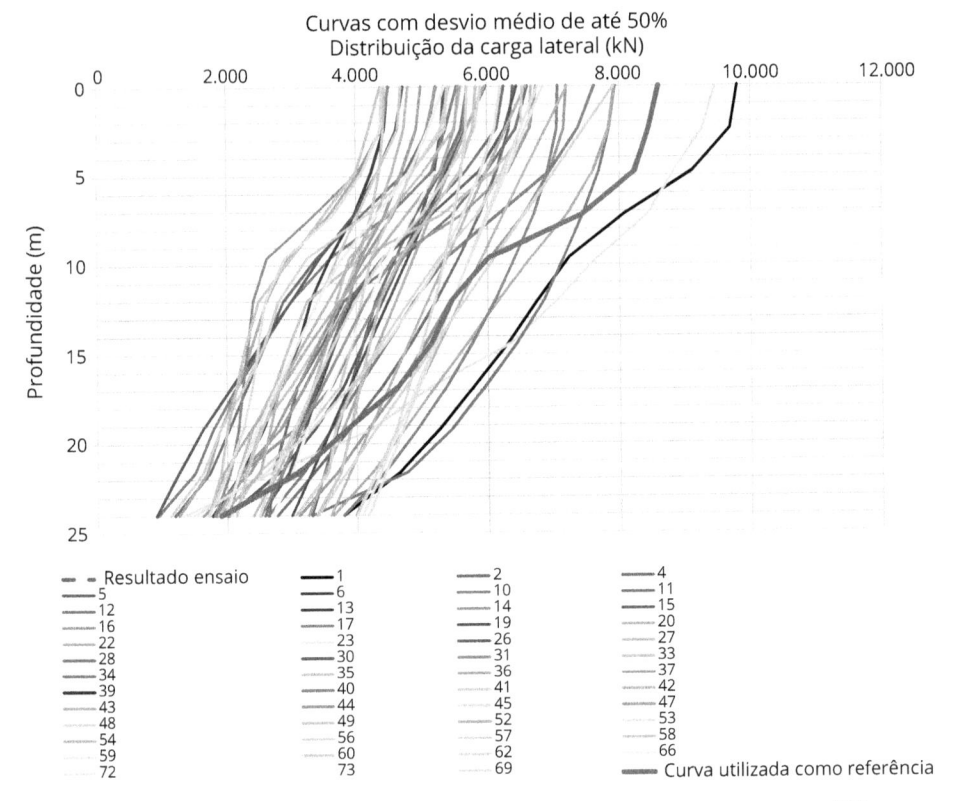

Fig. 11.13 Curvas carga-profundidade das previsões, com desvio médio de até 50%

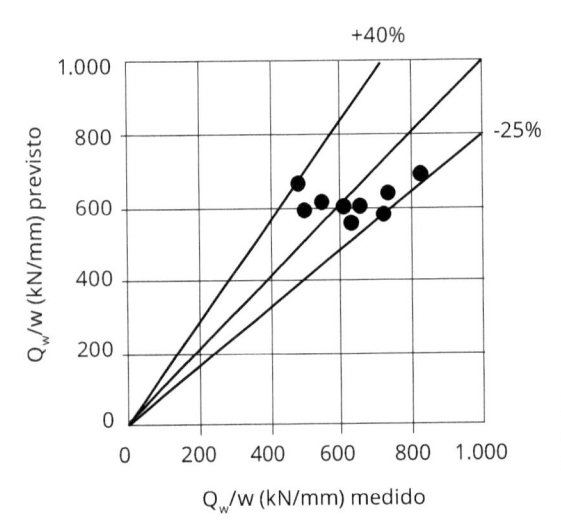

Fig. 11.14 Resultado de nove provas de carga estáticas mostrando a variabilidade de comportamento de estacas idênticas quando ensaiadas
Fonte: Mandolini (2005).

nos quais as estacas foram executadas, adicionada à variabilidade referida anteriormente.

A Tab. 11.1 apresenta resultados de ensaios em estacas de um mesmo bloco.

Tab. 11.1 Resultados de uma prova de carga dinâmica

Local	Data de ensaio	Estaca	Composição (m)	Comprimento total (m)	Comprimento cravado[1] (m)	Resistência máxima mobilizada[2] (kN)
SG3-11 (6)	14/12/11	E-02A	11 + 11 + 11	33,00	28,50	2.516
SG3-11 (6)	17/11/11	E-04	11 + 11 + 11	33,00	31,90	xxx
SG3-11 (6)	8/12/11	E-06	11 + 11 + 11	33,00	30,20	3.085
SG3-11 (6)	16/12/11	E-06	11 + 11 + 11	33,00	30,20	3.544
SG3-11 (6)	16/12/11	E-17A	11 + 6,3 + 11	28,30	19,00	xxx
SG3-11 (6)	8/12/11	E-20	11 + 11 + 11	33,00	30,00	3.088
SG3-11 (6)	14/12/11	E-20	11 + 11 + 11	33,00	30,00	3.542
SG3-11 (6)	17/11/11	E-22	11 + 11 + 11 + 6,3	39,30	38,00	xxx
SG3-11 (6)	8/12/11	E-24	11 + 11 + 11	33,00	29,70	2.080
SG3-11 (6)	14/12/11	E-24	11 + 11 + 11	33,00	29,70	2.212
SG3-11 (6)	16/12/11	E-27A	11 + 11 + 11	33,00	24,20	xxx

[1] Distância entre a ponta da estaca e o nível do terreno no momento do ensaio.
[2] Método CAPWAP.

11.4 Considerações sobre a necessidade de cobrir incertezas

Como resultado das considerações anteriormente descritas, é necessário escolher e utilizar fatores de segurança representativos do nível de incerteza e variabilidade inerente das previsões, além de considerar o processo que resultou na adoção de determinada carga de trabalho de fundações profundas. Por exemplo, se a determinação dos valores de projeto foi resultante de provas de carga estáticas, realizadas anteriormente ao início do estaqueamento, em área bem caracterizada geotecnicamente, o fator de segurança certamente poderá ser reduzido em relação ao projeto desenvolvido usando correlações empíricas baseadas em ensaios de campo (cone ou SPT). Outros aspectos que devem ser considerados na adoção de fatores de segurança são relacionados com os riscos dos efeitos de um eventual colapso da fundação e as incertezas quanto aos carregamentos extremos efetivamente possíveis de ocorrer.

Considere-se um caso real em que estacas tipo hélice contínua foram projetadas com base em uma correlação com N_{SPT} e foram adotados fatores de segurança 1,3 para a resistência lateral e 2 para a ponta. Ao serem ensaiadas, mostraram desempenho insatisfatório pela variabilidade dos resultados obtidos (o fator de segurança nos ensaios foi definido como > 2 por contrato).

Vários foram os ensaios com resistência de ponta praticamente nula, em decorrência de procedimentos construtivos adotados na execução das estacas, como mostrado na Tab. 11.2. O resultado prático foi desastroso pela repercussão dos efeitos dos resultados dos ensaios, com impactos econômicos e nos prazos de obra.

Tab. 11.2 Estacas hélice contínua ensaiadas e resultados dos ensaios

Estaca	Diâmetro (cm)	Comprimento (m)		Data		Carga de eficiência	
		Executado	Abaixo dos sensores	Ensaio	Execução	Trabalho (tf)	Sistema
S3-06 E19	60	10,0	9	19/9/2013	1/9/2013	190	33%
S2-03 E7	60	8,0	7,0	19/9/2013	12/9/2013	190	55%
S2-03 E12	60	8,0	7,0	19/9/2013	12/9/2013	190	49%

Estaca	Resistência (tf)			Resistência (%)		Nega (mm)	Golpe nº
	Total	Ponta	Lateral	Ponta	Lateral		
S3-06 E19	240,4	35,1	205,2	14,60%	85,4%	1,5	4
S2-03 E7	128,5	0,0	128,5	0,0	100,0%	13,0	6
S2-03 E12	106,8	0,0	106,8	0,0	100,0%	16,0	6

Para o projeto de estacas cravadas, ainda existem situações em que os projetistas ou executantes preveem a capacidade de carga das estacas usando as chamadas *fórmulas dinâmicas* (dinamarqueses, Engineering News Record etc.). Desde a década de 1950 existe um consenso no meio técnico de que tais fórmulas não apresentam a confiabilidade necessária. Negas especificadas podem constituir controle construtivo, mas não permitem a determinação da capacidade de carga das estacas. Equipamentos de cravação distintos apresentam eficiência variada (casos de obras com variação de eficiência entre 25% e 65%), resultando em diferentes comprimentos cravados com pilões de mesmo peso em equipamentos de queda livre para uma mesma nega especificada, e, consequentemente, diferentes capacidades de carga.

Comparações feitas entre previsões de capacidade de carga de estacas cravadas com métodos baseados na nega (fórmulas dinâmicas) e valores medidos de desempenho sob carga (Fig. 11.15) mostram a impropriedade do uso das referidas fórmulas para determinar a capacidade de carga com base exclusivamente na nega.

11.5 Variabilidade do subsolo

Nas Figs. 11.16 a 11.18, são apresentados perfis de sondagens SPT em um parque de aerogeradores, onde torres com 120 m de altura devem ter suas fundações projetadas e executadas de forma segura.

Na Fig. 11.16, mostram-se os resultados dos perfis com grande variabilidade de valores de N_{SPT}, sendo que foram realizadas quatro sondagens em círculo de 18 m de diâmetro. Os quatro perfis foram executados em face da variabilidade das condições construtivas encontradas nessa base. O perfil S5 foi resultado de um ensaio realizado a 50 m do eixo da torre. Essa variabilidade extrema localizada não é comum, mas pode ocorrer, motivo pelo qual a investigação do subsolo deve cobrir essa possibilidade, bem como os critérios de projeto, as especificações construtivas e os fatores de segurança.

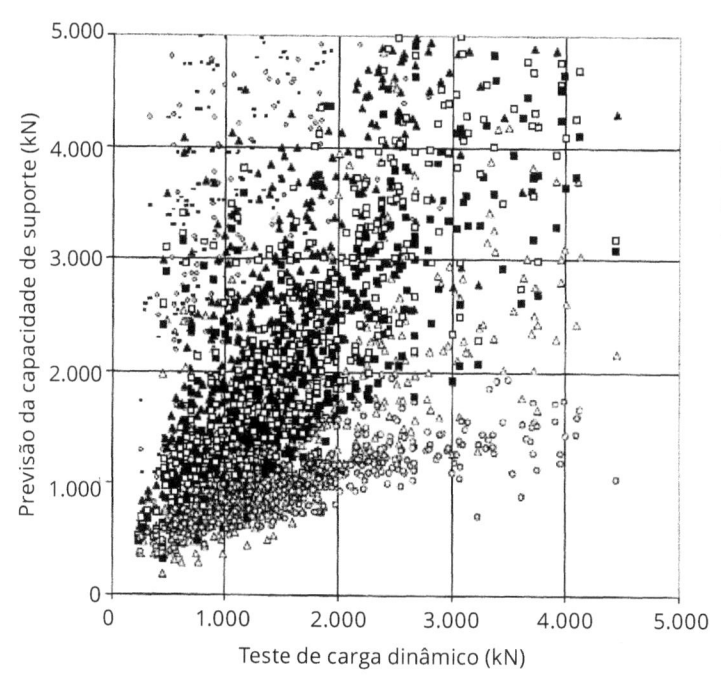

Fig. 11.15 *Comparações entre previsões de capacidade de carga de estacas cravadas com métodos baseados na nega (fórmulas dinâmicas) e valores medidos de desempenho sob carga*
Fonte: Bilfinger, Santos e Hachich (2013).

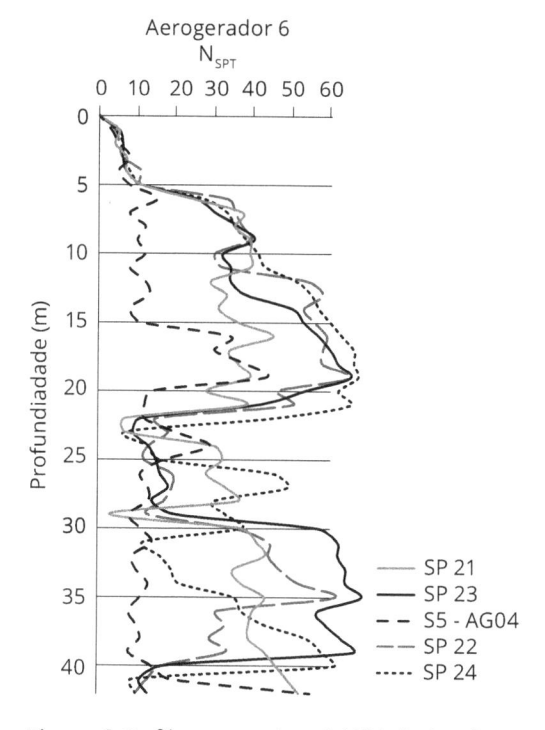

Fig. 11.16 *Perfil com grande variabilidade de valores de NSPT com quatro sondagens (SP 21, 22, 23 e 24) realizadas em círculo de 18 m de diâmetro. O perfil S5 (linha descontínua no gráfico) foi executado a 50 m do eixo do aerogerador*

Na Fig. 11.17, são apresentados os valores de N_{SPT} característicos de outra base no mesmo parque, com menor dispersão de valores, conforme a expectativa, em sondagens realizadas em círculo de 18 m de diâmetro.

Na Fig. 11.18, é feita a comparação entre dois perfis de resistência nesse mesmo parque, mostrando a enorme diferença de ocorrência de horizontes resistentes com a profundidade.

Como em geral as soluções de fundações de tais estruturas são preferencialmente de mesma natureza, a variabilidade de condições do subsolo tanto local (Fig. 11.16) quanto geral (Fig. 11.18) precisa ser definida *a priori* e considerada pelo projetista.

11.6 Comentários

Uma ocorrência não rara em projetos de fundações profundas se refere a soluções definidas com a utilização de fórmulas de cálculo sem que a questão da exequibilidade executiva das estacas tenha sido levada em conta. Projetos cujo cálculo é realizado com estacas projetadas para atingir horizontes de materiais que o equipamento de execução não tem condições de atingir, seja por insuficiência ou impossibilidade de uso de necessária energia e potência do equipamento, seja por impossibilidade física do sistema, acabam resultando em condições inseguras de fundações (estacas projetadas com penetração em horizontes de resistência incompatível com o sistema construtivo escolhido).

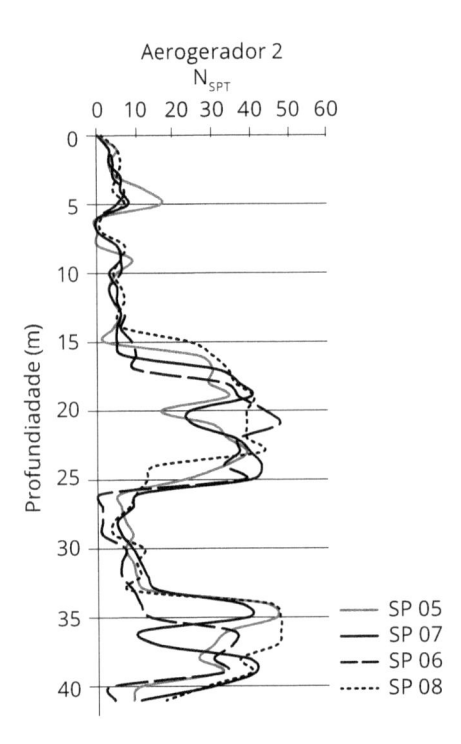

Fig. 11.17 Valores de N_{SPT} característicos de outra base no mesmo parque, com menor dispersão de valores

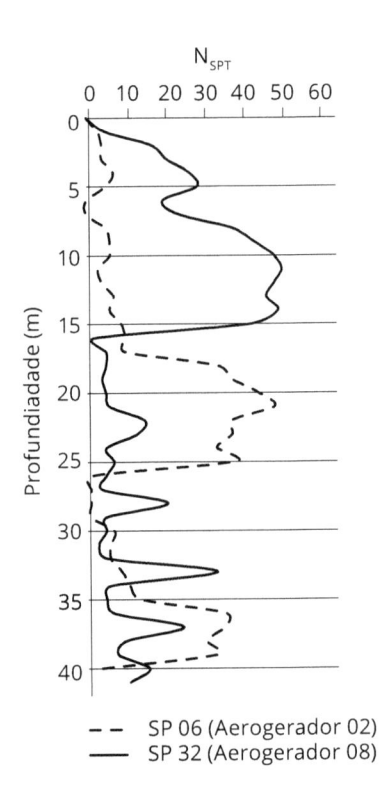

Fig. 11.18 Comparação entre dois perfis de resistência (N_{SPT}) nesse mesmo parque, mostrando a enorme diferença de ocorrência de horizontes resistentes com a profundidade em localizações diversas de bases

12 Construção – ensaios para certificação

Neste capítulo serão apresentados os itens descritos a seguir, importantes para a avaliação das fundações, garantindo que sejam executadas de acordo com as premissas de projeto:
- ensaios de placa;
- ensaios em tirantes e chumbadores;
- controle executivo de estacas;
- ensaios em estacas, ensaios de integridade;
- causas e consequências de problemas em estacas.

Considerando a normalização brasileira que rege o projeto e a execução de fundações (NBR 6122 – ABNT, 2010), bem como a responsabilidade quanto à segurança das torres de aerogeradores e questões de rastreabilidade e segurança envolvidas em certificação e seguro, é fundamental o estabelecimento de dados objetivos para a certificação das fundações construídas. Os elementos de controle e acompanhamento, estabelecidos ainda na etapa de detalhamento do projeto executivo, devem ser observados e submetidos à fiscalização e ao projetista para a liberação dessa etapa e para permitir a construção do bloco, uma vez atendidos os requisitos de qualidade dos elementos de fundação – sejam eles o solo na base da fundação, tirantes ou ancoragens, material estabilizado ou tratado, sejam eles estacas de diferentes tipos executadas de acordo com o projeto.

12.1 Soluções em fundações diretas
12.1.1 Ensaios de placa

Para os casos em que são utilizadas fundações diretas, alguns fornecedores exigem a liberação do terreno de fundação por um engenheiro geotécnico. Como, em inúmeros casos, os parques se localizam em locais distantes, de difícil acesso, e a cronologia de liberação das bases se estende ao longo de certo tempo, uma prática objetiva alternativa e recomendada é a realização de provas de carga em placa (NBR 6489 – ABNT, 1984). Essa prática permite determinar a rigidez do material da base e fornece um elemento objetivo para que o terreno seja liberado para a execução da fundação direta.

Os ensaios de placa devem ser feitos com carga máxima na placa equivalente ao dobro daquela que origina a tensão de projeto adotada, com seus resultados submetidos à fiscalização e ao projetista para análise e liberação.

A análise dos resultados depende do modelo de variação de propriedades do subsolo (Fig. 12.1).

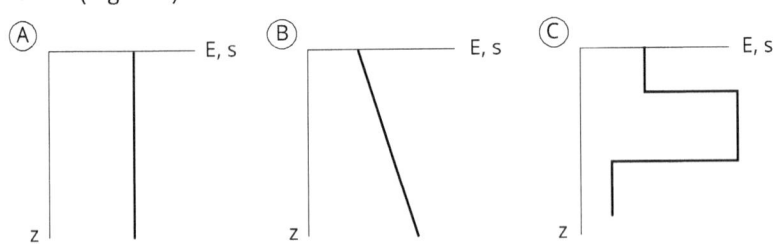

Fig. 12.1 *Condições de variação das propriedades (módulo E e resistência s) com a profundidade: (A) homogêneo, (B) linearmente heterogêneo e (C) estratificado*
Fonte: Velloso e Lopes (2011).

O coeficiente de recalque não é uma propriedade constante do solo, mas sim um parâmetro que varia de acordo com a forma e a dimensão da placa e da fundação. Desse modo, é necessária uma correção desse valor.

Para a extrapolação direta do ensaio de prova de carga para a fundação, podem ser consideradas as duas situações a seguir.

Meio homogêneo (E constante)

Para essa condição, tem-se:

$$W_B = W_{B1} \cdot B/B_1 \cdot I_{s,B}/I_{s,B1}$$

em que:
W_B = recalque da fundação;
W_{B1} = recalque medido no ensaio da placa;
B = dimensão da fundação;
B_1 = dimensão da placa;
$I_{s,B}$ = fator de forma da fundação;
$I_{s,B1}$ = fator de forma da placa de ensaio.

Para placas de ensaio e fundações circulares e/ou quadradas, a expressão apresenta-se de forma direta:

$$W_B = W_{B1} \cdot B/B_1$$

Os fatores de forma são indicados na Tab. 12.1.

Tab. 12.1 Fatores de forma

Forma da base	s_c	s_q	s_γ
Corrida	1,0	1,0	1,0
Retangular	$1 + (B'/L')(N_q/N_c)$	$1 + (B'/L')\text{tg}(\varphi')$	$1 - 0,4 B'/L'$
Circular e quadrada	$1 + (N_q/N_c)$	$1 + \text{tg}(\varphi')$	0,60

Meio com E crescente com a profundidade

Nesse caso, a expressão empírica proposta por Terzaghi (1955) pode ser utilizada na forma:

$$K_s = K_1 \left(\frac{B_1 + B}{2B} \right)^2$$

em que:

K_s = coeficiente de recalque para a fundação;
K_1 = coeficiente de recalque para a placa;
B_1 = diâmetro da placa;
B = diâmetro da fundação.

O coeficiente de recalque vertical para a placa determinado no ensaio é dado pela seguinte expressão:

$$K_1 = \frac{P}{y}$$

em que:

K_1 = coeficiente de recalque para a placa;
P = pressão aplicada;
y = deslocamento associado à pressão aplicada.

12.1.2 Ensaios em tirantes e chumbadores

Quando a solução de fundações é a de bases assentes diretamente no topo da camada competente, com tirantes ou ancoragens, estes devem ser testados de acordo com a normalização que rege o tema (NBR 5629 – ABNT, 2006a). Os ensaios servem como garantia de segurança, e eventuais não conformidades devem ser comunicadas imediatamente ao projetista para possíveis soluções alternativas (reinjeção quando cabível, execução de novos elementos).

Nas Figs. 12.2 e 12.3, apresentam-se resultados de ensaios realizados em tirantes de ancoragem, mostrando casos típicos de bom e mau desempenho. Nos casos de mau desempenho, é realizada reinjeção quando possível ou execução de ancoragem complementar.

12.2 Ensaios em estacas

A Tab. 12.2 apresenta a adequação dos diferentes ensaios para a definição de características de comportamento de estacas, tais como carga axial mobilizada, comportamento para cargas horizontais, curva carga × recalque, capacidade estrutural e integridade.

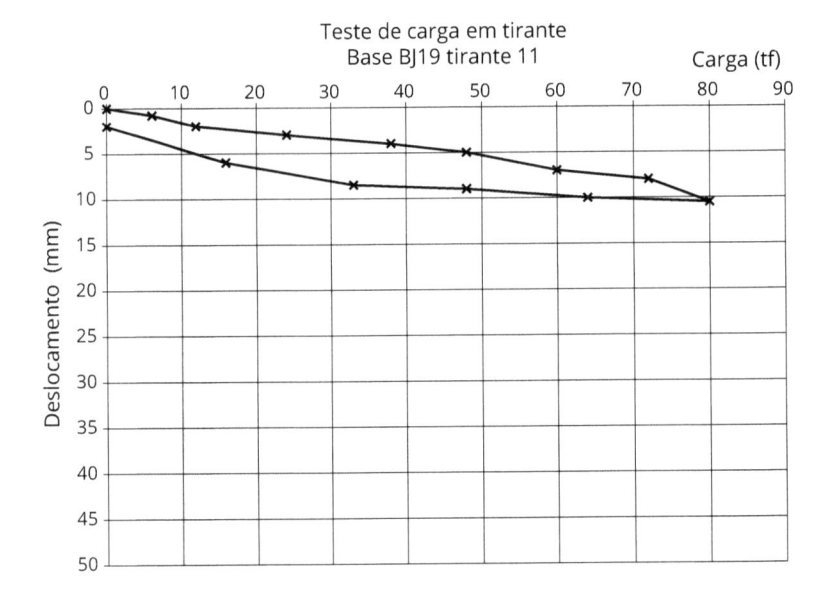

Fig. 12.2 *Ensaio de tirante com excelente desempenho*

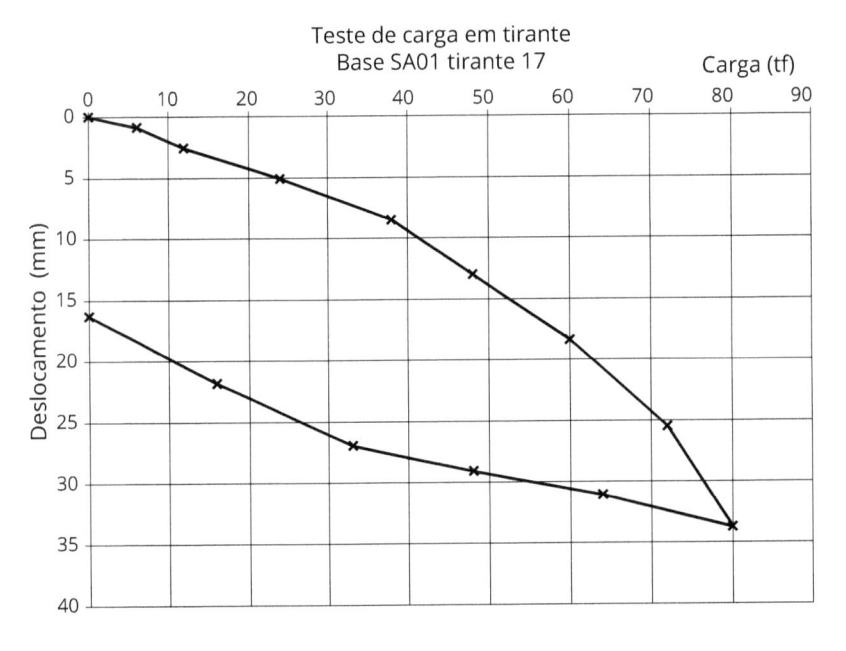

Fig. 12.3 *Ensaio de tirante com mau desempenho, devendo-se providenciar reinjeção ou reforço*

12.2.1 Provas de carga estáticas e ensaios dinâmicos

A realização de provas de carga estáticas constitui a única forma insofismável e segura para determinar o comportamento das fundações profundas sob carregamento.

Para os casos de fundações profundas, a normalização brasileira (NBR 6122 – ABNT, 2010) tem prescrições específicas quanto à obrigatoriedade de realização de provas de carga estáticas nas estacas, a partir de certo número de elementos (Tab. 12.3). Existe a opção de substituir algumas provas de carga estáticas por ensaios dinâmicos, o que permite uma avaliação de desempenho

Tab. 12.2 Resumo das capacidades dos diversos tipos de ensaio em estacas com relação aos resultados obtidos

Tipo de ensaio	Capacidade de carga geotécnica axial	Capacidade de carga geotécnica lateral	Carga-recalque	Carga lateral limite	Efeitos de grupo	Resistência e integridade estrutural	Cargas especiais	Movimentos de solo
Prova de carga estática não instrumentada	3	0	3	0	1	1	1	0
Prova de carga estática instrumentada	3	0	3	0	2	2	2	2
Prova de carga estática – carregamento lateral	0	3	0	3	1	2	2	0
Ensaio dinâmico	3	0	2	0	0	3	1	0
Ensaio com célula Osterberg	3	0	2	0	0	1	1	0
Ensaio statnamic instrumentado	3	2	2	2	2	2-3	2	1

Nota: 3 – muito apropriada; 2 – pode ser adequada em certas circunstâncias; 1 – possível, mas improvável na maioria dos casos; 0 – não adequada.
Fonte: Poulos (2017).

mais abrangente, possibilitando a realização de ensaios em todas as bases de um parque. Considerando a variabilidade de condições dos perfis do subsolo para elementos afastados cerca de 200 m, o que é típico dos parques, essa amostragem é extremamente importante para conhecer as reais condições de transferência de carga pelas fundações profundas ao solo.

De acordo com a normalização, os ensaios podem ser realizados antes do início da execução do estaqueamento ou como elemento de comprovação do cálculo e do processo construtivo. Para ensaios realizados nas estacas da obra, os valores de coeficiente de segurança a serem atingidos devem ser, no mínimo, igual a 2. Ensaios de qualificação das estacas, ou seja, aqueles realizados antes do início da obra, devem ter FS > 1,60, de acordo com a norma brasileira.

A Fig. 12.4 mostra curvas carga-recalque típicas para diferentes condições de estacas ensaiadas em provas de carga estáticas.

O baixo custo dos ensaios dinâmicos e seu reduzido prazo executivo em comparação com as provas de carga estáticas resultaram num aumento significativo de seu uso, constituindo uma ferramenta valiosa no processo de

Tab. 12.3 Definição do número mínimo de estacas a serem ensaiadas em provas de carga estáticas, interpretação dos resultados, quantidade de ensaios dinâmicos e casos particulares

Tipo de estaca	A Tensão (admissível) máxima abaixo da qual não serão obrigatórias provas de carga, desde que o número de estacas da obra seja inferior à coluna (B), em MPa[b c d]	B Número total de estacas da obra a partir do qual serão obrigatórias provas de carga[b c d]
Pré-moldada[a]	7,0	100
Madeira	-	100
Aço	$0,5 f_{yk}$	100
Hélice e hélice de deslocamento (monitoradas)	5,0	100
Estacas escavadas com ou sem fluido* S 70 cm	5,0	75
Raiz[e]	15,5	75
Microestaca[e]	15,5	75
Trado segmentado	5,0	50
Franki	7,0	100
Escavadas sem fluido ϕ < 70 cm	4,0	100
Strauss	4,0	100

[a] Para o cálculo da tensão (admissível) máxima, consideram-se estacas vazadas como maciças, desde que a seção vazada não exceda 40% da seção total.
[b] Os critérios acima são válidos para as seguintes condições (não necessariamente simultâneas):
- áreas onde haja experiência prévia com o tipo de estaca empregado;
- onde não houver particularidades geológico-geotécnicas;
- quando não houver variação do processo executivo padrão;
- quando não houver dúvida quanto ao desempenho das estacas.
[c] Quando as condições acima não ocorrerem, devem ser feitas provas de carga em no mínimo 1% das estacas, observando-se um mínimo de uma prova de carga (conforme ABNT NBR 12131), qualquer que seja o número de estacas.
[d] As provas de carga executadas exclusivamente para avaliação de desempenho devem ser feitas até que se atinja pelo menos 1,6 vez a carga admissível ou até que se observe um deslocamento que caracterize ruptura.
[e] Diâmetros nominais.

9.2.2.2 Interpretação da prova de carga
O desempenho é considerado satisfatório quando forem simultaneamente verificadas as seguintes condições:
a) fator de segurança no mínimo igual a 2,0 com relação à carga de ruptura obtida na prova de carga ou por sua extrapolação. Se esse valor não for obtido, a interpretação dos resultados da(s) prova(s) de carga deve ser feita pelo projetista, de acordo com o especificado em 8.2.1.1;
b) recalque na carga de trabalho for admissível pela estrutura.
Caso uma prova de carga tenha apresentado resultado insatisfatório, deve-se elaborar um programa de provas de carga adicionais que permita o reexame dos valores de cargas admissíveis (ou resistentes de projeto), visando a aceitação dos serviços sob condições especiais previamente definidas ou a readequação da fundação e seu eventual reforço.

9.2.2.3 Quantidade de ensaios dinâmicos
Para comprovação de desempenho as provas de carga estáticas podem ser substituídas por ensaios dinâmicos na proporção de cinco ensaios dinâmicos para cada prova de carga estática em obras que tenham um número de estacas entre os valores da coluna B (Tab. 12.3) e duas vezes esse valor. Acima deste número de estacas será obrigatória pelo menos uma prova de carga estática, conforme ABNT NBR 12131.
9.2.2.4 Casos particulares
Para estacas com carga admissível superior a 3 000 kN, podem-se executar duas provas de carga sobre estacas de mesmo tipo, porém de menor diâmetro. Nestes casos, os critérios de interpretação da prova de carga devem ser justificados.
São aceitos, a critério do projetista, ensaios de carga, como, por exemplo, célula expansiva, devendo-se levar em conta as particularidades de sua interpretação para avaliação de desempenho.
A Tab. 12.3 se aplica às obras de até 500 estacas e em uma mesma região representativa do subsolo. Acima desta quantidade, o número de provas de cargas adicionais fica a critério do projetista.

Fonte: ABNT (2010).

verificação de qualidade de fundações profundas, sempre com a realização de provas de carga estáticas para comprovação, em menor número.

É relevante indicar que a utilização de empresas qualificadas, com pessoal treinado e especializado, é requisito mínimo para atingir a condição de confiabilidade necessária nos resultados dos ensaios dinâmicos.

A literatura especializada apresenta inúmeras formas de interpretação dos resultados de provas de carga estáticas (Milititsky, 1991; Kyfor et al., 1992; Fellenius, 2018; entre outros), que se somam ao padrão recomendado pela norma brasileira de fundações (NBR 6122 – ABNT, 2010). Diferentes métodos de interpretação resultam em valores diferenciados de capacidade de carga, devendo ser objeto de análise de profissional especialista no tema quando da solução de problemas específicos.

Uma referência nacional abrangente sobre o tema é Cintra et al. (2013), que abordam em profundidade os variados aspectos desse ensaio, sua execução e interpretações. Por sua vez, Fellenius (2018) é a referência internacional atual sobre interpretação de provas de carga e novas metodologias de ensaio.

Na Fig. 12.5 é apresentada a definição de rigidez da estaca para diferentes gamas de variação do carregamento.

A rigidez do trecho inicial (0 t a 149,80 t) corresponde a 315 tf/cm, enquanto a do trecho final (149,80 t a 214 t) corresponde a 39 tf/cm.

Além dos ensaios nas estacas, é importante conhecer e registrar os dados executivos de todas as estacas, bem como as eventuais excentricidades construtivas e a resistência característica do concreto nas estacas moldadas *in situ*.

Nos casos de ocorrência de não conformidade, os dados de controle devem ser imediatamente comunicados ao projetista para que sejam analisados e para que seja dada uma solução ao problema.

a) Estaca flutuante em argila mole e areia fofa

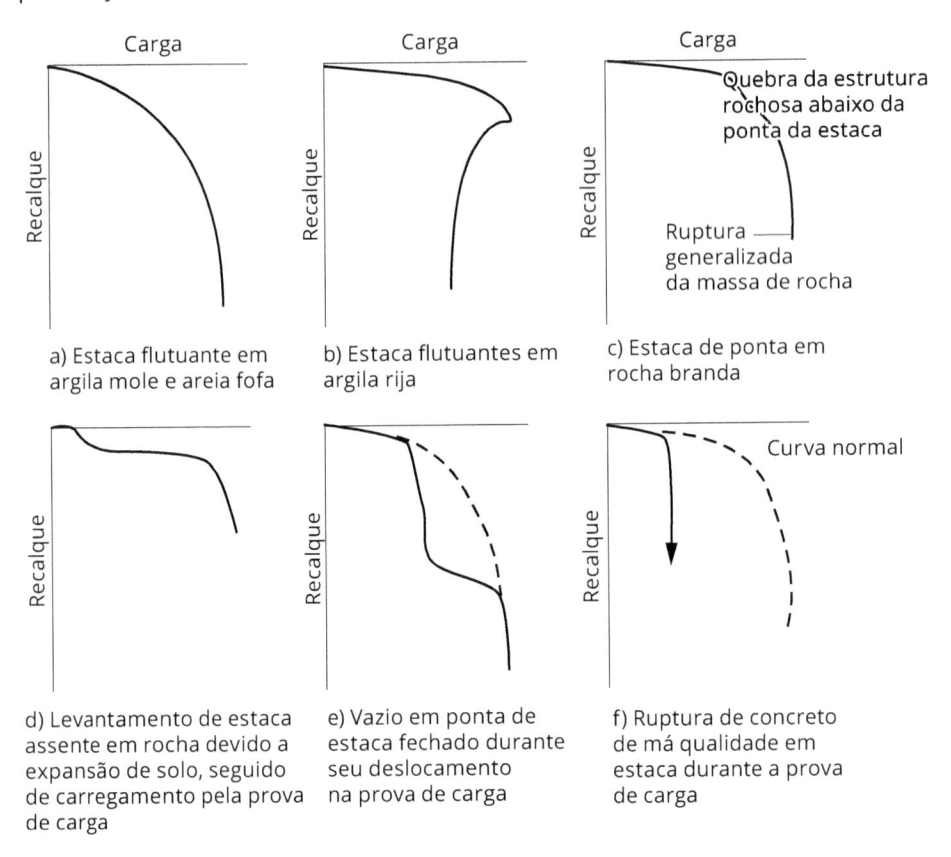

b) Estaca flutuantes em argila rija

c) Estaca de ponta em rocha branda
- Quebra da estrutura rochosa abaixo da ponta da estaca
- Ruptura generalizada da massa de rocha

d) Levantamento de estaca assente em rocha devido a expansão de solo, seguido de carregamento pela prova de carga

e) Vazio em ponta de estaca fechado durante seu deslocamento na prova de carga

f) Ruptura de concreto de má qualidade em estaca durante a prova de carga

Curva normal

Fig. 12.4 *Curvas carga-recalque típicas de ensaios estáticos para diferentes condições de estacas*
Fonte: Mililitsky (1980).

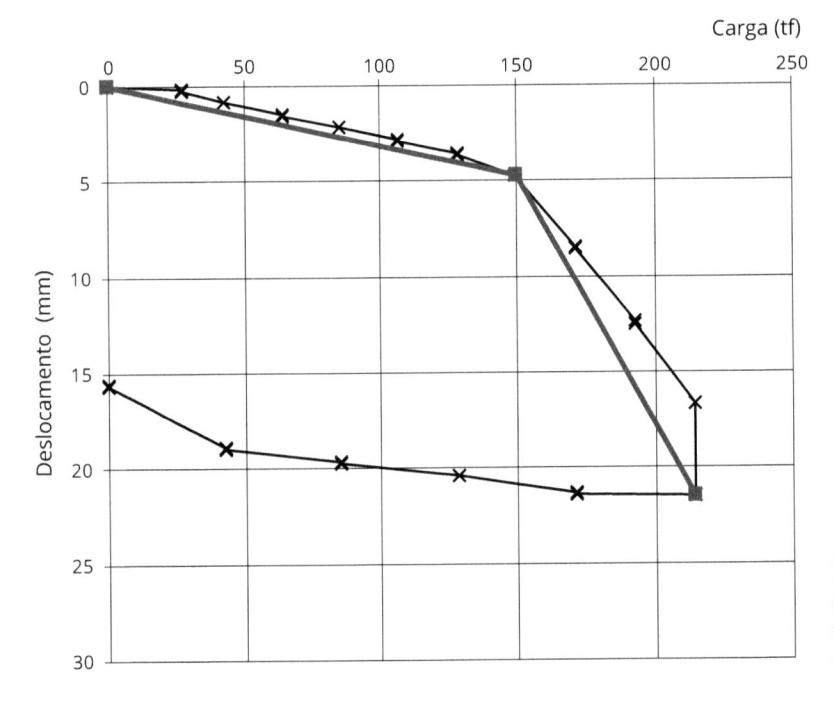

Fig. 12.5 *Rigidez das estacas – curva carga-recalque e definição da rigidez da estaca*

12.2.2 Recomendações

Para os ensaios em estacas em parques de aerogeradores, as recomendações são as seguintes:

- realizar ensaios dinâmicos em todas as bases, com no mínimo duas estacas ensaiadas por base;
- realizar um ensaio estático em cada grupo de cinco bases;
- realizar ensaios de integridade em 100% das estacas;
- resultados não satisfatórios devem ser adequadamente avaliados e soluções alternativas e/ou reforços devem ser projetados;
- ensaios específicos para estacas cravadas, que devem ser realizados ao iniciar cada fundação de torre, são os dinâmicos (tipo PDA), para melhor definir as negas a serem observadas.

12.2.3 *Set up* das estacas

Um aspecto importante em estacas cravadas é a ocorrência de *set up* (cicatrização) das estacas, ou seja, o aumento da resistência das estacas com o tempo (Komurka et al., 2003; Long et al., 1999; Svinkin; Skov, 2000; Svinkin, 1996; Skov; Denver, 1988; Preim et al., 1989; Whittle; Sutabutr, 1999; Svinkin et al., 1994; Axelsson, 2002; Camp III et al., 1999; Fellenius et al., 1989; Komurka, 2004; Milititsky et al., 1982). Os ensaios devem ter previsão de tempo mínimo após o término da cravação, ou a realização de ensaios em diferentes idades das estacas, o que é de difícil execução pela necessidade de atendimento de prazos construtivos reduzidos.

Na Fig. 12.6, exibe-se o caso de um projeto em que ensaios dinâmicos apresentaram resultados insatisfatórios em curto prazo, inferiores ao projetado, mas que, com o reensaio, mostraram valores compatíveis com o cálculo. Esses ensaios foram realizados em estacas pré-moldadas de concreto cravadas em perfil típico sedimentar, com camadas de argila mole intercaladas com lentes de areia de média e alta compacidade.

Um aspecto relevante é a possível variabilidade de interpretação dos resultados de ensaios dinâmicos, quando realizados por diferentes empresas. Na Fig. 12.7, compara-se a determinação da carga mobilizada em ensaios dinâmicos por cinco empresas, sem o conhecimento dos ensaios existentes, para as estacas escavadas de número 4 a 8, com a mesma geometria, em um experimento na Alemanha.

Os resultados desses ensaios decorrem de interpretação e tratamento de dados. No caso de provas de carga estáticas, são aplicadas cargas e medidos deslocamentos, sem tratamento de dados ou interpretações.

Verifica-se uma enorme variabilidade de resultados, o que torna necessária a contratação de empresas com experiência e alta qualificação, com ensaios

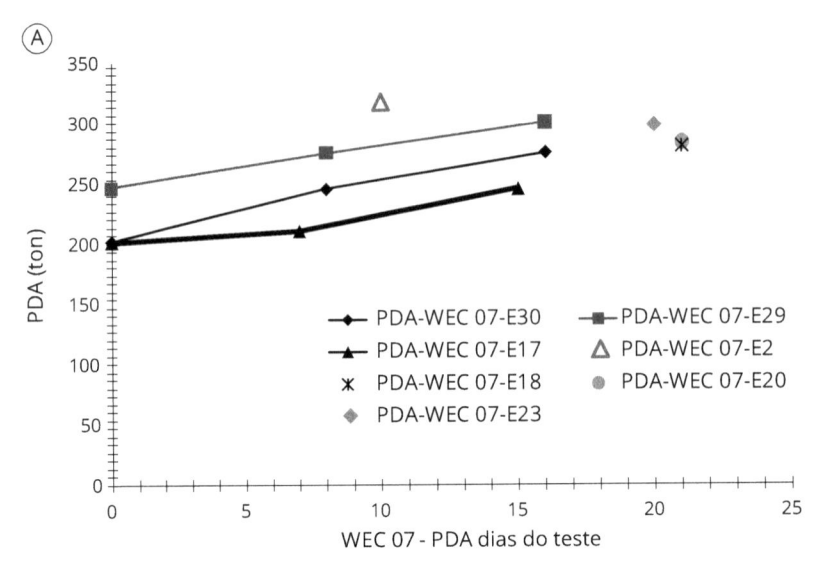

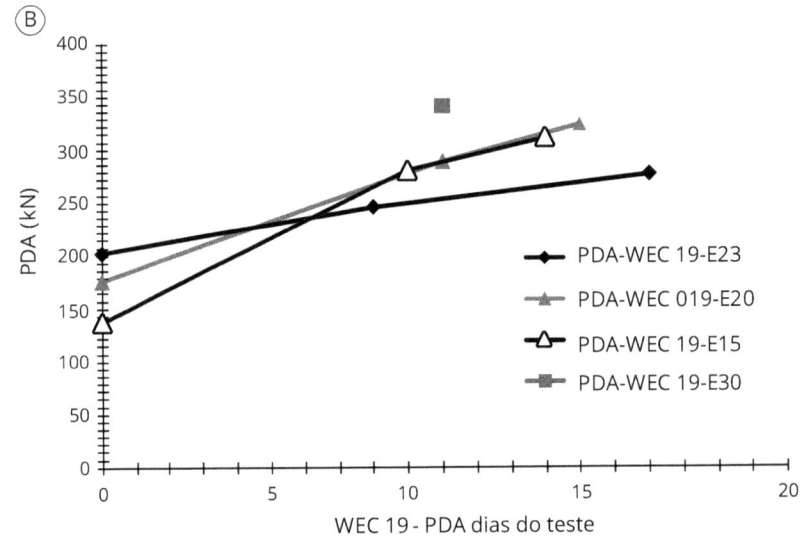

Fig. 12.6 *Resultados de ensaios dinâmicos realizados com diferente idade das estacas pré-moldadas de concreto, mostrando crescimento da resistência mobilizada com o tempo pós-cravação*

sempre confrontados com provas de carga estáticas para caracterizar sua validade.

12.3 Ensaios de integridade

O custo de prover reforços de fundação após a implantação da base, ou seja, em estágio mais avançado da obra, pode ser extremamente elevado. Além da questão do custo, a dilatação do prazo construtivo, responsabilidades quanto a pagamento de custos e problemas de imagem profissional dos envolvidos tornam essa condição extremamente negativa, que deve ser evitada. Uma indicação precoce de problema por meio da utilização das ferramentas atuais disponíveis é altamente desejável.

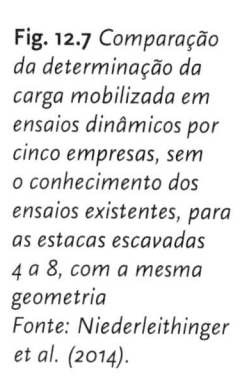

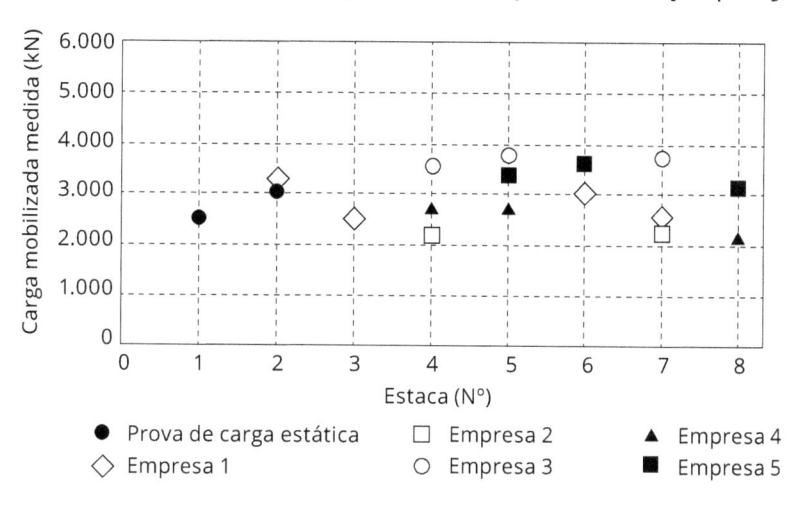

Fig. 12.7 *Comparação da determinação da carga mobilizada em ensaios dinâmicos por cinco empresas, sem o conhecimento dos ensaios existentes, para as estacas escavadas 4 a 8, com a mesma geometria*
Fonte: Niederleithinger et al. (2014).

● Prova de carga estática   □ Empresa 2   ▲ Empresa 4
◇ Empresa 1   ○ Empresa 3   ■ Empresa 5

Antes da existência dos ensaios de integridade atuais, a realização de provas de carga estáticas constituía a única forma de avaliação da qualidade de um estaqueamento. A escavação para inspeção até certa profundidade, onde não ocorria a presença de nível de água, e a eventual execução de perfuração por sonda rotativa em certos tipos de estaca também eram utilizadas em raras oportunidades. Essas opções tinham a limitação de verificar um pequeno número de elementos num universo grande (total do estaqueamento), além de não identificarem inúmeras anomalias e serem caras e demoradas. Nos casos em que um pequeno número de estacas eram problemáticas, a amostragem usualmente era insuficiente para a detecção do problema.

Na prática internacional, os ensaios de integridade aplicados à totalidade ou a um número significativo de elementos das fundações tornaram-se rotina. Em muitos países, são compulsórios para determinados tipos de estaca ou obra. Esse é o caso das estacas moldadas *in situ* na Holanda (Middendorp; Schellingerhout, 2006) e das fundações das pontes do Departamento Federal de Estradas dos Estados Unidos.

Entretanto, é importante enfatizar que os diversos procedimentos têm suas características e limitações de abrangência e representatividade, sendo confiáveis somente quando realizados por pessoal experiente, com atualização permanente. Inúmeros exercícios experimentais foram feitos recentemente e publicados nas revistas técnicas, com "defeitos" fabricados em estacas, e os padrões de resposta desses experimentos constituem contribuições importantes para a área de conhecimento.

Não é verdadeira a afirmação de que os ensaios disponíveis podem detectar todo e qualquer defeito ou problema que exista numa estaca. Por exemplo, cobrimento de armadura, pequenas regiões de concreto com segregação ou pequenos vazios são de difícil identificação. Contudo, os processos disponíveis são adequados para identificar a presença de problemas importantes. As consequências de um defeito significativo em um elemento de responsabilidade usualmente são de tal monta que os custos eventuais ou as repercussões, quando não identificados ainda em etapa inicial da obra, ultrapassam em muito os custos dos ensaios de integridade e a adoção de correção nesse estágio da obra.

A análise de ensaios de integridade em estacas moldadas *in situ* requer boa qualificação e muita experiência, uma vez que variações na seção e/ou nas características do material da estaca podem não constituir comprometimento dos elementos de fundação, mas ser consideradas erroneamente como "elementos com falha" ou não qualificados. Nessa circunstância, inspeção visual ou ensaios de carregamento dinâmico podem ser utilizados para melhor definir a adequação de tais elementos.

Um bom programa de avaliação da qualidade do estaqueamento, além do controle construtivo minucioso, deve iniciar com a execução de controle de integridade, inclusive para a escolha dos elementos a serem inspecionados por escavação ou testados em provas de carga estáticas e/ou ensaios dinâmicos.

Existem inúmeras referências sobre o tema. Entre as brasileiras, é possível mencionar Cintra et al. (2013) e a NBR 13208 (ABNT, 2007). Já entre as internacionais, citam-se Weltman (1977), Goble, Rausche e Likins (1980), Sliwinski e Fleming (1984), Baker (1985), Starke e Janes (1988), Baker et al. (1991), Schellingerhout (1992, 1996), Turner (1997), Amir (2002), Leibich (2002), DFI (2004, 2012), Brettmann e Nesmith (2005), Hertlein e Davis (2005), Athanasopoulos (2007a, 2007b), Décourt (2008) e Mullins (2010).

Na prática brasileira, os ensaios correntes são os comercialmente identificados como PIT (*pile integrity testing*). A grande vantagem desses ensaios é não necessitarem de providência anterior ao final da execução das estacas para sua realização, além de sua rapidez executiva e seu baixo custo tornarem possível testar todas as estacas de uma obra.

Por outro lado, sua limitação é a necessidade de realização de um diagnóstico confiável e de boa utilização. Problemas de interpretação em geral ocorrem quando são executados ensaios em estacas moldadas *in situ*, com natural variação de seção e/ou de módulo do concreto, que são então diagnosticadas como *condenadas* ou *com defeitos*, mas que, ao serem exumadas, apresentam condições adequadas de continuidade, ou, ao serem ensaiadas, mostram segurança quanto à transmissão de carga ao solo. Sua melhor utilização é aquela em que todas as estacas são testadas e são definidos "padrões de resposta". A partir dessa investigação, avança-se para o programa de certificação de qualidade, com a realização de ensaios para verificar o desempenho: provas de carga estáticas, ensaios dinâmicos ou escavação para comprovar as condições de integridade.

A inexistência de normalização brasileira resulta na adoção de padrões de interpretação não homogêneos pelos executantes de ensaios, com algumas empresas usando padrões próprios, não seguindo normalização internacional disponível.

No Cap. 13, são apresentados inúmeros casos de patologias em estacas detectados por ensaios PIT, com os elementos afetados escavados para inspeção e confirmação dos danos.

Em Fleming et al. (2009), é feita uma comparação das características e das limitações dos diferentes ensaios e seus custos no mercado internacional.

12.4 Controle executivo de estacas

Cada sistema executivo de fundações profundas tem práticas reconhecidas como adequadas e seguras, conforme a NBR 6122 (ABNT, 2010) e o *Manual de execução de fundações: práticas recomendadas* (Abef, 2016). Os registros construtivos e de controle incluem períodos construtivos, comprimentos atingidos, resistência do concreto nas estacas moldadas *in situ*, colocação e posicionamento de armadura, excentricidade, nega, repique etc., e devem fazer parte do sistema de controle estabelecido em projeto.

Causas e consequências de problemas em estacas 13

Se os procedimentos de acompanhamento e controle das fundações durante o processo construtivo apresentam não conformidades ou problemas que poderão comprometer o desempenho e a segurança das bases, será necessária uma tomada de decisão sobre a remediação adequada para garantir a segurança em longo prazo. Deverão ser indicados procedimentos complementares de investigação e, se necessário, projeto e execução de reforços, ou mesmo a alteração do sistema de fundações. Essa etapa de tomada de decisão deve ser estabelecida no menor prazo possível, uma vez que, após determinadas fases construtivas, sua solução se torna extremamente complexa e cara.

13.1 Bases estaqueadas

Durante o processo construtivo do estaqueamento, antes da execução do bloco de coroamento, é relativamente simples a execução de elementos complementares ao projeto original, internamente ao bloco, sem que se causem atrasos maiores e/ou custos excessivos. Nessa condição de inexistência de bloco, o acesso ao local é mais fácil, e elementos complementares podem ser construídos após a verificação de seu efeito nas solicitações, no estaqueamento e na estabilidade e dimensionamento do bloco.

Considerando esses motivos, todos os ensaios e elementos de acompanhamento de execução de solução estaqueada devem ser imediatamente comunicados ao projetista em caso de não conformidade.

O programa de liberação das fundações deve fazer parte das especificações do projeto, de forma a garantir que as condições "como construídas" (*as built*) das fundações sejam do conhecimento do projetista, para que ele possa avaliar sua adequação e a segurança da obra sendo construída.

13.2 Causas de problemas em estacas

Como apresentado em detalhes por Milititsky, Consoli e Schnaid (2015), problemas de fundações podem ser originários ou ocorrer nos seguintes períodos da vida das fundações: etapa de investigação do subsolo, etapa de análise e projeto e durante a construção.

Problemas originados na etapa de investigação do subsolo em torres de aerogeradores podem ser devidos à execução das sondagens em locais que não a real projeção da base (sondagem realizada no local previsto do aerogerador, alterado sem a realização de nova sondagem), sondagens com problemas (uso de equipamento e procedimento executivo não padronizado; NBR 6484 – ABNT, 2001, norma técnica DNER-PRO 102/97), profundidade de amostragem insuficiente, interpretação inadequada dos resultados obtidos, como a presença de materiais com matriz de solo com pedregulhos, que aumentam os valores representativos da matriz que vai definir a resistência característica a utilizar nas formulações, sondagens mal analisadas ou fenômenos específicos de comportamento do solo não identificados na etapa de investigação, tais como a presença de solos colapsíveis, solos expansivos, lentes de solos muito moles ou regiões cársticas.

O programa de investigação do subsolo deve ser encarado como investimento, e não como custo, uma vez que sua adequada realização fará com que soluções seguras e econômicas possam ser projetadas e problemas de difícil solução e alto custo na implantação da obra possam ser evitados.

Problemas decorrentes da etapa de análise e projeto têm origem na utilização de métodos não representativos para a determinação da resistência à compressão e tração das estacas, no uso de fatores de segurança insuficientes para suprir a variabilidade e a falta de acurácia dos métodos de previsão (ver Cap. 11), e na ausência ou inadequação de análise quanto à determinação da rigidez das fundações (vertical e horizontal) nas soluções estaqueadas.

Problemas decorrentes dos processos construtivos são bastante comuns pela não observância das técnicas adequadas de execução, em geral motivada por redução de custos e prazos limitados para sua finalização. Esses problemas são identificados pelos ensaios de controle e fiscalização, como indicado na seção 12.2. Dificuldades construtivas ou discrepâncias entre as condições do subsolo identificadas no programa de investigação e as condições construtivas devem dar origem ao aprofundamento da investigação, com as ferramentas disponíveis no mercado, para que não ocorram problemas de desempenho futuros.

Um caso especialmente revelador de problema sério de fundações ocorreu em um parque no qual a execução do estaqueamento foi realizada com um equipamento de hélice contínua, porém com um procedimento em que o trado era retirado do solo para a colocação de armadura e as estacas eram então concretadas, em completo desacordo com a prática adequada de execução. O cálculo foi realizado considerando a fundação constituída de estacas tipo hélice contínua (no caso, denominadas pelo projetista de estacas tipo hélice contínua modificada). Ao serem ensaiadas, as estacas apresentaram valores de capacidade de carga sensivelmente inferiores ao projeto, com valores típicos de estacas escavadas de mesmo diâmetro. As fundações tiveram que ser reprojetadas para as cargas admissíveis reais das estacas, com um aumento sensível de custos e prazos construtivos.

13.3 Consequências – reforços

Fundações cujos ensaios de acompanhamento e controle tiverem indicações de não conformidades ou não atenderem aos requisitos de projeto deverão ser objeto de análise e investigação para que possam ser adotados procedimentos que propiciem segurança ao projeto.

Questões simples, como a resistência do concreto em estacas moldadas *in situ*, podem ser avaliadas à luz do conhecimento do crescimento da resistência dos concretos com o tempo e de eventuais reduções dos coeficientes de segurança nos materiais, quando ainda aceitáveis, por exemplo.

Aspectos de não conformidade, como excentricidades de execução das estacas, podem ser avaliados pelo cálculo para a caracterização dos efeitos das excentricidades nas reações dos elementos de fundação e armadura do bloco.

Problemas de inserção insuficiente de armaduras em estacas tipo hélice contínua são relativamente comuns e devem ser avaliados caso a caso, para a verificação da necessidade real de projeto de reforços.

Valores de resistência à tração e compressão obtidos em ensaios inferiores aos necessários em projeto podem, após criteriosa avaliação, resultar na necessidade de execução de reforços. Estes, quando executados na etapa de implantação das bases, em geral são feitos com os mesmos sistemas construtivos dos elementos insuficientes, após verificação da alteração de geometria dos apoios nas reações das estacas, sendo bastante difícil a real representação quando ocorrem simultaneamente problemas de integridade. A análise das novas reações e a distribuição de solicitações no bloco precisam ser realizadas para garantir que os reforços não causarão problemas de comportamento da base em questão.

Em algumas circunstâncias, para evitar atrasos na montagem das estruturas, são deixados tubos no interior das bases, nas posições dos eventuais futuros reforços em estacas raiz, que são executados posteriormente, com os devidos cuidados para a incorporação desses elementos no bloco. A alta densidade de armadura típica das bases impede a execução de reforços com elementos de maior diâmetro sem causar danos às armaduras.

A Fig. 13.1 mostra um caso em que reforços foram necessários como resultado de ensaios de integridade conclusivos sobre problemas de continuidade no corpo das estacas.

Em casos especiais, já foram realizados reforços externos aos blocos, com enorme dificuldade de prover a incorporação das novas estacas ao bloco original sem comprometer sua integridade, como apresentado na Fig. 13.2, com estacas tipo hélice contínua.

Fig. 3.2 Foto da escavação

Fig. 3.9 Arrasamento de estacas hélice contínua monitorada

Fig. 3.16 Detalhe da ponteira metálica de fundações em estacas pré-moldadas de concreto

Fig. 3.19 *Projeto de fundações em estacas metálicas inclinadas*

Fig. 4.9 *Estacas helicoidais*

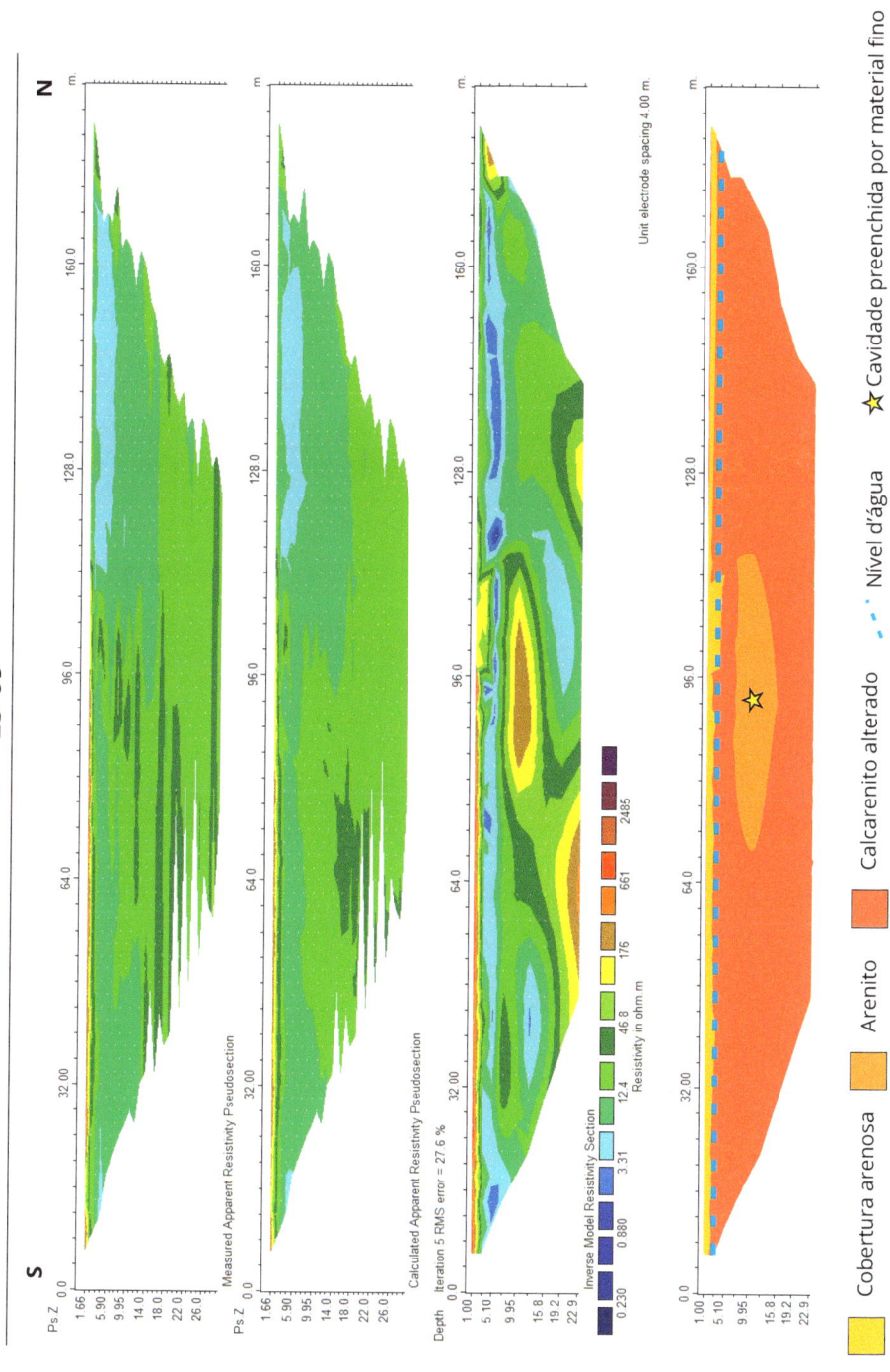

Fig. 8.4 Resultado de investigação geofísica indicando a presença de cavidades

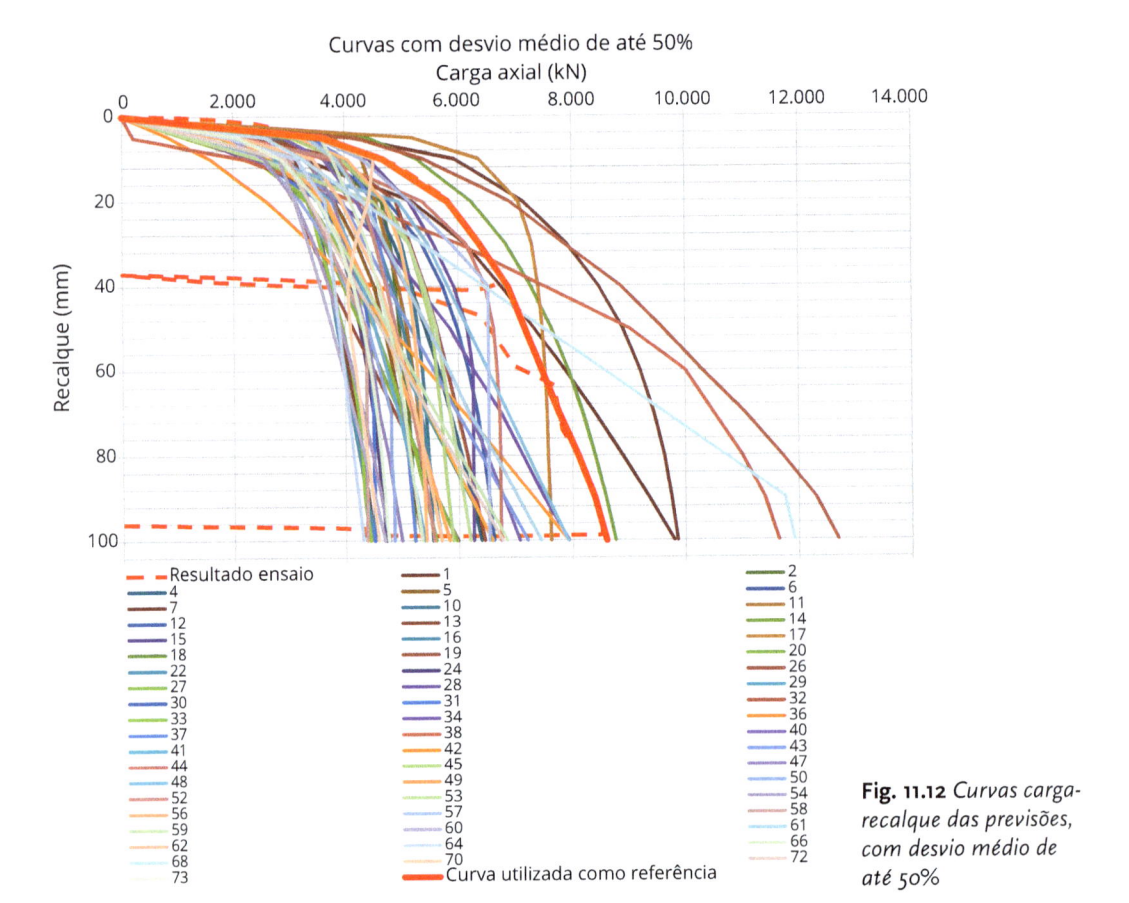

Fig. 11.12 Curvas carga-recalque das previsões, com desvio médio de até 50%

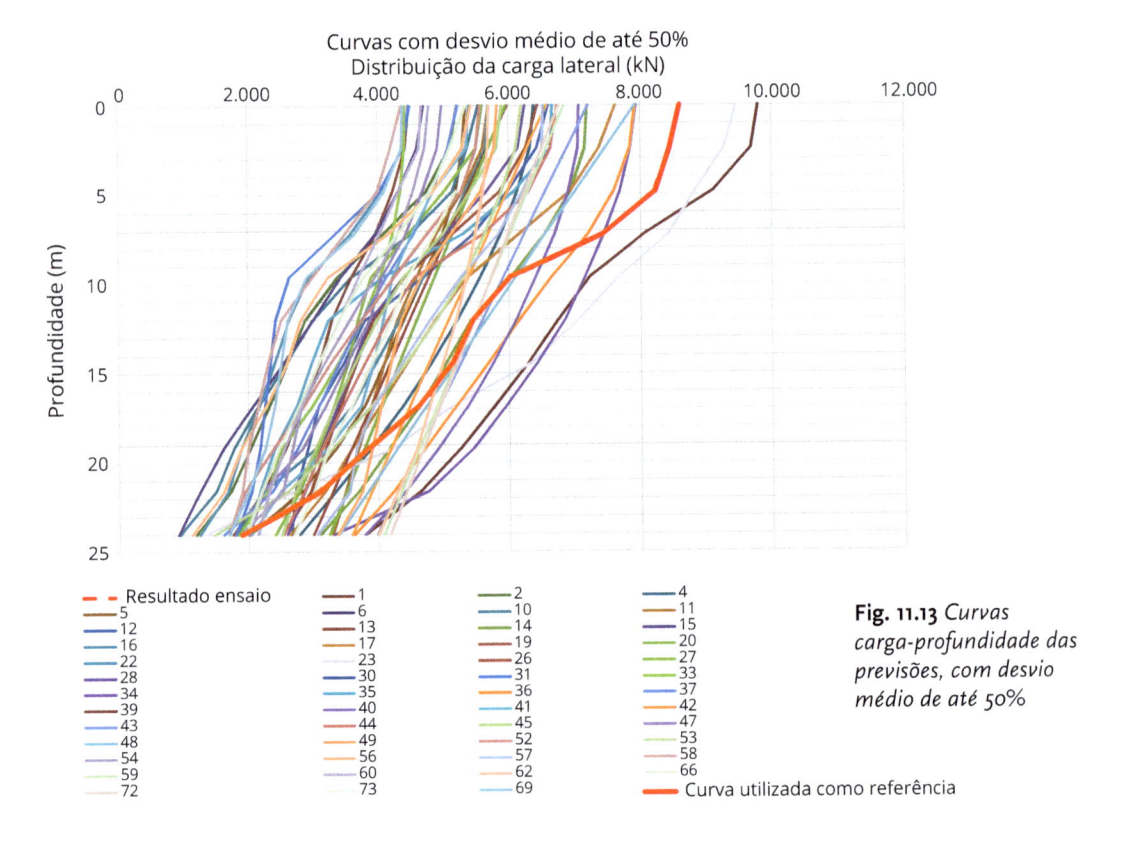

Fig. 11.13 Curvas carga-profundidade das previsões, com desvio médio de até 50%

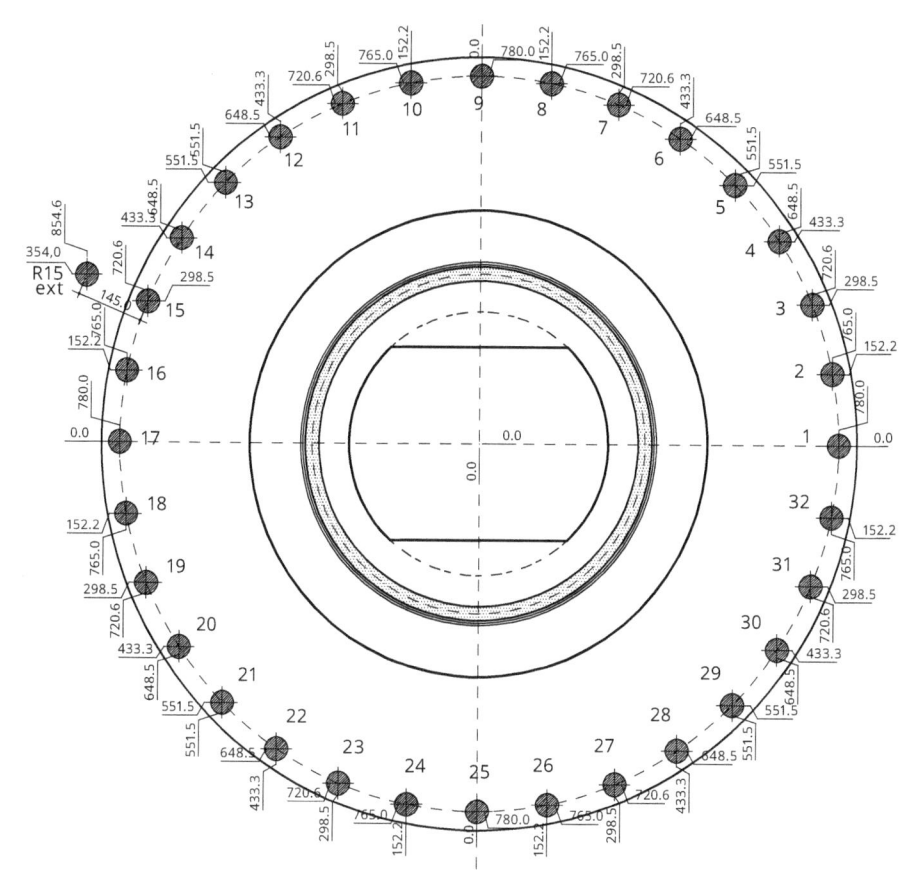

Fig. 13.1 *Bloco apoiado em estacas tipo hélice contínua com reforço externo ao bloco original, resultando na necessidade de console e inserção de elementos metálicos no bloco para a vinculação da estaca de reforço com o bloco*

13.4 Bases em fundações diretas

Nos casos em fundações diretas, dependendo da condição (simples, ancoradas, sobre solo tratado), ensaios podem revelar a presença de materiais sem a rigidez de projeto, nos casos de realização de ensaios de placa para a liberação de construção da base, ou ancoragens que não atendem os fatores de segurança de normalização, ou ainda tratamento do solo que não atinge valores de resistência e/ou rigidez adequados.

Cada um desses casos terá indicação de solução diferente, que poderá ser rebaixamento da cota de assentamento da fundação, reinjeção de tirantes ou ancoragens, quando possível, execução de novas ancoragens, escavação e novo tratamento de solo ou mesmo alteração do sistema construtivo, quando necessário.

A Fig. 13.3 mostra o detalhe de um reforço em bloco de fundações diretas ancorado.

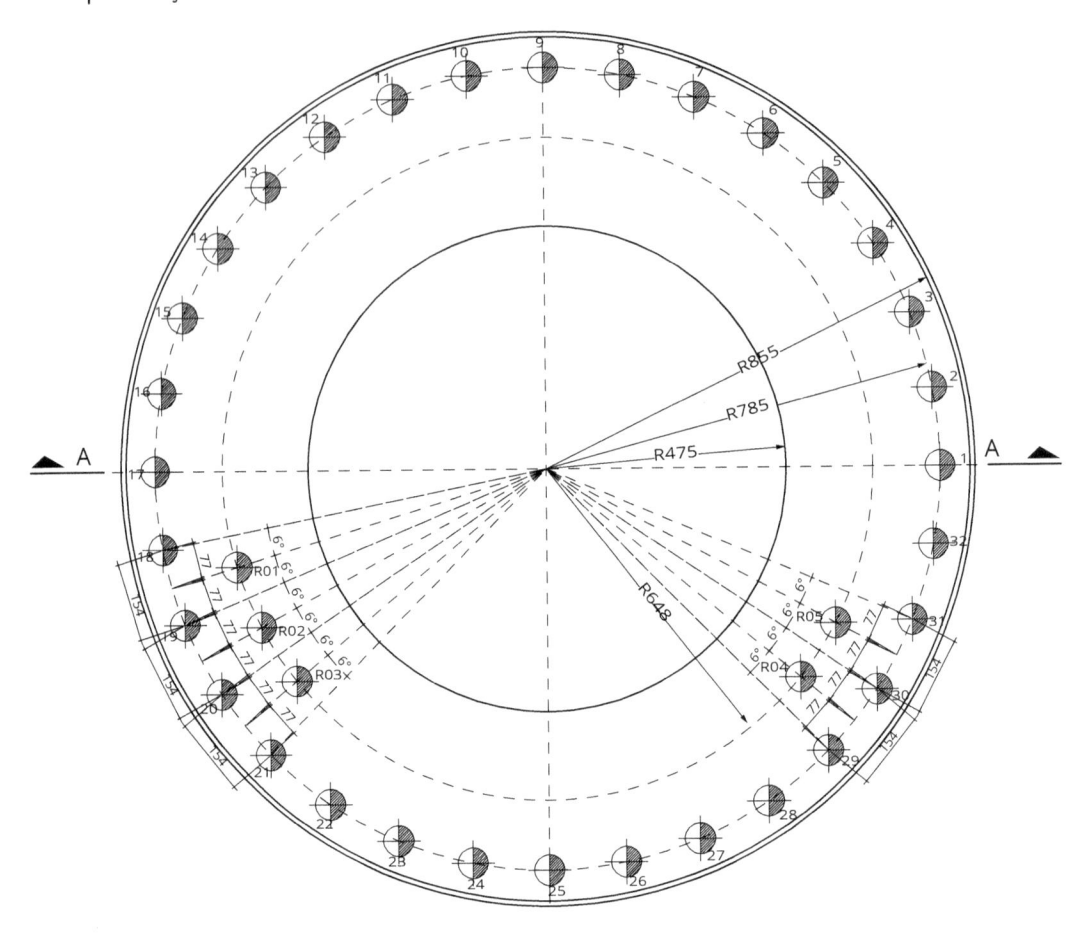

Fig. 13.2 *Bloco apoiado em estacas tipo hélice contínua com reforço interno ao bloco*

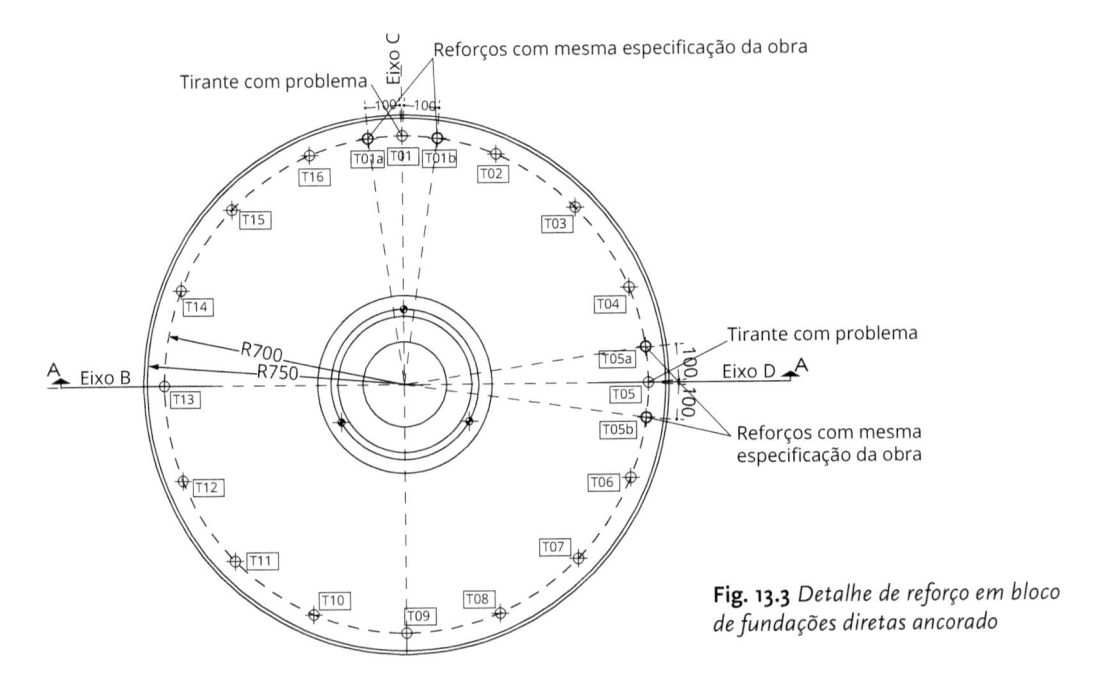

Fig. 13.3 *Detalhe de reforço em bloco de fundações diretas ancorado*

13.5 Acidentes e mau comportamento após a conclusão da obra

Acidentes e mau comportamento de fundações após a conclusão das obras podem causar situações de colapso das torres, como mostrado na Fig. 13.4, de ruptura geral de torre apoiada em fundação direta (radier) ou efeitos dos deslocamentos na estabilidade das torres (Fig. 13.5). Em geral se limitam a mau comportamento operacional (vibrações), causando o desligamento automático dos geradores eólicos, sem conduzir ao colapso das estruturas.

Fig. 13.4 *Ruptura geral de torre apoiada em fundação direta (radier)*

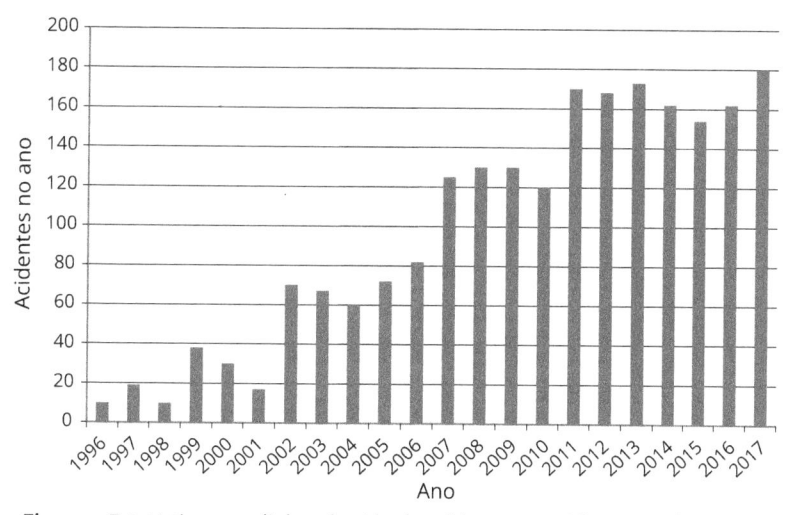

Fig. 13.5 *Estatística mundial conhecida de acidentes ocorridos em cada ano com aerogeradores*

Referências bibliográficas

AASHTO – AMERICAN ASSOCIATION OF STATE HIGHWAY AND TRANSPORTATION OFFICIALS. *LRFD Bridge design specification*. 7. ed. Atlanta: AASHTO Publications, 2014.

A. B. CHANCE. *A. B. Chance helical pier foundation systems*: technical manual. 1994. 10 p.

ABEF – ASSOCIAÇÃO BRASILEIRA DE EMPRESAS DE ENGENHARIA DE FUNDAÇÕES E GEOTECNIA. *Manual de execução de fundações*: práticas recomendadas. 2016.

ABGE – ASSOCIAÇÃO BRASILEIRA DE GEOLOGIA DE ENGENHARIA E AMBIENTAL. *Recomendações para investigação de linhas de transmissão*. 1998.

ABMS – ASSOCIAÇÃO BRASILEIRA DE MECÂNICA DOS SOLOS E ENGENHARIA GEOTÉCNICA. *Solos não saturados no contexto geotécnico*. Organizado por José Camapum de Carvalho, Gilson de Farias Neves Gitirana Junior, Sandro Lemos Machado, Márcia Maria dos Anjos Mascarenha e Francisco Chagas da Silva Filho. São Paulo, 2015. Cap. 15, p. 415-440.

ABNT – ASSOCIAÇÃO BRASILEIRA DE NORMAS TÉCNICAS. NBR 6489: prova de carga direta sobre terreno de fundação. Rio de Janeiro, 1984.

ABNT – ASSOCIAÇÃO BRASILEIRA DE NORMAS TÉCNICAS. NBR 6484: solo – sondagens de simples reconhecimento com SPT – método de ensaio. Rio de Janeiro, 2001.

ABNT – ASSOCIAÇÃO BRASILEIRA DE NORMAS TÉCNICAS. NBR 5629: execução de tirantes ancorados no terreno. Rio de Janeiro, 2006a.

ABNT – ASSOCIAÇÃO BRASILEIRA DE NORMAS TÉCNICAS. NBR 15421: projeto de estruturas resistentes a sismos – procedimento. Rio de Janeiro, 2006b.

ABNT – ASSOCIAÇÃO BRASILEIRA DE NORMAS TÉCNICAS. NBR 13208: estacas – ensaios de carregamento dinâmico. Rio de Janeiro, 2007.

ABNT – ASSOCIAÇÃO BRASILEIRA DE NORMAS TÉCNICAS. NBR 6122: projeto e execução de fundações. Rio de Janeiro, 2010.

ALI, M. S. *Pullout resistance of anchor plates and anchor piles in soft bentonite clay*. M.Sc. (Thesis) – Duke University, 1968. (Duke Soil Mechanics Series, n. 17).

ALLAN, V. D.; MELLO, L. G. F. S.; VAL, E. C. O método C.C.P. aplicado como fundação de torre de linha de transmissão. ABMS/ABEF, Seminário de Engenharia Fundações Especiais – SEFE, São Paulo, 1985. v. 2, p. 265-282.

ALONSO, U. R. *Exercícios de fundações*. São Paulo: Edgard Blucher, 1983.

ALPAN, I. Estimating the settlements of foundations on sands. *Civ. Engng. Publ. Wks. Rev.*, v. 59, n. 11, p. 1415-1418, 1964.

ALVES, D. F. *Avaliação das estimativas de capacidade de carga de estacas hélice contínua em solos arenosos submetidas a carregamentos axiais*. 2014. Dissertação (Mestrado) – Universidade Federal do Rio Grande do Sul, Porto Alegre, 2014.

AMIR, J. Single tube ultrasonic testing of pile integrity. In: ASCE DEEP FOUNDATIONS CONGRESS, 2002, Orlando. *Proceedings*... Reston: American Society of Civil Engineers, 2002. p. 836-850.

ANTUNES, W. R.; CABRAL, D. A. Sugestão para a determinação da capacidade de carga de estacas escavadas embutidas em rocha. In: SEMINÁRIO DE ENGENHARIA DE FUNDAÇÕES ESPECIAIS – SEFE, 4., São Paulo. 2000. v. 1, p. 169-173.

AOKI, N.; LOPES. F. R. Estimating stresses and settlements due to deep foundations by the theory of elasticity. In: PANAMERICAN CONFERENCE ON SOIL MECHANICS AND FOUNDATION ENGINEERING, 5., 1975, Buenos Aires. Proceedings... Buenos Aires, 1975.

AOKI, N.; VELLOSO, D. A. An approximate method to estimate the bearing capacity of piles. In: PANAMERICAN CSMFE, 5., 1975, Buenos Aires. Proceedings... Buenos Aires, 1975. v. 1, p. 367-376.

API – AMERICAN PETROLEUM INSTITUTE. Recommended practice for planning, designing and constructing fixed offshore platforms. Working stress design. RP 2A-WSD. 21. ed. 2000.

ARGEMA – ASSOCIATION DE RECHERCHE EN GEOTECHNIQUE MARINE. Design guides for offshore structures: offshore pile design. Ed. P.L. Tirant. Paris, France: Editions Technip, 1992.

ASHCAR, R. Recomendações e informações técnicas sobre fundações de linhas de transmissão. In: ENCONTRO REGIONAL LATINOAMERICANO DO CIGRÉ, 8., Ciudad del Este. Anais... Ciudad del Este: Cigré, 1999.

ASHCAR, R.; OGNEBENE, W.; PALADINO, L. Ensaios de carregamentos em protótipos de fundações de torres estaiadas para a LT 460 Kv Jupiá-Taquaruçu. In: SEMINÁRIO NACIONAL DE PRODUÇÃO E TRANSMISSÃO DE ENERGIA ELÉTRICA, 10., Curitiba, Brasil, 1989. Anais...

ASHCAR, R.; OGNEBENE, W.; PALADINO, L. Provas de carga nas fundações em grelha na LT 138 Kv Presidente Prudente-Porto Primavera. In: ENCONTRO REGIONAL LATINO-AMERICANO DA CIGRÉ, Puerto Iguazú, Argentina, 7., 1997. Anais...

ATHANASOPOULOS, G. A. Discussion on assessment of the liquefaction susceptibility of fine-grained soils. J. Geotechnical and Geoenvironmental Engineering, Asce, v. 134, n. 7, p. 1028-1030, 2007a.

ATHANASOPOULOS, G. A. Discussion on liquefaction susceptibility criteria for silt and clays. J. Geotechnical and Geoenvironmental Engineering, Asce, v. 134, n. 7, p. 1025-1027, 2007b.

ATKINSON, J.; SALLFORS, G. Experimental determination of stress-strain-time characteristics in laboratory and in-situ tests. In: ECSMFE – EUROPEAN CONFERENCE ON SOIL MECHANICS & FOUNDATION ENGINEERING, 10., 1991, Florence.

AWEA – AMERICAN WIND ENERGY ASSOCIATION; ASCE – AMERICAN SOCIETY OF CIVIL ENGINEERS. Recommended practice for compliance of large onshore wind turbine support structures. 2011.

AXELSSON, G. A conceptual model of pile setup for driven piles for non-cohesive soil. Deep Foundations Congress, Geotechnical Special Publication, Asce, v. 1, n. 116, p. 65-79, 2002.

BAKER, C. N. Drilled piers and caissons II: construction under slurry: nondestructive integrity evaluation. Load testing – ASCE, New York, 1985. p. 154.

BAKER, C. N. et al. Use of nondestructive testing to evaluate defects on drilled shafts. Results of FHWA Research, Transportation Research Record 1331. Washington, D. C.: TRB, 1991. p. 28-35.

BALDI, G.; BELLOTTI, R.; GHIONNA, V.; JAMIOLKOWSKI, M.; LO PRESTI, D. F. Modulus of sands from CPT and DMTs. In: ICSMFE – INTERNATIONAL CONFERENCE ON SOIL MECHANICS AND FOUNDATION ENGINEERING, 12., 1989.

BALLA, A. The resistance to breaking-out of mushroom foundations for pylons. In: INTERNATIONAL CONFERENCE ON SOIL MECHANICS AND FOUNDATION ENGINEERING, 5., Paris, France, 1961. Proceedings... v. 1, p. 569-576.

BARATA, F. E.; PACHECO, M. P.; DANZIGER, F. A. B. Uplift test on drilled piers and footings built in residual soil. In: CONGRESSO BRASILEIRO DE MECÂNICA DE SOLOS ENGENHARIA DE FUNDAÇÕES, 6., Rio de Janeiro, set. 1978. ABMS, 1978. v. 3, p. 1-18.

BARATA, F. E.; PACHECO, M. P.; DANZINGER, F. A. B.; PEREIRA PINTO, C. Foundations under pulling loads in residual soil – analysis and application of the results of load tests. In: CONGRESSO PAN-AMERICANO DE MECÂNICA DOS SOLOS E FUNDAÇÕES, 6., Lima, 1979. Proceedings... Lima, 1979. v. 2, p. 165-176.

BARDEN, L.; McGOWN, A.; COLLINS, K. The collapse mechanics on partly saturated soil. Journal of Eng. Geology, Amsterdam, v. 7, p. 49-60, june 1973.

BECK, B. F. Sinkholes and the engineering and environmental impacts of karst. Geotechnical Special Publication, Asce, New York, n. 122, p. 737, 2003.

BENEGAS, H. Q. Previsões para a curva carga-recalque de estacas a partir do SPT. 1993. Dissertação (Mestrado) – Coppe/Universidade Federal do Rio de Janeiro, Rio de Janeiro, 1993.

BERARDI, R.; JAMIOLKOWSKI, M.; LANCELOTTA, R. Settlement of shallow foundations in sand: selection of stiffness of the basis of penetration resistance. Geotechnical Engineering Congress, Geotch. Special Pub., Asce, n. 27, p. 185-200, 1991.

BHATNAGAR, R. S. Pullout resistance of anchors in silty clay. M.Sc. (Thesis) – Duke University, 1969. (Duke Soil Mechanics Series, n. 18).

BILFINGER, W.; SANTOS, M. S.; HACHICH, W. Improved safety factor assessment of pile foundations using field control method. In: INTERNATIONAL CONFERENCE ON SOIL MECHANICS AND GEOTECHNICAL ENGINEERING, 18., Paris, 2013. Proceedings... Paris, 2013. p. 2687-2690.

BOWLES, J. E. Foundation analysis and design. 5. ed. Columbus, Ohio: McGraw-Hill, 1997.

BRETTMANN, T. T.; NESMITH, W. M. Advances in auger pressure grouted piles: design, construction and testing. In: GEOFRONTIERS CONFERENCE AND ADVANCES IN DESIGNING AND TESTING DEEP FOUNDATIONS, 2005. Geotechnical Special Publication, n. 129. Reston: GeoInstitute of the American Society of Civil Engineers, 2005. p. 262-274.

BROMS, B. B. Lateral resistance of piles in cohesive soils. Proc. ASCE, Soil Mechanics and Foundations Division, 1964a.

BROMS, B. B. Lateral resistance of piles in cohesionless soils. Proc. ASCE, Soil Mechanics and Foundations Division, 1964b.

BSH – BUNDESAMT FÜR SEESCHIFFFAHRT UND HYDROGRAPHIE. Standard design of offshore wind turbines. 2007.

BURLAND, J. B.; BURBIDGE, M. C. Settlement of foundations on sand and gravel. In: CENTENARY CELEBRATIONS OF GLASGOW AND WEST OF SCOTLAND ASSOCIATES OF ICE, 1984. Proceedings... p. 5-66. Also found on Proceedings of the Institution of Civil Engineers, Part 1, Dec. 1985, 78. p. 1325-1381.

BURLAND, J. B.; BROMS, B. B.; DE MELLO, V. F. B. Behaviour of foundations and structures, state-of-the-art review. Proc. 9th Inst. Conf. Soil Mech. Fdn. Engng., Tokyo, v. 3, p. 495-546, 1977.

BUSTAMANTE, M.; GIANESELLI, L. Pile bearing capacity predictions by means of static penetrometer CPT. In: EUROPEAN SYMPOSIUM ON PENETRATION TESTING, ESOPT, 2., 1982.

CABRAL, D. A. O uso da estaca raiz como função de obras normais. In: CBMSEF, 8., 1986, Porto Alegre. Anais... Porto Alegre, 1986. v. 6, p. 71-82.

CAMP III, W. M.; PARMAR, H. S. Characterization of pile capacity with time in the cooper marl: a study of the applicability of a past approach to predict long term pile capacity. Transportation Research Record, v. 1663, p. 16-24, 1999.

CARLOS, G. D. L.; SANCHEZ, L. H.; TSUHA, C. H. C.; FERREIRA GOMES, L. M. Helical pile, an environmentally friendly solution – case study/São Carlos – SP, Brasil. In: Proceedings of the International Conference on Civil Engineering (Towards a Better Environment) – CE13. Singapore: CI – Premier PTE Ltd., 2013.

CARVALHO, I. P. G. *Estudo teórico-experimental da capacidade de carga a tração e compressão de estacas metálicas helicoidais*. 2007. 362 f. Tese (Mestrado em Engenharia) – Universidade Federal de Minas Gerais, Belo Horizonte, 2007.

CFMS – COMITÉ FRANÇAIS DE MÉCANIQUE DES SOLS ET DE GÉOTECHNIQUE. *Recommandations sur la conception, le calcul, l'exécution et le contrôle des fondations d'éoliennes*. 2011.

CGS – CANADIAN GEOTECHNICAL SOCIETY. *Canadian foundation engineering manual*. 1992.

CIGRÉ. Análise do desempenho de fundações em concreto e metálicas para estruturas de linhas de transmissão. Grupo de trabalho 22.07. In: ENCONTRO REGIONAL LATINO-AMERICANO DA CIGRÉ, 8., Ciudad del Este, Paraguay, 1999. Anais...

CINTRA, J. C. A.; AOKI, N.; ALBIERO, J. H. *Fundações diretas*: projeto geotécnico. São Paulo: Oficina de Textos, 2011.

CINTRA, J. C. A.; AOKI, N.; TSUHA, C. H. C.; GIACHETI, H. L. *Fundações*: ensaios estáticos e dinâmicos. São Paulo: Oficina de Textos, 2013.

CLAYTON, C.; MATTHEWS, M.; SIMONS, N. *Site investigation*. Oxford: Blackwell, 1995.

CLAYTON, C. R. I.; WOODS, R. I.; BOND, A. J.; MILITITSKY, J. *Earth pressure and Earth-retaining structures*. 3. ed. Boca Raton, Florida: CRC Press; Taylor and Francis, 2014. 588 p.

CLEMENCE, S. P.; CROUCH, L. K.; STEPHENSON, R. W. Prediction of uplift capacity for helical anchors in sand. In: GEOTECHNICAL ENGINEERING CONFERENCE, 2., 1994, Cairo. *Proceedings...* Cairo, 1994. v. 1, p. 332-343.

CLEMENTE, J. L. M.; DAVIE, J. R.; SENAPATHY, H. Design and load testing of augercast piles in stiff clay. In: DENNIS, N. D.; CASTELLI, R.; O'NEILL, M. W. (Ed.). *Geotechnical Special Publication*, n. 100. Asce, Aug. 2000. p. 398-403.

COLEMAN, D. M.; ARCEMENT, B. J. Evaluation of design methods for auger cast piles and mixes soil conditions. In: INTERNATIONAL DEEP FOUNDATIONS CONGRESS, 2002, Feb. 14-16, Orlando, Florida. *Proceedings...* Orlando: Asce, 2002. p. 1404-1420.

D'APPOLONIA, D. J.; D'APPOLONIA, E.; BRISSETTE, R. F. Settlement of spread footings on sand. *Proc. Am. Soc. Civ. Engr J. Soil Mech. FDN Div.*, 1968. v. 94, n. SM3, p. 735-760.

DANZIGER, F. A. B. *Capacidade de carga de fundações submetidas a esforços verticais de tração*. Tese (M.Sc.) – Coppe/Universidade Federal do Rio de Janeiro, Rio de Janeiro, 1983.

DANZIGER, F. A. B.; PEREIRA PINTO, C. Análise comparativa de métodos para o dimensionamento de fundações a partir dos resultados das provas de carga realizadas na LT 500 Kv Arianópolis-Grajaú. In: SEMINÁRIO NACIONAL DE PRODUÇÃO E TRANSMISSÃO DE ENERGIA ELÉTRICA, 5., Recife, Brasil, 1979. Anais...

DARKOV, A. W.; KUSNEZOW, W. J. *Baustatik*. Berlin: VEB Verlag Technic, 1953.

DAS, B. M. A procedure for estimation of ultimate uplift capacity of foundations in clay. *Soils and Foundations*, v. 20, n. 1, p. 77-82, 1980.

DAS, B. M.; MORENO, R.; DALLO, K. F. Ultimate pullout capacity of shallow vertical anchors in clay. *Soils and Foundations*, v. 20, n. 1, p. 77-82, 1985.

DAVIS, E. H.; BOOKER, J. R. The bearing capacity of strip footings from the standpoint of plasticity theory. In: AUSTRALIA-NEW ZEALAND CONFERENCE ON GEOMECHANICS, 1., Melbourne, Australia, 1971. *Proceedings...* v. 1, p. 276-282.

DeBEER, E. E.; WALAYS, M. Franki piles with overexpanded bases. *La Technique des Travaux*, n. 333, 1972.

DÉCOURT, L. Loading tests: interpretation and prediction of their results. In: LAIER, J. E.; CRAPPS, D. K.; HUSSEIN, M. H. (Ed.). *ASCE GeoInstitute Geo-Congress, New Orleans, March 9-12, honoring John*

Schmertmann – from research to practice in geotechnical engineering. Geotechnical Special Publication, n. 180. 2008. p. 452-488.

DÉCOURT, L.; QUARESMA, A. R. Pile bearing capacity from SPT penetration. In: BRAZILIAN CONGRESS SOIL MECH. FOUND. ENGNG, CBMSEF, ABMS/Abef, 6., 1978, Rio de Janeiro. 1978.

DeRUITER, J.; BERINGEN, F. L. Pile foundations for large North Sea structures. *Marine Geotechnology*, v. 3, n. 3, p. 267-314, 1979.

DFI – DEEP FOUNDATIONS INSTITUTE. *Manual for non destructive testing and evaluation of drilled piles.* Hawthorne, 2004.

DFI – DEEP FOUNDATIONS INSTITUTE. *Guideline for interpretation of nondestructive integrity testing of augered cast-in-place and drilled displacement piles.* 1st. ed. New Jersey, 2012.

DIAS, R. D. *Aplicação de pedologia e geotecnia no projeto de fundações de linhas de transmissão.* 349 f. Tese (Doutorado) – Coppe/Universidade Federal do Rio de Janeiro, Rio de Janeiro, 1987.

DNER – DEPARTAMENTO NACIONAL DE ESTRADAS DE RODAGEM. DNER-PRO 102/97. [S.l.], 1997.

DNV – DET NORSKE VERITAS; RISØ – RISØ DTU NATIONAL LABORATORY FOR SUSTAINABLE ENERGY. *Guidelines for design of wind turbines.* 2016.

DNV GL. DNVGL-ST-0126: support structures for wind turbines. Apr. 2016.

DOWNS, I. D.; CHIERUZZI, R. Transmission tower foundations. *Journal of the Power Division*, n. 2, p. 91-114, 1966.

DUNCAN, J. M.; CHANG, C. Y. Nonlinear analysis of stress and strain in soils. JSMFD – *Journal of Soil Mechanics and Foundation Division*, ASCE – American Society of Civil Engineers, 1970.

ESQUÍVEL-DÍAZ, R. F. *Pullout resistance of deeply buried anchors in sand.* M.Sc. (Thesis) – Duke University, 1967. (Duke Soil Mechanics Series, n. 8).

FELLENIUS, B. H. *Basics of foundation design*: a textbook. Electronic Edition. 2018. Disponível em: <www.fellenius.net>. 494 p.

FELLENIUS, B. H.; RIKER, R. E.; O'BRIEN, A. J.; TRACY, G. R. Dynamic and static testing in soil exhibiting set-up. *Journal of Geotechnical Engineering*, Asce, v. 115, n. GT7, p. 984-1001, 1989.

FERREIRA, R. C. et al. Some aspects on the behavior of brazilian collapsible soils: contributions complementary. In: ICSMFE, 12., Rio de Janeiro, 1989. p. 117-120.

FHWA – FEDERAL HIGHWAY ADMINISTRATION. *Método de cálculo de estacas hélice.* 1999.

FLEMING, K.; WELTMAN, A.; RANDOLPH, M.; ELSON, K. Problems in pile construction. In: FLEMING, K.; WELTMAN, A.; RANDOLPH, M.; ELSON, K. *Piling engineering.* 3rd. ed. New York: Taylor & Francis, 2009. Chap. 7.

FRIZZI, R. P.; MEYER, M. E. Augercast piles: South Florida experience. In: DENNIS, N. D.; CASTELLI, R.; O'NEILL, M. W. (Ed.). *Geotechnical special publication*, n. 100. Denver: Asce, 2000. p. 382-396.

FURNAS – CENTRAIS ELÉTRICAS S.A. EP-5029 – Especificação para elaboração de projetos de fundações de linhas de transmissão. Rio de Janeiro, 2003.

GHALY, A.; HANNA, M. Uplift behavior of screw anchors in sand. *Journal of Geotechnical Engineering*, ASCE, v. 30, n. 5, p. 773-793, 1991a.

GHALY, A.; HANNA, M. Installation torque of screw anchors in sand. *Soils and Foundations*, v. 31, n. 2, p. 72-92, 1991b.

GOBLE, G. G.; RAUSCHE, F.; LIKINS, G.E. The analysis of pile driving: a state-of-the-art. In: INTERNATIONAL SEMINAR OF THE APPLICATION OF STRESS-WAVE THEORY TO PILES, 1., Stockholm. *Proceedings...* Edited by H. Bredenberg. Rotterdam: A. A. Balkema, 1980. p. 131-161.

HANSEN, J. B. The ultimate resistance of rigid piles against transversal forces. Bulletin n. 12, Danish Geotechnical Institute, 1961.

HEIKKILÄ, K.; LAINE, J. *Uplift resistance of guy anchor plates.* Rapport 217 de la Cigré. 1964.

HERTLEIN, B. H.; DAVIS, A. G. *Non destructive testing of deep foundations*. Chichester, UK: John Wiley & Sons, 2006. 270 p.

HORVATH, R. G.; KENNEY, T. C. Shaft resistance of rock socketed drilled piers. *Symposium on deep foundations*. Ed. F. M. Fuller. Atlanta, October 1979. p. 182-214.

HORVATH, R. G.; KENNEY, T. C.; KOZICKI, P. Methods of improving the performance of drilled piers in weak rock. *Canadian Geotechnical Journal*, v. 20, n. 3, p. 758-772, 1983.

HOUGH, B. K. Compressibility as the basis for soil bearing value. *Journal of the Soil Mechanics and Foundations Division*, Asce, v. 85, part 2, 1959.

HOYT, R. M.; CLEMENCE, S. P. Uplift capacity of helical anchors in soil. In: INTERNATIONAL CONFERENCE ON SOIL MECHANICS AND FOUNDATION ENGINEERING, 12., 1989, Rio de Janeiro. *Proceedings...* Rio de Janeiro, 1989. v. 2, p. 1019-1022.

JENNINGS, J. E.; KNIGHT, K. A guide to construction on or with materials exhibiting additional settlement due to colapse of grain structure. In: REGIONAL CONFERENCE FOR AFRICA ON SOIL MECHANICAS AND FOUNDATION ENGINEERING, 6., Durban. *Proceedings...* Rotterdam: A. A. Balkema, 1975. v. 1, p. 99-105.

JOHNSTON, I. W.; CHOI, I. K. Failure mechanism of foundations in soft rock. In: INT. CONF. ON SOIL MECH. AND FOUND. ENGRG., 1., 1985, San Francisco. *Proceedings...* 1985. v. 3, p. 1397-1400.

KOMURKA, V. E. Incorporating set-up and support cost distributions into driven pile design, current practices and future trends in deep foundations. *Geotechnical Special Publication*, Geo-Institute of ASCE, n. 125, p. 16-49, 2004.

KOMURKA, V. E.; WAGNER, A. B.; EDIL, T. *Estimating soil/pile setup*. Wisconsin Highway Research Program #0092–00–14, Final Report. 2003.

KULHAWY, F. H. Uplift behavior of shallow soil anchors – an overview. *Proceedings of a session sponsored by the Geotechnical Engineering Division of the American Society of Civil Engineers*. Detroit, 1985. p. 1-25.

KULHAWY, F.; CALLANAN, J. F. *Evaluation of procedures for predicting foundation uplift movements*. Palo Alto, California: EPRI – Electric Power Research Institute, 1985.

KULHAWY, F.; MAYNE, P. *Manual on estimating soil properties for foundation design*. Palo Alto, California: EPRI – Electric Power Research Institute, 1990.

KULHAWY, F. H.; PHOON, K. K. Drilled shaft side resistance in clay soil to rock. In: NELSON, P. P.; SMITH, T. D.; CLUKEY, E. C. (Ed.). *Design and performance of deep foundations*: piles and piers in soil and soft rock. New York, October 24-28, 1993. p. 172-183.

KULHAWY, F. H.; STEWART, H. E.; TRAUTMANN, C. H. On the uplift behavior of spread foundations. In: MAGNAN, J.-P.; DRONIUC, N. (Ed.). *Proc. Intl. Symp. Shallow Foundations*. Paris, Nov. 2003. v. 1, p. 327-334.

KULHAWY, F. H.; TRAUTMANN, C. H.; NICOLAIDES, C. N. Spread foundations in uplift: experimental study. In: BRIAUD, J.-L. (Ed.). *Foundations for transmission line towers (GSP 8)*. New York: Asce, Apr. 1987. p. 96-109.

KULHAWY, F. H.; TRAUTMANN, C. H.; ROJAS-GONZALES, L. F.; DiGIOIA, A. M. Jr.; LONGO, V. J. Research advances in transmission line foundations. In: PAN-AM. CONF. SOIL. MECH. & FNDN. ENG., 9. Viña del Mar, Chile: Chile Geotech. Society, Aug. 1991. p. 775-787.

KYFOR, Z. G. et al. *Static testing of deep foundations*. FHWA SA-91-042. Feb. 1992. 174 p.

LAPROVITERA, H. *Reavaliação de método semi-empírico de previsão da capacidade de carga de estacas a partir de banco de dados*. 1988. Dissertação (Mestrado) – Coppe/Universidade Federal do Rio de Janeiro, Rio de Janeiro, 1988.

LASNE, M.; BRUCE, M. E. EFFC-DFI Geotechnical Carbon Calculator Project. In: INTERNATIONAL CONFERENCE ON PILING AND DEEP FOUNDATION, 11., Stockholm, 2014. *Proceedings*... EUA: DFI, 2014.

LEIBICH, B. A. *Acceptance testing of drilled piles by gammagamma logging*. 2002. Disponível em: <http://www.dot.ca.gov/hq/esc/geotech/gg/geophysics2002/ggl_geophysics.pdf>. Acesso em: 6 jan. 2001.

LOBO, B. O. *Método de previsão de capacidade de carga de estacas*: aplicação dos conceitos de energia do ensaio SPT. Dissertação (Mestrado) – Escola de Engenharia, Universidade Federal do Rio Grande do Sul, Porto Alegre, 2005.

LOBO, B. *Mecanismos de penetração dinâmica em solos granulares*. Tese (Doutorado) – Universidade Federal do Rio Grande do Sul, 2009.

LONG, J. H.; KERRIGAN, J. A.; WYSOCKEY, M. H. Measured time effects for axial capacity of driven piling. *Transportation Research Record*, v. 1663, p. 8-15, 1999.

LUNNE, T.; ROBERTSON, P. K.; POWELL, J. J. M. *Cone penetration testing in geotechnical practice*. London: Spon Press; Taylor and Francis Group, 1997.

LUTENEGGER, A. J. Behavior of multi-helix screw anchors in sand. In: PANAMERICAN CONFERENCE ON SOIL MECHANICS AND GEOTECHNICAL ENGINEERING, 14., Toronto, Canada, 2011.

LUTENEGGER, A. L.; DeGROOT, D. J. *Settlement of shallow foundations on granular soils*. Final report, Geotechnical Engineering Group – Department of Civil and Environmental Engineering, University of Massachusetts Transportation Center, College of Engineering. 2001.

MACHADO, F. G. *Estudo do comportamento de fundações submetidas a vibrações de máquinas*. 149 f. Dissertação (Mestrado) – Coppe/Universidade Federal do Rio de Janeiro, Rio de Janeiro, 2010.

MANDOLINI, A. *Curso sobre estacas hélice contínua*. Brasília, D.F.: Univ. Brasília, 2005. Trabalho não publicado.

MARTIN, D. Étude à la rupture de différents ancrages sollicitées verticalement. 1966. Thèse (Docteur-Ingénieur) – Faculté des Sciences de Grenoble, Grenoble, 1966.

MARTIN, D. *Design of anchor plates*. Rapport 22-10 de la CIGRÉ. 1978.

MAYNE, P. W.; POULOS, H. G. Approximate displacement influence factors for elastic shallow foundations. *Journal of Geotechnical and Geoenvironmental Engineering*, Asce, v. 125, n. 6, p. 453-460, 1999.

MENDES DO VALE, R. *Modelagem numérica de uma escavação profunda escorada com parede diafragma*. 2002. Dissertação (Mestrado) – Coppe/Universidade Federal do Rio de Janeiro, Rio de Janeiro, 2002.

MEYERHOF, G. G. Penetration testing and bearing capacity of cohesionless soils. *JSMFD – Journal of Soil Mechanics and Foundation Division*, Asce, v. 1, n. 82, 1956.

MEYERHOF, G. G. Shallow foundations. *Journal of Soil Mechanics and Foundations Division*, Asce, v. 91, n. SM2, p. 21-31, 1965.

MEYERHOF, G. G. Ultimate bearing capacity of footings on sand layer overlying clay. *Canadian Geotechnical Journal*, v. 11, n. 2, p. 223-229, 1974.

MEYERHOF, G. G.; ADAMS, J. I. The ultimate uplift capacity of foundations. *Canadian Geotechnical Journal*, v. 5, n. 4, p. 225-244, 1968.

MIDDENDORP, P.; SCHELLINGERHOUT, J. Pile integrity in Netherlands. In: INTERNATIONAL CONFERENCE ON PILING AND DEEP FOUNDATIONS, 10., 2006, Amsterdam. *Proceedings*... Amsterdam: Deep Foundations Institute Hawthorne, 2006. p. 747-755.

MILITITSKY, J. *Large bored piles in clays, design and behaviour*. Internal Report. UK: University of Surrey, Civil Engineering Department, 1980. 129 p.

MILITITSKY, J. Provas de carga estática. In: SEFE 2, São Paulo, ABEF/ABMS, 1991. p. 203-228.

MILITITSKY, J. *Grandes escavações em perímetro urbano*. São Paulo: Oficina de Textos, 2016.

MILITITSKY, J.; DIAS, R. D. Shallow foundations in lateritic soils. In: CONGRESSO INTERNACIONAL DE GEOLOGIA DE ENGENHARIA, 8., Buenos Aires, 1986. Anais...

MILITITSKY, J.; CONSOLI, N.; SCHNAID, F. *Patologia das fundações*. 2. ed. São Paulo: Oficina de Textos, 2015.

MILITITSKY, J.; CLAYTON, C.; TALBOT, R. I.; DIKRAN, S. Recalques usando SPT. In: COBRAMSEG, 1982. v. 2, p. 133-150.

MITSCH, M. P.; CLEMENCE, S. P. The uplift capacity of helix anchors in sand. *Uplift behavior of anchor foundations in soil*, Asce, 1985. p. 26-47.

MONTEIRO, P. F. F. *Comunicação pessoal*. 1997.

MOONEY, J. S.; ADAMCZAK, S. Jr.; CLEMENCE, S. P. Uplift capacity of helix anchors in clay and silt. *Uplift behavior of anchor foundations in soil*, Asce, 1985. p. 48-72.

MULLINS, G. Thermal integrity profiling of drilled piles. *DFI Journal*, Hawthorne, v. IV, n. 2, p. 5464, Dec. 2010.

NIEDERLEITHINGER, E.; BAEBLER, M.; GEORGI, S.; HERTEN, M. Comparison of static and dynamic load tests on bored piles in glacial soil. In: DFI-EFFC INTERNATIONAL CONFERENCE PILING & DEEP FOUNDATIONS, 2014. Stockholm. Proceedings... 2014. p. 159-166.

O'NEILL, M. W.; TOWNSEND, F. C.; HASSAN, K. H.; BULLER, A.; CHAN, P. S. *Load transfer for drilled shafts in intermediate geomaterials*. FHWA Publication n. FHWA-RD-9-172. Department of Transportation, Federal Highway Administration, McLean, VA, 1996. 790 p.

OHSAKI, Y.; IWASAKI, R. On dynamic shear moduli and Poisson's ratio of deposits. *Soil and Foundations*, JSSMFE, v. 14, n. 4, p. 59-73, Dec. 1973.

OLIVEIRA, M. M. *Ensaios, in situ, de resistência ao arrancamento de placas horizontais reduzidas*. Tese (M.Sc.) – Coppe/Universidade Federal do Rio de Janeiro, Rio de Janeiro, 1986.

ORLANDO, C. *Fundações submetidas a esforços verticais axiais de tração: análise de provas de carga de tubulões em areias porosas*. Tese (M.Sc.) – Escola Politécnica, Universidade de São Paulo, São Paulo, 1985.

PALADINO, L. Fundações para torres de linhas de transmissão. In: SEMINÁRIO DE ENGENHARIA DE FUNDAÇÕES ESPECIAIS (SEFE), São Paulo, 1985. v. 2, p. 27-36.

PARRY, R. H. G. A direct method of estimating settlements in sand from SPT values. *Proc. Symp. Interaction of Structures Fdns*, Birmingham, 1971. p. 29-37.

PECK, R. B.; BAZARAA, A. R. S. S. Discussion of settlement of spread-footings on sand. *Journal of the Soil Mechanics and Foundations Division*, Asce, v. 95, n. SM3, p. 305-309, 1969.

PECK, R. B.; HANSON, W. E.; THORNBURN, T. H. *Foundation engineering*. 2nd. ed. New York: J. Wiley and Sons, 1974. 541 p.

PEREIRA PINTO, C. *Comportamento de ancoragens para torres estaiadas em solo residual*. Tese (M.Sc.) – Coppe/Universidade Federal do Rio de Janeiro, Rio de Janeiro, 1985.

PEREIRA PINTO, C.; MAHLER, C. F. Análise do comportamento de ancoragens em solo residual. In: CONGRESSO BRASILEIRO DE MECÂNICA DOS SOLOS E ENGENHARIA DE FUNDAÇÕES, COBRAMSEG, 8., Porto Alegre, Brasil, 1986. Anais... v. 4, p. 83-94.

PERKO, H. A. *Helical piles: a practical guide to design and installation*. Hoboken, NJ, USA: John Wiley & Sons, 2009. 512 p.

PERKO, H. A.; RUPIPER, S. J. Energy method for predicting installation torque of helical foundations and anchors. *Proceedings of GeoDenver*, Geotechnical Special Publication, ASCE, Reston, VA, 2000. 11 p.

PERLOW, M. Settlement based helical pile design. In: HELICAL FOUNDATIONS AND TIEBACK SEMINAR, Deep Foudnations Institute (DFI), Dallas, 2011.

PETROBRAS. *Petrobras N 1848* – projeto de fundações de máquinas. 2008.

POULOS, H. G. The mechanics of calcareous sediments. John Jaeger Memorial Lecture. *Australian Geomechanics*, special ed., Aust. Geomechanics Society, Sydney, Australia, p. 8-41, 1988a.

POULOS, H. G. Cyclic stability diagram for axially loaded piles. *Journal of Geotechnical Engineering*, Asce, v. 114, n. 8, p. 877-895, 1988b.

POULOS, H. G. *Tall building foundation design*. Boca Raton: CRC Press, 2017.

POULOS, H. G.; DAVIS, E. H. *Elastic solutions for soil and rock mechanics*. New York: John Wiley and Sons, 1974.

POULOS, H. G.; DAVIS, E. H. *Pile foundation analysis and design*. New York: John Wiley & Sons, 1980.

PRANDTL, L. Uber die Eindringungsfestigkeit plastiche Baustoffe und die Festigkeit von Schneiden. *Zeitschrift fur Angewandte Mathematik und Mechanik*, v. 1, p. 15-20, 1921.

PREIM, M. J.; MARCH, R.; HUSSEIN, M. Bearing capacity of piles in soils with time dependent characteristics. In: INTERNATIONAL CONFERENCE ON PILING AND DEEP FOUNDATIONS, London. Proceedings... 1989. p. 363-370.

QUENTAL, J. C. *Comportamento geomecânico dos solos de fundação das torres da linha de transmissão Recife II/Bongi*. 97 f. Dissertação (Mestrado) – Programa de Pós-Graduação em Engenharia Civil, Universidade Federal de Pernambuco, Recife, 2008.

RANDOLPH, M. F. Analysis of deformation of vertically loaded piles. *Journal of GED*, Asce, v. 104, n. GT12, p. 1465-1488, 1977.

RANDOLPH, M. *RATZ Version 4-2*: load transfer analysis of axially loaded piles. 2003.

RANDOLPH, M. F.; WROTH, C. P. Analysis of deformation of vertically loaded piles. *Journal of Geotechnical Engineering*, Asce, v. 104, n. GT12, p. 1465-1488, 1978.

REESE, L. C.; O'NEIL, M. W. *Drilled shafts*: construction procedures and design methods. Publ. n. FHWA-H1-88-042. US Department of Transportation, 1988.

REESE, L. C.; VAN IMPE, W. F. *Single piles and pile groups under lateral loading*. 2nd. ed. CRC Press, 2011.

REESE, L. C.; COX, W. R.; KOOP, F. D. Analysis of laterally loaded piles in sand. In: ANNUAL OFFSHORE TECHNOLOGY CONFERENCE, 1974, Dallas, Texas. Proceedings... Dallas, Texas, 1974.

REISSNER, H. Zum erddruckproblem. In: BIEZENO, C. B.; BURGERS, J. M. (Ed.). *Proceedings of the 1st International Congress on Applied Mechanics*. Delft, The Netherlands, 1924. p. 295-311.

ROBERTSON, P. K.; CABAL, K. L. *Guide to cone penetration testing*. 5. ed. Signal Hill, California: Gregg Drilling & Testing, Inc., 2012.

ROBERTSON, P. K.; CAMPANELLA, R. *Interpretation of cone penetration tests*: part I sand. CGJ, 1983.

ROSENBERG, P.; JOURNEAUX, N. L. Friction and end bearing tests on bedrock for high capacity socket design. *Canadian Geotechnical Journal*, v. 13, n. 3, p. 324-333, 1976.

ROWE, R. K.; ARMITAGE, H. H. A design method for drilled piers in soft rock. *Canadian Geotechnical Journal*, v. 24, n. 1, p. 126-142, 1987.

ROWE, R. K.; DAVIS, E. H. The behavior of anchor plates in clay. *Geotechnique*, v. 32, n. 1, p. 9-23, 1982.

SANDRONI, S. S. Young metamorphic residual soils. In: PCSMFE – PANAMERICAN CONFERECE ON SOIL MECHANICS ANF FOUNDATION ENGINEERING, 9., 1991, Vina del Mar, Valparaiso.

SANTOS, A. P. *Análise de fundações submetidas a esforços de arrancamento, pelo método dos elementos finitos*. Dissertação (M.Sc.) – Coppe/Universidade Federal do Rio de Janeiro, Rio de Janeiro, 1985.

SANTOS, A. P. R. *Análise de fundações submetidas a esforços de tração em taludes*. 1999. Tese (Doutorado) – Coppe/Universidade Federal do Rio de Janeiro, Rio de Janeiro, 1999.

SANTOS, T. C.; TSUHA, C. H. C.; GIACHETI, H. L. The use of CPT to evaluate the effect of helical pile installation in tropical soils. In: INTERNATIONAL CONFERENCE ON GEOTECHNICAL AND GEOPHYSICAL SITE CHARACTERIZATION (ISC-4), 4. Taylor & Francis, 2012. p. 1079-1084.

SARAVANAN, V. K. *Cost effective and sustainable practices for piling construction in the UAE.* Thesis (MSc.) – Heriot-Watt University, Edinburgh, 2011.

SCHELLINGERHOUT, A. J. G. Quantifying pile defects by integrity testing. In: INTERNATIONAL CONFERENCE ON THE APPLICATION OF STRESS WAVES ON PILES, 4. *Proceedings...* The Hague: Balkema, 1992. p. 319-324.

SCHELLINGERHOUT, A. J. G.; MULLER, T. K. Detection limits of integrity testing. *Proceedings Stress Wave Conference*, 1996.

SCHMERTMANN, J. H. Static cone to compute settlement over sand. *Asce Journal Soil Mechanics and Foundation Engineering*, v. 96, n. SM3, p. 1011-1043, 1970.

SCHMERTMANN, J. Measurement of in situ shear strength. ASCE – American Society of Civil Engineering, 1975.

SCHNAID, F. *In situ testing in Geomechanics.* 1ª ed. Oxon: Taylor & Francis, 2009. v. 1, 329 p.

SCHNAID, F.; ODEBRECHT, E. *Ensaios de campo.* 2. ed. São Paulo: Oficina de Textos, 2012.

SCHNAID, F.; LEHANE, B. M.; FAHEY, M. In situ test characterisation of unusual geomaterials. In: INTERNATIONAL CONFERENCE ON SITE CHARACTERIZATION, 2., 2004, Porto. *Proceedings...* Porto: Milpress, 2004. v. 1, p. 49-74.

SCHULTZE, E.; SHERIF, G. Prediction of settlements from evaluated settlement observations for sand. In: INT. CONF. SOIL MECH FDN ENGNG, 8., Moscow, 1973. *Proceedings...* v. 1.3, pp. 225-30.

SEIDEL, J. P.; HABERFIELD, C. M. The axial capacity of piles sockets in rocks and hard soils. *Ground Engrg.*, v. 28, n. 2, p. 33-38, 1995.

SKOV, R.; DENVER, H. Time-dependence of bearing capacity of piles. In: INTERNATIONAL CONFERENCE ON APPLICATION OF STRESS-WAVE THEORY TO PILES, 3., Canada, 1988. *Proceedings...* p. 1-10.

SLIWINSKI, Z. J.; FLEMING, W. G. K. The integrity and performance of bored piles. *Advances in Piling and Ground Treatment for Foundations*, London, 1984.

SMOLTCZYK, U. (Ed.). *Geotechnical engineering handbook*: fundamentals. Berlin: Ernst & Sohn, 2002. v. 1.

SOWERS, G. F. Failures in limestones in humid subtropics. *Journal of the Geotechnical Engineering Division*, NY, ASCE, v. 101, n. GT8, p. 771-787, 1975.

STARKE, W. F.; JANES, M. C. Accuracy and reliability of low strain integrity testing. In: INTERNATIONAL CONFERENCE ON THE APPLICATION OF STRESS WAVE THEORY TO PILES, 3., 1988, Ottawa, Canada. *Proceedings...* Ottawa, 1988. p. 1932.

STEPHENSON, R. W. *Helical foundation and tie backs*: state of the art. University of Missouri-Rolla, June 1997. 43 p.

STEPHENSON, R. W. *Design and installation of torque anchors for tiebacks and foundations.* University of Missouri-Rolla, 2003.

STROUD, M. A. The standard penetration test: its application and interpretation. In: GEOTECH. CONF. ON PENETRATION TESTING IN THE UK. *Proceedings...* London: Thomas Telford, 1988. p. 89-95.

SVINKIN, M. R. Setup and relaxation in glacial sand-discussion. *Journal of Geotechnical Engineering*, Asce, v. 122, n. 4, p. 319-321, 1996.

SVINKIN, M. R.; SKOV, R. Setup effects of cohesive soils in pile capacity. In: INTERNATIONAL CONFERENCE ON APPLICATION OF STRESS-WAVE THEORY TO PILES, 6., São Paulo, Brazil. *Proceedings...* Balkema, 2000. p. 107-111.

SVINKIN, M. R.; MORGANO, C. M.; MORVANT, M. Pile capacity as a function of time in clayey and sandy soils. In: INTERNATIONAL CONFERENCE AND EXHIBITION ON PILING AND DEEP FOUNDATIONS, 5., Deep Foundations Institute, Belgium, 1994.

TAGAYA, K.; SCOTT, R. F.; ABOSHI, H. Pullout resistance of buried anchor in sand. *Soils and Foundations*, v. 28, n. 3, p. 114-130, 1988.

TAGAYA, K.; TANAKA, A.; ABOSHI, H. Application of finite element method to pullout resistance of buried anchor. *Soils and Foundations*, v. 23, n. 3, p. 91-104, 1983.

TEIXEIRA, A. H. Projeto e execução de fundações. In: SEFE, 3., 1996, São Paulo. Anais... São Paulo, 1996. v. 1.

TENG, W. C. *Foundation design*. Englewood Cliffs, NJ: Prentice-Hall, 1962.

TERZAGHI, K. *Theoretical soil mechanics*. New York: John Wiley and Sons, 1943. 511 p.

TERZAGHI, K. Evaluation of coefficients of subgrade reaction. *Geotechnique*, v. 5, n. 4, p. 297-326, 1955.

TERZAGHI, K.; PECK, R. K. *Soil mechanics in engineering practice*. 1st ed. New York: John Wiley and Sons, 1948.

TERZAGHI, K.; PECK, R.; MESRI, G. *Soil Mechanics in engineering practice*. New York: John Wiley & Sons, 1996.

TOMLINSON, M. J. *Foundation design and construction*. 2nd ed. London: Pitman Publishing, 1969.

TRAUTMANN, C. H.; KULHAWY, F. H. Uplift load-displacement behavior of spread foundations. *Journal of Geotechnical Engineering*, Asce, v. 114, n. 2, p. 168-184, 1988.

TSUHA, C. H. C. Modelo teórico para o controle da capacidade de carga à tração de estacas metálicas helicoidais em solos arenosos. Tese (Doutorado) – Programa de Pós-Graduação em Geotecnia, Escola de Engenharia de São Carlos, Universidade de São Paulo, São Carlos, 2007.

TSUHA, C. H. C. Fundações em estacas helicoidais. *Revista de Fundações e Obras Geotécnicas*, n. 18, p. 56-66, 2012.

TSUHA, C. H. C.; AOKI, N.; RAULT, G.; THOREL, L.; GARNIER, J. Evaluation of the efficiencies of helical anchor plates in sand by centrifuge model tests. *Canadian Geotechnical Journal*, v. 49, p. 1102-1114, 2012.

TURNER, M. J. *Integrity testing in piling practice*. CIRIA Publication R144. UK, 1997.

VARGAS, M. Structurally unstable soils in southern Brazil. In: INT. CONF. ON SOIL MECH. AND FOUND. ENGINEERING, 8., Moscow, 1973. Proceedings...

VARGAS, M. Engineering properties of residual soils from south-central region of Brazil. In: ICAEG, 2., São Paulo, v. IV, 1974.

VARGAS, M. et al. Expansive soils in Brasil. In: ICSMEG, 12., Rio de Janeiro, 1989. Proceedings... v. suplementar, p. 77-81.

VELLOSO, D. A.; LOPES, F. R. *Fundações* – volume único. São Paulo: Oficina de Textos, 2011.

VESIC, A. S. Effects of scale and compressibility on bearing capacity of surface foundations. In: INTERNATIONAL CONFERENCE ON SOIL MECHANICS AND FOUNDATION ENGINEERING, 8., 1969, Mexico. Proceedings... Mexico, 1969. v. 3.

VESIC, A. S. Bearing capacity of shallow foundations. In: WINTERKORN, H. F.; FANG, H.-Y. (Ed.). *Foundation engineering handbook*. New York: Van Nostrand Reinhold, 1975. p. 121-147.

VESIC, A. S. *Design of pile foundations*. Synthesis of Highway Practice 42. Washington: Transportation Research Board, National Research Council, 1977.

WELTMAN, A. J. *Integrity testing of piles*: a review. CIRIA (Construction Industry Research and Information Association), Report PG4, UK, 1977.

WHITTLE, A. J.; SUTABUTR, T. Prediction of pile setup in clay. *Transportation Research Record*, v. 1663, TRB, p. 33-40, 1999.

WILLIAMS, A. F. *The design and performance of piles socketed into weak rock*. PhD (Dissertation) – Monash University, Melbourne, Australia, 1980a.

WILLIAMS, A. F. Principle of side resistance development in rock socketed piles. In: AUSTRALIA-NEW ZEALAND CONFERENCE ON GEOMECHANICS, 3., Wellington, May 12-16, 1980b. p. 87-94.

WILLIAMS, A. F.; PELLS, P. J. N. Side resistance of rock sockets in sandstone, mudstone, and shale. *Canadian Geotechnical Journal*, v. 18, n. 4, p. 502-513, 1981.

WILLIAMS, A. F.; JOHNSON, I. W.; DONALD, I. B. Design for socketed piles in weak rock. In: THE INTERNATIONAL CONFERENCE ON STRUCTURAL FOUNDATIONS ON ROCK, Sydney, May 7-9, 1980. Edited by P. J. N. Pells. p. 327-347.

WROTH, C. P.; RANDOLPH, M.; HOULSBY, G.; FAHEY, M. *A review of the engineering properties of soils with particular reference to shear modulus*. CUED-SOILS/TR. Evaluation of Soil and Rock Properties. FHWA IF-02-034. Geotechnical Report. Cambridge, 1979.

WYLLIE, D. C. *Foundations on rock*. E & FN Spon, 2002.

ZHANG, L. *Drilled shafts in rock*: analysis and design. A. A. Balkema, 2004.